● 国家一流本科专业建设项目资助教材

力学简明教程

李士本◎编著

ZHEJIANG UNIVERSITY PRESS
浙江大学出版社
·杭州·

内容简介

本书是编者在温州大学物理学专业多年讲授力学课程的讲义基础上，经过多次修改后编写成书的，也是编者在智慧树平台开设的力学共享课的配套教材. 读者通过扫描书上的二维码，可浏览相应章节的授课视频. 本书着重于向读者介绍力学的基本概念、基本规律，以及它们的应用. 本书的内容简明扼要，仅包含质点运动学、牛顿运动定律和动量、动能和势能、角动量、万有引力、刚体力学、振动和波动等七章内容. 附录部分列出了矢量、微积分的相关内容和习题参考答案，方便读者阅读和参考.

本书可作为高等学校本科物理类专业力学课程的教材，也可供其他专业师生和普通读者参考.

课程内容简介

图书在版编目(CIP)数据

力学简明教程 / 李士本编著. --杭州：浙江大学出版社，2023.8(2024.7 重印)
ISBN 978-7-308-23987-5

Ⅰ.①力… Ⅱ.①李… Ⅲ.①力学－高等学校－教材 Ⅳ.①O3

中国国家版本馆 CIP 数据核字(2023)第 120132 号

力学简明教程
李士本 编著

责任编辑 徐素君
责任校对 傅百荣
封面设计 雷建军
出版发行 浙江大学出版社
(杭州市天目山路 148 号 邮政编码 310007)
(网址：http://www.zjupress.com)
排　　版 杭州隆盛图文制作有限公司
印　　刷 杭州高腾印务有限公司
开　　本 710mm×1000mm 1/16
印　　张 14.5
字　　数 320 千
版 印 次 2023 年 8 月第 1 版 2024 年 7 月第 2 次印刷
书　　号 ISBN 978-7-308-23987-5
定　　价 58.00 元

CONTENTS

目 录

第 1 章　质点运动学

质点是忽略物体的几何大小，质量集中于一点的一种理想模型. 在实际问题处理中，可将那些忽略形状和大小的物体近似为质点. 研究物体的运动一般从质点出发，其他质量体系可视为质点的集合. 本章§1.1 介绍质点的位置矢量、速度和加速度等物理量，§1.2 介绍速度和加速度等物理量在直角坐标系中的描述，§1.3 介绍速度和加速度等物理量在自然坐标系中的描述，§1.4 介绍速度和加速度等物理量在平面极坐标系中的描述，§1.5 介绍质点的相对运动和参考系之间的伽利略变换.

§1.1　位置矢量、速度和加速度

质点的位置矢量、速度和加速度是描述质点运动的基本物理量. 这些物理量是矢量，满足矢量运算规则. 这些物理量也是时间的函数，三者之间满足对时间的微分和积分的运算规则.

1.1.1　位置矢量、位移和路程

视频 1.1.1

质点的位置矢量是描述质点运动的基本物理量，一旦确定了质点的位置矢量，质点的速度与加速度等相关物理量则可据此相应地求解.

1. 位置矢量

位置矢量是参考点指向质点所在位置的矢量，简称位矢. 图 1.1.1 展示了质点 P 在直角坐标系中的位矢 $\boldsymbol{r}$. 该位矢的参考点为坐标原点 O 点，指向质点 P

所在的位置.

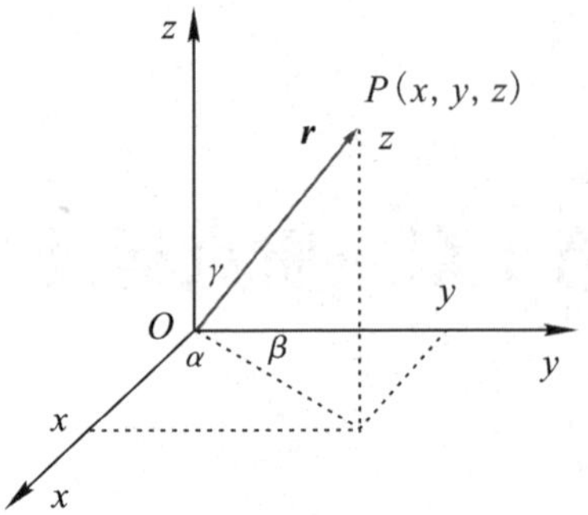

图 1.1.1　质点的位置矢量

该位置矢量在直角坐标系中可写为 $\boldsymbol{r}=x\boldsymbol{i}+y\boldsymbol{j}+z\boldsymbol{k}$，其中 $\boldsymbol{i},\boldsymbol{j},\boldsymbol{k}$ 分别为三个坐标轴方向的单位矢量. 根据矢量知识(请参阅附录一)，易知位矢 $\boldsymbol{r}$ 的大小，即矢量 $\boldsymbol{r}$ 的模为

$$|\boldsymbol{r}|=r=\sqrt{x^2+y^2+z^2}. \tag{1.1.1}$$

该矢量的三个方向角的余弦分别为

$$\cos\alpha=x/r,\ \cos\beta=y/r,\cos\gamma=z/r. \tag{1.1.2}$$

质点的位矢既可以在直角坐标系中用三个方向的分量表示，也可以用它的模和夹角表示. 具体选择哪种表示方式应根据情况来确定. 质点的位矢 $\boldsymbol{r}$ 一般是时间 t 的函数，可记 $\boldsymbol{r}$ 为 $\boldsymbol{r}(t)$，本教程其他物理量也采用类似标记.

2. 运动学方程

运动学方程是指质点的位矢随时间变化的关系式. 质点的运动学方程可写成矢量形式，并可在常用的直角坐标系中表述，即

$$\boldsymbol{r}(t)=x(t)\boldsymbol{i}+y(t)\boldsymbol{j}+z(t)\boldsymbol{k}. \tag{1.1.3}$$

质点的运动学方程也可写成参数方程的形式，即

$$\begin{cases}x=x(t)\\y=y(t).\\z=z(t)\end{cases} \tag{1.1.4}$$

在参数方程(1.1.4)中，消去时间参数 t 后，可得空间坐标满足的方程，即质点的轨迹方程，其一般形式为 $f(x,y,z)=0$. 例题 1.1.1 涉及质点的运动学方程和轨迹方程的应用.

[**例题 1.1.1**]　一个斜面体的两个斜面的倾斜角分别为 θ 和 φ，如图 1.1.2

所示. 质点从倾斜角为 θ 的斜面底角处做斜上抛运动. 为使质点从斜面的顶角处切过,并落在倾斜角为 φ 的斜面底角处,则物体的抛射角 α 与倾斜角 θ 和 φ 应满足什么关系?

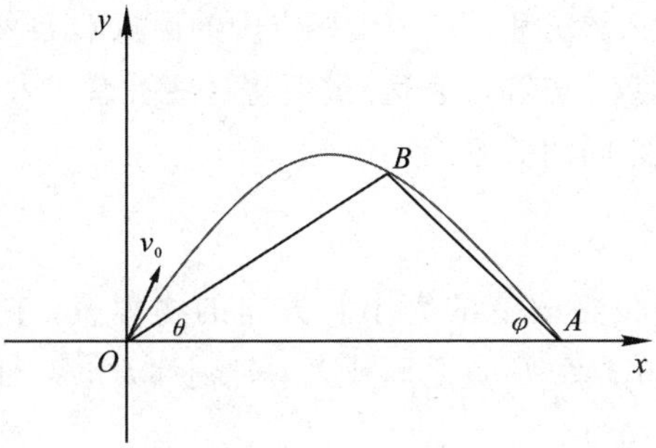

图 1.1.2　例题 1.1.1 示意

解　根据本题条件,斜面体的三个点应落在质点的抛物线轨迹上面. 根据中学物理知识,质点做抛体运动的运动学方程为

$$\boldsymbol{r}(t)=(v_0\cos\alpha)t\,\boldsymbol{i}+\left[(v_0\sin\alpha)t-\frac{1}{2}gt^2\right]\boldsymbol{j}. \tag{a}$$

其中 v_0 为斜抛初速率,在(a)式中消去时间 t 后,得质点的运动轨迹方程为

$$y=x\tan\alpha-\frac{gx^2}{2v_0^2\cos^2\alpha}. \tag{b}$$

该方程为一条抛物线,如图 1.1.2 所示. 抛物线上 O,A 和 B 三点坐标分别为

$$(0,0),(x_A,0),(x_B,y_B).$$

将 A 点坐标代入(b)式中,得

$$x_A=\frac{2v_0^2\sin\alpha\cos\alpha}{g}. \tag{c}$$

根据图 1.1.2 的几何关系,可知 B 点坐标满足

$$x_A=\frac{y_B}{\tan\theta}+\frac{y_B}{\tan\varphi},$$

整理得　$$y_B=x_A\frac{\tan\theta\tan\varphi}{\tan\theta+\tan\varphi}. \tag{d}$$

根据图 1.1.2 的几何关系,又有

$$x_B=\frac{y_B}{\tan\theta}. \tag{e}$$

将 B 点坐标表达式(d)和(e)代入轨迹方程(b)式,经过整理得角度之间的

关系式

$$\tan\alpha = \tan\theta + \tan\varphi .$$

例题 1.1.1 求解思路:先写出抛体运动的轨迹方程(b)式,再将轨迹方程上的三个坐标点依次代入该方程. 三个坐标点中的原点 O 自然满足方程(b)式,而 A 点和 B 点需要用角度 α,θ 和 φ 表达. 最后将这些关系代入轨迹方程(b)式后便能获得角度 α,θ 和 φ 之间的关系.

3. 位移与路程

位移是描述质点位置改变的大小和方向的物理量,它是位矢的增量. 图 1.1.3给出了质点在 A 点和 B 点之间或者 t 时刻和 $t+\Delta t$ 时刻之间的位移示意图. 位移的矢量表示式为

$$\Delta \boldsymbol{r} = \boldsymbol{r}_{\mathrm{B}} - \boldsymbol{r}_{\mathrm{A}} = \boldsymbol{r}(t+\Delta t) - \boldsymbol{r}(t). \tag{1.1.5}$$

在图 1.1.3 中,该位移矢量指向质点末状态 B 点的位置矢量. 质点初状态 t 时刻的位矢在直角坐标系中可表示为

$$\boldsymbol{r}(t) = x(t)\boldsymbol{i} + y(t)\boldsymbol{j} + z(t)\boldsymbol{k}.$$

末状态 $t+\Delta t$ 时刻的位矢表示可为

$$\boldsymbol{r}(t+\Delta t) = x(t+\Delta t)\boldsymbol{i} + y(t+\Delta t)\boldsymbol{j} + z(t+\Delta t)\boldsymbol{k}.$$

则质点的位移在直角坐标系中表示为

$$\Delta \boldsymbol{r} = \Delta x\boldsymbol{i} + \Delta y\boldsymbol{j} + \Delta z\boldsymbol{k}. \tag{1.1.6}$$

路程是指质点在轨迹上经过的长度. 当质点的运动轨迹固定时,路程也经常用来表示质点的位置变化. 图 1.1.3 同时展示了质点在 A 点和 B 点之间或者 t 时刻和 $t+\Delta t$ 时刻之间的路程 Δs.

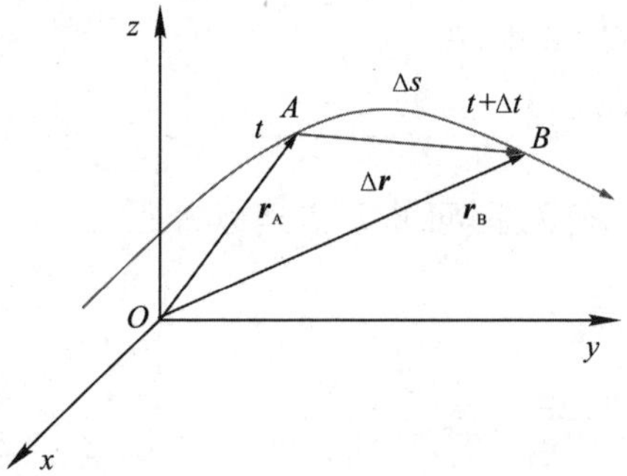

图 1.1.3 质点的位移和路程

路程和位移是有区别的. 首先,路程是标量,而位移是矢量;其次,路程是运动轨迹的长度,而位移大小则表示质点初末位置的直线距离. 例如,运动员在

400 m 操场跑两圈，他的位移为零，而路程则为 800 m. 在特殊情况下，路程和位移大小相等. 例如，质点在做单向直线运动时，它的路程和位移大小相等，即

$$|\Delta \boldsymbol{r}| = \Delta s.$$

对于曲线运动，当位移取极限时，质点在做一个极小的单向直线运动，此时路程和位移大小相等. 因此对于一般的曲线运动，路程和位移的大小在极限情况下满足

$$|\mathrm{d}\boldsymbol{r}| = \mathrm{d}s. \tag{1.1.7}$$

1.1.2 平均速度和瞬时速度

视频 1.1.2

质点的位矢随着时间产生变化，其变化的快慢可用速度来描述. 平均速度和瞬时速度均可描述质点的运动快慢，两者之间既有相同点又有不同之处. 本小节先介绍平均速度，再从平均速度导出瞬时速度.

1. 平均速度

平均速度是指质点位移与发生这段位移所用的时间比值. 平均速度描述了质点在某段时间内位移快慢的平均值.

如图 1.1.4 所示，质点在 A 和 B 两点之间的平均速度等于两点之间的位移 $\Delta \boldsymbol{r}$ 和所用时间 Δt 的比值. 平均速度的数学表达式为

$$\bar{\boldsymbol{v}} = \frac{\Delta \boldsymbol{r}}{\Delta t} = \frac{\boldsymbol{r}(t+\Delta t) - \boldsymbol{r}(t)}{\Delta t}. \tag{1.1.8}$$

平均速度是矢量，其大小和方向可按矢量运算规则进行求解. 平均速度的大小为

$$\left|\frac{\Delta \boldsymbol{r}}{\Delta t}\right| = \frac{|\Delta \boldsymbol{r}|}{\Delta t}.$$

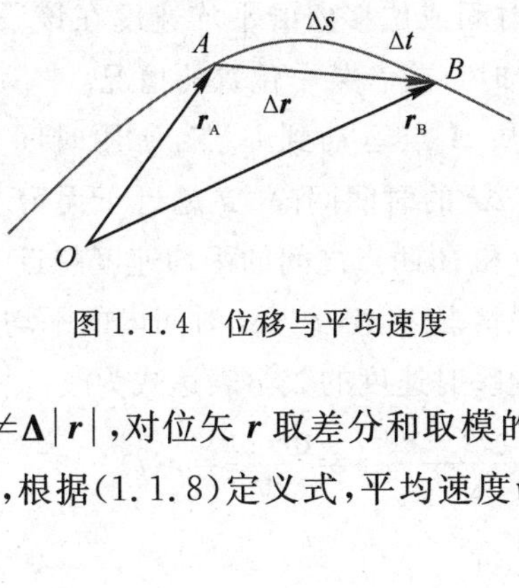

图 1.1.4 位移与平均速度

注意 这里 $|\Delta \boldsymbol{r}| \neq \Delta |\boldsymbol{r}|$，对位矢 $\boldsymbol{r}$ 取差分和取模的操作次序不能调换. 显然，时间间隔 Δt 为标量，根据(1.1.8)定义式，平均速度 $\bar{\boldsymbol{v}}$ 的方向与位移方向 $\Delta \boldsymbol{r}$

相同.

根据矢量知识,平均速度在直角坐标系中的分量形式为

$$\begin{aligned}\bar{\boldsymbol{v}}&=\frac{\Delta \boldsymbol{r}}{\Delta t}=\frac{\Delta x}{\Delta t}\boldsymbol{i}+\frac{\Delta y}{\Delta t}\boldsymbol{j}+\frac{\Delta z}{\Delta t}\boldsymbol{k}\\&=\bar{v}_x\boldsymbol{i}+\bar{v}_y\boldsymbol{j}+\bar{v}_z\boldsymbol{k}.\end{aligned} \tag{1.1.9}$$

(1.1.9)式中的$\bar{v}_x$,$\bar{v}_y$和$\bar{v}_z$分别为平均速度在三个坐标轴方向的分量.例题1.1.2为已知运动学方程求质点的位移和平均速度的一个例子,它涉及(1.1.6)式和(1.1.9)式的应用.

[例题1.1.2] 已知质点的运动方程为$x=2t$,$y=18-2t^2$,其中x,y和t均取国际标准单位.求:

(1)质点在前1s内的位移;

(2)质点在前2s内的平均速度.

解 (1)根据位移定义式,前1s内的位移为

$$\begin{aligned}\Delta \boldsymbol{r}&=\boldsymbol{r}(1)-\boldsymbol{r}(0)\\&=2\boldsymbol{i}+16\boldsymbol{j}-0\boldsymbol{i}-18\boldsymbol{j}\\&=2\boldsymbol{i}-2\boldsymbol{j}\ (\mathrm{m}).\end{aligned} \tag{a}$$

(2)平均速度等于位移与发生该位移的时间比值,据其定义式,有

$$\begin{aligned}\bar{\boldsymbol{v}}&=\frac{\Delta \boldsymbol{r}}{\Delta t}=\frac{\boldsymbol{r}(2)-\boldsymbol{r}(0)}{\Delta t}\\&=\frac{4\boldsymbol{i}+10\boldsymbol{j}-0\boldsymbol{i}-18\boldsymbol{j}}{2}=2\boldsymbol{i}-4\boldsymbol{j}\ (\mathrm{m/s}).\end{aligned} \tag{b}$$

这里质点的位移(a)式和平均速度(b)式均根据它们的定义式进行求解,涉及一段时间内的平均值,需要知道质点在该段时间内初末时刻的位矢.

2. 瞬时速度

瞬时速度是指某段时间或位移内的平均速度在该段时间或位移内的极限,简称速度,它描述了某个时刻或者某个位置的情况.

质点沿着曲线运动从A点运动到B点,所用时间为Δt,位移为$\Delta \boldsymbol{r}$,如图1.1.5所示.当发生位移$\Delta \boldsymbol{r}$的时间间隔Δt趋近于无穷小时,位置A和B趋近于重合.此时,质点在A和B两点之间的平均速度趋近于A点的速度或者趋近于t时刻的速度.在极限情况下,$t \sim t+\Delta t$时间内的平均速度即为t时刻或者A点的速度.质点在t时刻瞬时速度的数学表达式为

$$\boldsymbol{v}(t)=\lim_{\Delta t\to 0}\frac{\boldsymbol{r}(t+\Delta t)-\boldsymbol{r}(t)}{\Delta t}=\frac{\mathrm{d}\boldsymbol{r}(t)}{\mathrm{d}t}=\dot{\boldsymbol{r}}(t). \tag{1.1.10}$$

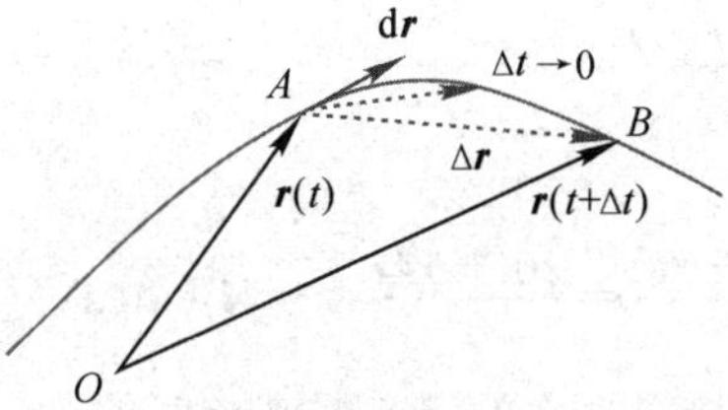

图 1.1.5　从平均速度到瞬时速度的过程

瞬时速度又简称为速度. 在(1.1.10)式中,用 $\dot{\boldsymbol{r}}(t)$ 专门表示位矢 $\boldsymbol{r}(t)$ 对时间 t 的导数,本教程其他物理量对时间的导数也采用类似标记.

速度是矢量，它的方向为位矢增量 $\Delta\boldsymbol{r}$ 取极限时的 $\mathrm{d}\boldsymbol{r}$ 方向,即曲线的切向方向. 速度的大小为速度矢量的模,即

$$v=|\boldsymbol{v}|=\lim_{\Delta t\to 0}\frac{|\Delta\boldsymbol{r}|}{\Delta t}=\frac{|\mathrm{d}\boldsymbol{r}|}{\mathrm{d}t}=\frac{\mathrm{d}s}{\mathrm{d}t}. \tag{1.1.11}$$

在(1.1.11)式中,s 为路程. 速度的大小又称速率,它是路程对时间的变化率. 速度矢量在直角坐标系中的分量形式为

$$\begin{aligned}\boldsymbol{v}&=\frac{\mathrm{d}\boldsymbol{r}}{\mathrm{d}t}=\frac{\mathrm{d}(x\boldsymbol{i}+y\boldsymbol{j}+z\boldsymbol{k})}{\mathrm{d}t}\\&=\frac{\mathrm{d}x}{\mathrm{d}t}\boldsymbol{i}+\frac{\mathrm{d}y}{\mathrm{d}t}\boldsymbol{j}+\frac{\mathrm{d}z}{\mathrm{d}t}\boldsymbol{k}\\&=v_x\boldsymbol{i}+v_y\boldsymbol{j}+v_z\boldsymbol{k}.\end{aligned} \tag{1.1.12}$$

在(1.1.12)式中,v_x,v_y 和 v_z 分别表示速度矢量 $\boldsymbol{v}$ 在三个坐标轴方向的分量大小,即中学物理中的速度正交分解. 根据矢量知识,速度矢量的大小为

$$v=\sqrt{v_x^2+v_y^2+v_z^2}.$$

速度在直角坐标系中对应的三个方向余弦分别为

$$\cos\alpha=v_x/v,\cos\beta=v_y/v,\cos\gamma=v_z/v.$$

一般根据平均速度定义式(1.1.9)和瞬时速度定义式(1.1.12)求平均速度和速度时,需要知道位矢随时间变化的关系式,即运动学方程. 例题 1.1.3 涉及平均速度和瞬时速度定义式的理解和应用.

[例题 1.1.3]　质点沿 x 轴做直线运动,其位置坐标与时间的关系为 $x=10+8t-4t^2$,物理量采用国际标准单位. 求:

(1) 质点在第 1 秒、第 2 秒内的平均速度;

(2) 质点在 $t=0,1,2$ 秒时的速度.

解　(1) 根据平均速度定义式,有

$$\bar{\boldsymbol{v}}(1)=\frac{\boldsymbol{r}(1)-\boldsymbol{r}(0)}{\Delta t}=\frac{14\boldsymbol{i}-10\boldsymbol{i}}{1}=4\boldsymbol{i}\ (\text{m/s}).$$

同理，有

$$\bar{\boldsymbol{v}}(2)=\frac{\boldsymbol{r}(2)-\boldsymbol{r}(1)}{\Delta t}=\frac{10\boldsymbol{i}-14\boldsymbol{i}}{1}=-4\boldsymbol{i}\ (\text{m/s}).$$

这里平均速度是直接根据它的定义式来求解的.

(2) 根据速度定义式

$$\boldsymbol{v}=\frac{\mathrm{d}\boldsymbol{r}}{\mathrm{d}t}.$$

这里，$\boldsymbol{r}=(10+8t-4t^2)\boldsymbol{i}$. 对该位矢 $\boldsymbol{r}$ 求时间的导数，得

$$\boldsymbol{v}=(8-8t)\boldsymbol{i}\ \text{m/s}.$$

将 $t=0,1,2$ 分别代入所得的速度公式，得它们的瞬时速度分别为 8 m/s，0 m/s和 −8 m/s.

1.1.3 平均加速度和瞬时加速度

视频 1.1.3

质点运动的速度随时间发生变化，它的变化快慢可用加速度来描述，本小节介绍质点的平均加速度和瞬时加速度.

1. 平均加速度

平均加速度是指速度增量与产生该速度增量所用时间的比值. 质点的平均加速度反映了它在某段时间内的速度变化快慢的平均值.

设质点做一般的曲线运动，它在 t 时刻速度为 $\boldsymbol{v}(t)$，在 $t+\Delta t$ 时刻速度为 $\boldsymbol{v}(t+\Delta t)$，如图 1.1.6 的左图所示. 根据平均加速度的定义，其数学表达式为

$$\bar{\boldsymbol{a}}=\frac{\Delta \boldsymbol{v}}{\Delta t}. \tag{1.1.13}$$

式(1.1.13)表明平均加速度$\bar{\boldsymbol{a}}$的方向为速度增量 $\Delta\boldsymbol{v}$ 的方向，如图 1.1.6 的右图所示. 平均加速度是矢量，它在直角坐标系中的分量形式为

$$\bar{\boldsymbol{a}}=\frac{\Delta v_x}{\Delta t}\boldsymbol{i}+\frac{\Delta v_y}{\Delta t}\boldsymbol{j}+\frac{\Delta v_z}{\Delta t}\boldsymbol{k}. \tag{1.1.14}$$

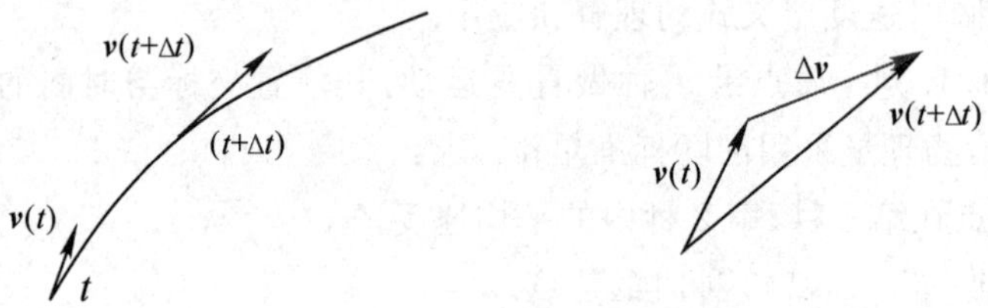

图 1.1.6　加速度的增量

在(1.1.14)式中，Δv_x，Δv_y 和 Δv_z 分别表示速度增量 $\Delta \boldsymbol{v}$ 在三个坐标轴方向的分量大小. 运用矢量知识，可根据(1.1.14)式在直角坐标系中求解平均加速度的大小和方向.

平均加速度描述了加速度在某段时间或者某段位移的平均值. 对于匀速直线运动的质点，其速度处处相等，平均加速度为零. 对于质点的匀变速直线运动，因为速度是均匀变化的，其平均加速度处处相等，是一个常矢量.

2. 瞬时加速度

瞬时加速度是指某段时间或位移内的平均加速度在该段时间或位移内的极限，简称加速度，它描述了质点在某个时刻或某个点的速度变化快慢.

质点做一般的曲线运动，如图 1.1.6 所示. 当时间间隔 Δt 取极限时，质点在 A 和 B 点之间的平均加速度 $\bar{\boldsymbol{a}}$ 趋近于某一点或者某个时刻的加速度，即瞬时加速度. 质点在 t 时刻瞬时加速度的数学表达为

$$\boldsymbol{a}(t)=\lim_{\Delta t\to 0}\frac{\Delta \boldsymbol{v}}{\Delta t}=\frac{\mathrm{d}\boldsymbol{v}(t)}{\mathrm{d}t}=\frac{\mathrm{d}^2\boldsymbol{r}(t)}{\mathrm{d}t^2}. \tag{1.1.15}$$

(1.1.15)式表明瞬时加速度是速度对时间的一阶导数，也是位置矢量对时间的二阶导数. 瞬时加速度是矢量，它在直角坐标系中可表示为

$$\begin{aligned}\boldsymbol{a}&=\frac{\mathrm{d}v_x}{\mathrm{d}t}\boldsymbol{i}+\frac{\mathrm{d}v_y}{\mathrm{d}t}\boldsymbol{j}+\frac{\mathrm{d}v_z}{\mathrm{d}t}\boldsymbol{k}\\&=\frac{\mathrm{d}^2x}{\mathrm{d}t^2}\boldsymbol{i}+\frac{\mathrm{d}^2y}{\mathrm{d}t^2}\boldsymbol{j}+\frac{\mathrm{d}^2z}{\mathrm{d}t^2}\boldsymbol{k}\\&=a_x\boldsymbol{i}+a_y\boldsymbol{j}+a_z\boldsymbol{k}.\end{aligned} \tag{1.1.16}$$

在(1.1.16)式中，a_x，a_y 和 a_z 分别表示加速度矢量 $\boldsymbol{a}$ 在三个坐标轴方向的分量大小.

加速度 $\boldsymbol{a}$ 的大小和方向可根据矢量运算规则在直角坐标系中进行求解. (1.1.15)式给出了任意曲线运动下的加速度矢量和速度矢量的一般关系，例题 1.1.4涉及速度和加速度的特殊关系.

［例题 1.1.4］ 质点做曲线运动，它的速度大小 v 为一个常数，证明它的速度 $\boldsymbol{v}$ 与加速度 $\boldsymbol{a}$ 始终垂直.

解 根据加速度定义式

$$\boldsymbol{a}=\frac{\mathrm{d}\boldsymbol{v}}{\mathrm{d}t}.$$

因此 $\boldsymbol{v}\cdot\boldsymbol{a}=\boldsymbol{v}\cdot\frac{\mathrm{d}\boldsymbol{v}}{\mathrm{d}t}.$

根据两个函数乘积的求导运算规则，有

$$\boldsymbol{v}\cdot\frac{\mathrm{d}\boldsymbol{v}}{\mathrm{d}t}+\frac{\mathrm{d}\boldsymbol{v}}{\mathrm{d}t}\cdot\boldsymbol{v}=\frac{\mathrm{d}}{\mathrm{d}t}(\boldsymbol{v}\cdot\boldsymbol{v}).$$

根据点乘规则，得

$$\mathrm{v}\cdot\boldsymbol{a}=\boldsymbol{v}\cdot\frac{\mathrm{d}\boldsymbol{v}}{\mathrm{d}t}=\frac{1}{2}\frac{\mathrm{d}}{\mathrm{d}t}(\boldsymbol{v}\cdot\boldsymbol{v})=\frac{1}{2}\frac{\mathrm{d}}{\mathrm{d}t}(v^2).$$

据题意 v 为常数，它对时间求导等于零，因此 $\boldsymbol{v}\cdot\boldsymbol{a}=0$，即速度和加速度垂直.

本题也可以采用直角坐标系进行证明，即在直角坐标系中写出速度和加速度表达式，然后进行类似的运算. 本题采用矢量形式求解较为简洁.

1.1.4 两类运动学问题

视频 1.1.4

质点的位矢、速度和加速度的求解在质点运动学中十分重要. 一般情况下，根据问题给出的条件，可将运动学问题归纳为两类，本小节将介绍这两类运动学问题.

1. 第一类运动学问题

第一类运动学问题：根据位矢求解速度或者根据速度求加速度.

这类问题的求解主要是运用位矢、速度和加速度之间的导数关系. 根据速度和加速度定义可知，若质点的位矢已知或可求，则速度和加速度即可求. 此类问题的求解主要在于位矢、速度和加速度之间的时间导数关系以及位矢随时间变化的表达式. 例题 1.1.5，1.1.6 和 1.1.7 分别从不同的角度介绍了这类问题的求解方法.

［例题 1.1.5］ 已知质点的运动学方程为 $\boldsymbol{r}=\left(x_0+v_0t+\frac{1}{2}a_0t^2\right)\boldsymbol{i}$，物理量采用国际标准单位. 求：

(1)速度与加速度；

(2)位矢、速度和加速度之间的数值关系.

解 (1) 根据速度定义式，有

$$\boldsymbol{v}=\frac{\mathrm{d}\boldsymbol{r}}{\mathrm{d}t}=(v_0+a_0t)\boldsymbol{i}.$$

根据加速度定义式，有

$$\boldsymbol{a}=\frac{\mathrm{d}\boldsymbol{v}}{\mathrm{d}t}=a_0\boldsymbol{i}.$$

(2)根据一维情况下的速度、加速度和位矢的表达式，易知

$$2|\Delta\boldsymbol{r}|=v_t^2-v_0^2.$$

其中，$|\Delta \boldsymbol{r}|=|\boldsymbol{r}(t)-\boldsymbol{r}(0)|$. 此即高中力学中匀变速直线运动的速度与加速度关系式.

例题 1.1.5 为基本的第一类问题，是个一维问题. 它涉及了一维情况下的速度和加速度定义式. 对于二维情况，其求解方法与一维问题类似，例题 1.1.6 涉及二维情况.

［例题 1.1.6］ 已知质点的运动学方程为 $\boldsymbol{r}=r_1\cos\omega t\boldsymbol{i}+r_2\sin\omega t\boldsymbol{j}$，其中 r_1，r_2 和 ω 为常数，公式中的物理量单位均为国际标准单位. 求：

(1)质点的速度和加速度；

(2)讨论质点的位矢、速度和加速度三者之间的关系.

解 本题已知位矢求解速度和加速度，可用它们的定义式进行求解，获得结果后进行对比即可.

(1) 根据速度定义式，有

$$\boldsymbol{v}=\frac{\mathrm{d}\boldsymbol{r}}{\mathrm{d}t}=\frac{\mathrm{d}}{\mathrm{d}t}(r_1\cos\omega t\boldsymbol{i}+r_2\sin\omega t\boldsymbol{j}).$$

根据导数求导规则和相应的求导公式，得

$$\boldsymbol{v}=-r_1\omega\sin\omega t\boldsymbol{i}+r_2\omega\cos\omega t\boldsymbol{j}. \tag{a}$$

根据加速度和速度关系式，对(a)式进一步求导，有

$$\boldsymbol{a}=\frac{\mathrm{d}\boldsymbol{v}}{\mathrm{d}t}=-r_1\omega^2\cos\omega t\boldsymbol{i}-r_2\omega^2\sin\omega t\boldsymbol{j}=-\omega^2\boldsymbol{r}. \tag{b}$$

(2) 考察加速度 $\boldsymbol{a}$ 与位矢 $\boldsymbol{r}$ 的关系. 根据(b)式有 $\boldsymbol{a}=-\omega^2\boldsymbol{r}$，可知加速度和位矢的方向相反. 对于速度 $\boldsymbol{v}$ 与位矢 $\boldsymbol{r}$ 的关系，有

$$\begin{aligned}\boldsymbol{r}\cdot\boldsymbol{v}&=(r_1\cos\omega t\boldsymbol{i}+r_2\sin\omega t\boldsymbol{j})\cdot(-r_1\omega\sin\omega t\boldsymbol{i}+r_2\omega\cos\omega t\boldsymbol{j})\\&=\omega(r_1^2-r_2^2)\cos\omega t\sin\omega t.\end{aligned} \tag{c}$$

讨 论

(1)当 $r_1=0$ 或 $r_2=0$，根据本题条件可知质点轨迹为直线，质点做简谐振动，如图 1.1.7(a)所示.

(2)当 $r_1=r_2=r_0$ 时，$\boldsymbol{r}\cdot\boldsymbol{v}=0$，速度和位矢相互垂直，此时质点轨迹为圆. 如图 1.1.7(b)所示，质点轨迹是以坐标原点为圆心、半径为 r_0 的圆，质点的速度大小为 $r_0\omega$，加速度大小为 $r_0\omega^2$. 这个加速度就是向心加速度.

(3)当 $r_1\neq r_2$ 时，可从运动学方程求得质点轨迹方程为椭圆，如图 1.1.7(c)所示.

例题 1.1.5 和 1.1.6 均已知质点的位矢随时间变化关系式，即已知运动学方程，在某些情况下，质点的运动学方程是未知，那么如何去求解速度和加速度呢？

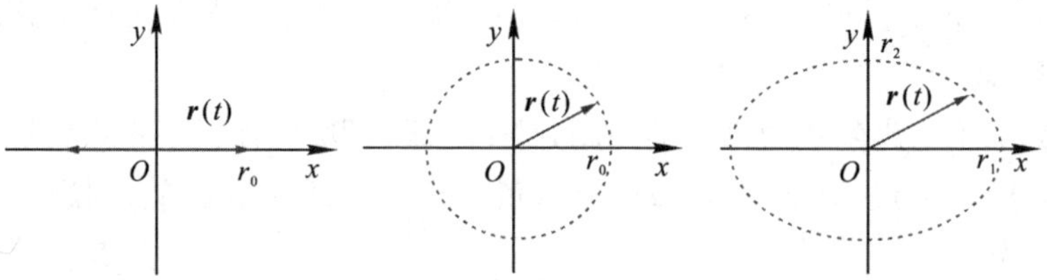

(a)直线运动 (b)圆周运动 (c)椭圆运动

图 1.1.7 三种轨迹情况

此时,需要根据物理问题建立相应的过程,将物理过程用运动学规律表达出来.

[**例题 1.1.7**] 如图 1.1.8 所示,AB 杆与高度为 h 的水平台阶接触,A 端与水平地面接触. 当杆的 A 端以恒定速率 v_0 沿着水平方向运动时,接触点 M 将向 B 端移动. 则当 $AM=2h$ 时,接触点 M 向 B 端移动的速度大小为多少?

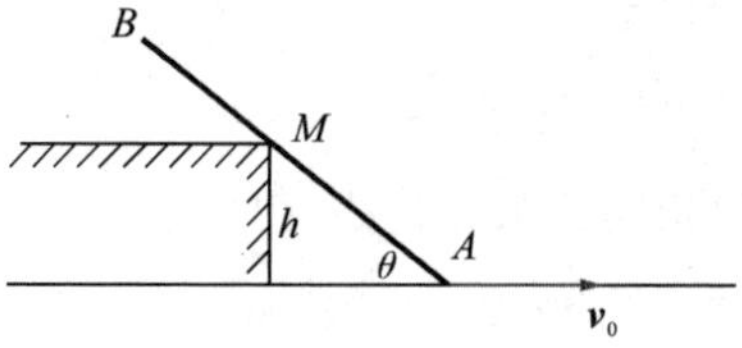

图 1.1.8 例题 1.1.7 示意

解 分析题意,本题求 M 点相对于 B 点的运动速度大小,须找出 B 点与 M 点的距离随时间变化关系. 设杆长度为 l,杆与水平方向的夹角为 θ,B 点到 M 点距离为 x,则根据几何关系,有

$$x=l-\sqrt{h^2+(x_{A0}+v_0t)^2}. \tag{a}$$

其中,x_{A0} 为 $t=0$ 时,A 点距离台阶的水平距离.

根据速度定义,对(a)式进行求导,得 M 点相对于 B 点的速度大小为

$$\begin{aligned}v_M&=\frac{\mathrm{d}x}{\mathrm{d}t}=\frac{\mathrm{d}}{\mathrm{d}t}\left[l-\sqrt{h^2+(x_{A0}+v_0t)^2}\right]\\&=-\frac{\mathrm{d}}{\mathrm{d}t}\left[\sqrt{h^2+(x_{A0}+v_0t)^2}\right]\\&=-\frac{1}{2}\left[h^2+(x_{A0}+v_0t)^2\right]^{-1/2}\cdot 2(x_{A0}+v_0t)v_0.\end{aligned} \tag{b}$$

当 M 点到 A 点的距离为 $2h$ 时,根据图 1.1.8 的几何关系式,有

$$(x_{A0}+v_0t)^2+h^2=4h^2. \tag{c}$$

将(c)式代入(b)式,得

$$v_M = -\frac{1}{l_{MA}} l_{OA} v_0 = -\frac{\sqrt{3}}{2} v_0.$$

其中,负号表示杆的接触点 M 向 B 端运动.

讨 论

(1)本题亦可采用中学物理的速度分解方法进行求解,如图 1.1.9 所示. 速度$\boldsymbol{v}_0$ 的效果是使得 AB 杆一边沿着杆方向向下运动,一边绕 M 点转动. 根据运动效果,可将速度$\boldsymbol{v}_0$ 分解为$\boldsymbol{v}_{/\!/}$和$\boldsymbol{v}_{\perp}$两个相互垂直的分速度. 根据几何关系,易知 $v_{/\!/} = v_0 \cos\theta$. 据本题条件,可得

$v_{/\!/} = \frac{\sqrt{3}}{2} v_0$. 因为杆沿着 AB 方向向下的速度 $v_{/\!/}$ 等于负的 M 点向 B 端移动的速度 v_M,即,$v_M = -v_{/\!/} = -\frac{\sqrt{3}}{2} v_0$. 此结果与速度定义式求解的结果相同.

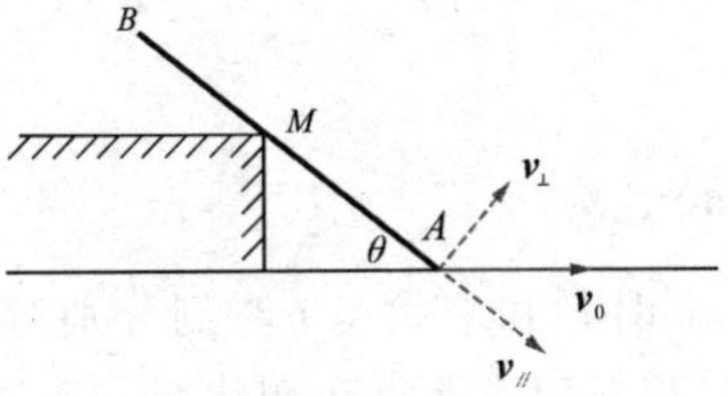

图 1.1.9 杆运动

(2)上述两种解法各有优缺点. 采用速度定义式方法求解虽然繁琐,但比较直接,不要求掌握解题技巧,肯定能解得速度. 速度分解法则需要对杆的运动进行分解后再求解,需要一定的解题技巧. 读者可自行用这两种解法进一步求解杆的加速度,进一步体会这两种解法的优缺点.

2. 第二类运动学问题

第二类运动学问题:根据速度求位矢或根据加速度求速度. 这类问题是第一类问题的逆问题. 本节先推导这类问题的一般性矢量公式,再写出它们在直角坐标系中的表达式,并应用这些公式求解第二类问题.

根据速度和位矢的关系

$\boldsymbol{v}(t) = \frac{\mathrm{d}\boldsymbol{r}(t)}{\mathrm{d}t}$,对公式两边乘以 $\mathrm{d}t$ 得一个极小的位移 $\mathrm{d}\boldsymbol{r} = \boldsymbol{v}\mathrm{d}t$. 两边做定积分,得

$$\int_{r_0}^{r} \mathrm{d}\boldsymbol{r} = \int_{t_0}^{t} \boldsymbol{v}\mathrm{d}t. \tag{1.1.17}$$

(1.1.17) 式的左边可直接积分,右边为速度 $\boldsymbol{v}$ 在时间上的累积,需要根据速

度的具体表达式才能求解.(1.1.17) 式改写为

$$\boldsymbol{r}(t)-\boldsymbol{r}_0=\int_{t_0}^{t}\boldsymbol{v}(t)\mathrm{d}t. \tag{1.1.18}$$

其中,质点在初状态 t_0 时刻和末状态 t 时刻分别对应的位矢为 $\boldsymbol{r}_0$ 和 $\boldsymbol{r}(t)$,(1.1.18) 式右边的积分过程对应于质点在初状态 t_0 时刻到末状态 t 时刻的一个物理过程. 根据矢量知识,矢量式(1.1.18) 在直角坐标系中的分量表达式为

$$\begin{cases} x-x_0=\int_{t_0}^{t}v_x\mathrm{d}t, \\ y-y_0=\int_{t_0}^{t}v_y\mathrm{d}t, \\ z-z_0=\int_{t_0}^{t}v_z\mathrm{d}t. \end{cases} \tag{1.1.19}$$

根据加速度和速度的关系 $\boldsymbol{a}=\dfrac{\mathrm{d}\boldsymbol{v}}{\mathrm{d}t}$,对它两边乘以 $\mathrm{d}t$ 得 $\mathrm{d}\boldsymbol{v}=\boldsymbol{a}\mathrm{d}t$,再做定积分,类似得

$$\boldsymbol{v}(t)-\boldsymbol{v}_0=\int_{t_0}^{t}\boldsymbol{a}\mathrm{d}t. \tag{1.1.20}$$

其中,质点在初状态 t_0 时刻和末状态 t 时刻分别对应的速度为 $\boldsymbol{v}_0$ 和 $\boldsymbol{v}(t)$,(1.1.20) 式右边的积分过程对应于质点在初状态 t_0 时刻到末状态 t 时刻的一个物理过程. 矢量式(1.1.20) 在直角坐标系中的分量表达式为

$$\begin{cases} v_x-v_{x0}=\int_{t_0}^{t}a_x\mathrm{d}t, \\ v_y-v_{y0}=\int_{t_0}^{t}a_y\mathrm{d}t, \\ v_z-v_{z0}=\int_{t_0}^{t}a_z\mathrm{d}t. \end{cases} \tag{1.1.21}$$

根据质点的位矢与速度、速度与加速度的定积分关系式(1.1.19) 和(1.1.21),当已知位置或者速度的初始条件,并且已知速度或者加速度表达式时,可通过积分关系来求位矢或者速度的表达式.本节举三个具体的第二类运动学问题例子.其中,例题 1.1.8 涉及已知的一维速度表达式,例题 1.1.9 涉及已知的二维速度表达式,例题 1.1.10 则涉及加速度与速度的关系式.

[例题 1.1.8] 质点做简谐振动,其速度与时间关系式为 $\boldsymbol{v}=v_0\cos\omega t\boldsymbol{i}$,质点从原点开始运动,求质点的运动学方程.

解 本题可根据速度与位矢的积分关系式进行求解. 因为

$$\boldsymbol{r}(t)-\boldsymbol{r}_0=\int_{t_0}^{t}\boldsymbol{v}(t)\mathrm{d}t.$$

根据初始条件 $t_0 = 0$ 时，$\boldsymbol{r}_0 = 0$，则

$$\boldsymbol{r}(t) = \int_0^t \boldsymbol{v}(t)\mathrm{d}t. \tag{a}$$

在一维情况下，(a) 式可简化为

$$\boldsymbol{r}(t) = \boldsymbol{i}\int_0^t v_0 \cos\omega t\,\mathrm{d}t.$$

进行变换，得

$$\boldsymbol{r}(t) = \boldsymbol{i}\,\frac{v_0}{\omega}\int_0^t \cos\omega t\,\mathrm{d}(\omega t). \tag{b}$$

对(b) 式进行变量代换 $\theta = \omega t$，得

$$\boldsymbol{r} = \boldsymbol{i}\,\frac{v_0}{\omega}\int_0^\theta \cos\theta \mathrm{d}\theta. \tag{c}$$

对(c) 式右边进行积分，得

$$\boldsymbol{r}(t) = \boldsymbol{i}\,\frac{v_0}{\omega}(\sin\theta - \sin 0) = \frac{v_0}{\omega}\sin\omega t\boldsymbol{i}. \tag{d}$$

(d) 式为典型的简谐振动方程. 本题求解较为简单，是一个典型的第二类运动学问题. 第二类运动学问题的求解经常涉及定积分公式，本题涉及三角函数的定积分计算. 求解第二类运动学问题要求读者掌握常见的定积分计算方法，具体请阅读本教程的附录一.

[例题 1.1.9] 质点在 xy 平面上运动，其从位置(3,1) 出发，已知它在时刻 t 的速度矢量为 $\boldsymbol{v} = -t\boldsymbol{i} + 2\boldsymbol{j}$，问质点何时通过 y 轴？本题物理量单位均采用国际标准单位.

解 分析题意，本题为已知速度求位矢，可利用它们之间的积分关系式求解.

(1) 根据速度和位置矢量的积分关系式

$$\boldsymbol{r}(t) - \boldsymbol{r}_0 = \int_{t_0}^t \boldsymbol{v}(t)\mathrm{d}t.$$

将初始条件 $t_0 = 0$ 时的 $\boldsymbol{r}_0 = (3\boldsymbol{r} + \boldsymbol{j})$ 代入，得

$$\boldsymbol{r} - (3\boldsymbol{i} + \boldsymbol{j}) = \int_0^t (-t\boldsymbol{i} + 2\boldsymbol{j})\mathrm{d}t. \tag{a}$$

对(a) 式的右边定积分，得

$$\boldsymbol{r} - (3\boldsymbol{i} + \boldsymbol{j}) = -\frac{1}{2}t^2\boldsymbol{i} + 2t\boldsymbol{j}.$$

整理得

$$\boldsymbol{r} = \left(3 - \frac{1}{2}t^2\right)\boldsymbol{i} + (2t+1)\boldsymbol{j}\ (\mathrm{m}). \tag{b}$$

质点通过 y 轴，要求(b) 式中的 $x=0$，即得 $t=\sqrt{6}$ s.

本题涉及位矢和速度的定积分关系式，属于二维情况. 在具体求解时可直接在平面直角坐标系中写出这些矢量表达式及其分量形式. 本题涉及的定积分为多项式定积分公式.

［**例题 1.1.10**］ 质点以初速度 v_0 做直线运动，受到一个阻力作用，其加速度大小与速度大小关系为 $a=-kv$，求速度大小随时间变化的表达式.

解 这是个一维问题，涉及加速度与速度的关系，根据定义式

$$\boldsymbol{a}(t)=\frac{\mathrm{d}\boldsymbol{v}(t)}{\mathrm{d}t}.$$

一维问题简化为 $a=\dfrac{\mathrm{d}v}{\mathrm{d}t}$，代入条件，得

$$-kv=\frac{\mathrm{d}v}{\mathrm{d}t}. \tag{a}$$

对(a) 式进行分离变量，即两边同时乘以 $\mathrm{d}t$ 和除以 v，得

$$-k\mathrm{d}t=\frac{\mathrm{d}v}{v}. \tag{b}$$

对(b) 式的两边同时做定积分，并注意初始条件，有

$$-k\int_0^t \mathrm{d}t=\int_{v_0}^{v}\frac{\mathrm{d}v}{v}. \tag{c}$$

对(c) 式两边积分，得 $-kt=\ln v\Big|_{v_0}^{v}$，整理得

$$v=v_0\mathrm{e}^{-kt}.$$

本小节介绍了质点运动学两类问题的求解. 首先运动学问题均涉及位矢、速度和加速度等物理量，因此对这些物理量以及它们之间的关系的理解显得十分重要. 其次，两类运动学问题均涉及数学的微积分运算，例如对于求解第二类运动学问题，要注意运动过程的初末状态，它们对应于定积分的两个积分限. 最后，我们要熟悉一些常用的求导规则和导数公式、常用的定积分公式，以及一些常用的求解微分方程的方法，例如分离变量法. 这些数学预备知识请参阅本教程的附录一.

§1.2 直角坐标系中运动的描述

描述质点运动的物理量包括位矢、速度和加速度，这些矢量只有在具体的坐标系中才方便进行求解. 作为最常用的直角坐标系，我们在§1.1 中介绍运动

学物理量时已经有所涉及. 本节先介绍位矢、速度和加速度在直角坐标系中的一般关系式,再以抛体问题为例介绍位矢、速度和加速度在直角坐标系中的求解.

1.2.1 直角坐标系中的速度和加速度

视频 1.2.1

直角坐标系是三个方向固定且相互正交的坐标系,三个方向的单位矢量用 $\boldsymbol{i},\boldsymbol{j},\boldsymbol{k}$ 表示. 描述质点运动的位矢、速度和加速度等矢量可在直角坐标系中进行分解,图 1.2.1 展示了平面直角坐标系中的位矢 $\boldsymbol{r}$、速度 $\boldsymbol{v}$ 和加速度 $\boldsymbol{a}$. 根据§1.1给出的这些物理量的矢量关系式,可写出它们在直角坐标系中的分量表达式.

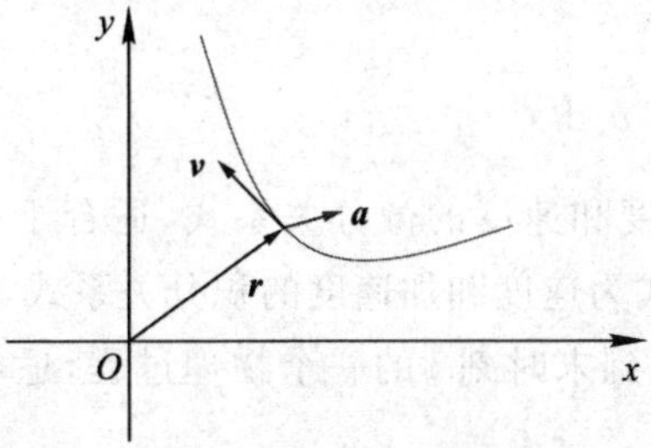

图 1.2.1 直角坐标系中的速度和加速度

速度与位矢关系

$$\begin{cases} v_x=\dfrac{\mathrm{d}x}{\mathrm{d}t}, \\ v_y=\dfrac{\mathrm{d}y}{\mathrm{d}t}, \\ v_z=\dfrac{\mathrm{d}z}{\mathrm{d}t}, \end{cases} \tag{1.2.1}$$

$$\begin{cases} x-x_0=\displaystyle\int_{t_0}^{t} v_x\mathrm{d}t, \\ y-y_0=\displaystyle\int_{t_0}^{t} v_y\mathrm{d}t, \\ z-z_0=\displaystyle\int_{t_0}^{t} v_z\mathrm{d}t. \end{cases} \tag{1.2.2}$$

(1.2.1) 式为速度和位矢的微分关系式,适合于第一类运动学问题中速度的求解,(1.2.2) 式为位矢和速度的积分关系式,式子右边的定积分对应于质点在初时刻 t_0 到末时刻 t 的一个物理过程,适合于第二类运动学问题中位矢的求解.

加速度与速度关系

$$\begin{cases} a_x = \dfrac{\mathrm{d}v_x}{\mathrm{d}t}, \\ a_y = \dfrac{\mathrm{d}v_y}{\mathrm{d}t}, \\ a_z = \dfrac{\mathrm{d}v_z}{\mathrm{d}t}, \end{cases} \tag{1.2.3}$$

$$\begin{cases} v_x - v_{x0} = \displaystyle\int_{t_0}^{t} a_x \mathrm{d}t, \\ v_y - v_{y0} = \displaystyle\int_{t_0}^{t} a_y \mathrm{d}t, \\ v_z - v_{z0} = \displaystyle\int_{t_0}^{t} a_z \mathrm{d}t. \end{cases} \tag{1.2.4}$$

(1.2.3) 式为加速度和速度的微分关系式，适合于第一类运动学问题中加速度的求解. (1.2.4) 式为速度和加速度的积分关系式，式子右边的定积分过程对应于质点在初时刻 t_0 到末时刻 t 的一个物理过程，适合于第二类运动学问题中速度的求解.

公式(1.2.1) 到公式(1.2.4) 描述了质点在直角坐标系中的一般性的曲线运动. 位矢、速度和加速度在直角坐标系中分量表达的一般特征是它们的三个方向分量相互正交. 位矢、速度和加速度矢量在直角坐标系中的分解即为质点运动的正交分解.

1.2.2 抛体运动的特征和求解

视频 1.2.2

抛体运动为一类常见的运动类型，其运动轨迹为抛物线. 质点的抛体运动具有一些基本特征，适合于在直角坐标系中求解它的运动学问题.

1. 抛体运动的基本特征

抛体运动是指物体只在重力加速度作用下的运动.

设质点只在重力作用下做抛体运动，其抛出初速度大小为 v_0，抛出角度与水平方向成 α 角，则质点的速度、运动学方程和轨迹方程可求. 如图 1.2.2 所示，我们以抛出点为坐标原点建立直角坐标系. 根据速度和加速度的积分关系式(1.2.4)，有

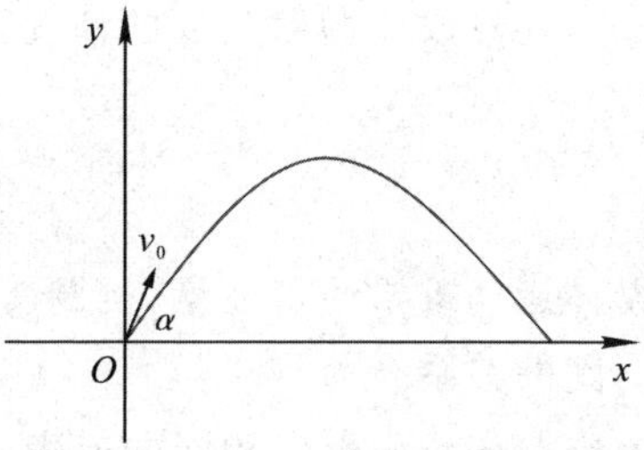

图 1.2.2　抛体运动轨迹

$$v_x - v_{x0} = \int_0^t a_x \mathrm{d}t,$$

$$v_y - v_{y0} = \int_0^t a_y \mathrm{d}t.$$

因为抛体运动的加速度为 $a_x = 0, a_y = -g$，根据抛体运动的初始条件，得

$$\begin{cases} v_x = v_0 \cos\alpha, \\ v_y = v_0 \sin\alpha - gt. \end{cases} \tag{1.2.5}$$

根据速度与位矢的积分关系式(1.2.2)，有

$$\begin{cases} x - x_0 = \int_0^t v_x \mathrm{d}t, \\ y - y_0 = \int_0^t v_y \mathrm{d}t. \end{cases}$$

将(1.2.5)式和初始条件代入，得抛体运动的运动学公式

$$\begin{cases} x = x_0 + v_0 \cos\alpha t, \\ y = y_0 + v_0 \sin\alpha t - \frac{1}{2} g t^2. \end{cases} \tag{1.2.6}$$

这里 $x_0 = 0, y_0 = 0$，(1.2.6)式也可写成矢量表达式

$$\boldsymbol{r} = v_0 \cos\alpha t \boldsymbol{i} + \left(v_0 \sin\alpha t - \frac{1}{2} g t^2\right) \boldsymbol{j}. \tag{1.2.7}$$

在抛体运动中，经常用到质点的运动轨迹. 在(1.2.6)式中消去参数 t，得质点做抛体运动的轨迹方程为

$$y = x\tan\alpha - \frac{g x^2}{2 v_0^2 \cos^2\alpha}. \tag{1.2.8}$$

(1.2.8)式的曲线为抛物线，如图 1.2.2 所示. 抛体运动的抛出点和落点之间的距离称之为射程. 将 $y = 0$ 代入轨迹方程，可得射程为

$$R = \frac{v_0^2 \sin 2\alpha}{g}. \tag{1.2.9}$$

根据射程公式(1.2.9),在只改变抛射角 α 的情况下,当抛射角 $\alpha=\pi/4$ 时,射程 R 最大.

2. 抛体运动的求解

射程和飞行时间是抛体运动重要的特征量,例题 1.2.1 涉及两个质点做抛体运动时的射程和运动时间的关系.

[例题 1.2.1] 两个质点在地面上以相同的速率 v_0,和不同的抛射角在同一个竖直平面内抛出,做斜上抛运动,如图 1.2.3 所示. 试证明:

(1) 当两个质点在水平方向上的射程 R 相等时,它们在空中的飞行时间的乘积与射程 R 成正比.

(2) 当两个质点在斜坡上的射程 R 相同时,它们在空中飞行时间的乘积与斜坡上的射程 R 的关系如何?

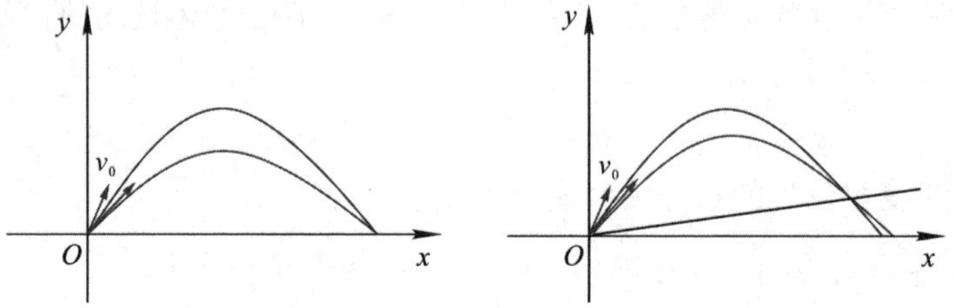

图 1.2.3 例题 1.2.1 示意

解 (1)两个质点在水平方向上的射程公式为

$$\begin{cases} R_1=\dfrac{v_0^2\sin 2\alpha_1}{g}, \\ R_2=\dfrac{v_0^2\sin 2\alpha_2}{g}. \end{cases} \tag{a}$$

根据题意,两个质点射程相等,即 $R_1=R_2=R$,则有 $\sin 2\alpha_1=\sin 2\alpha_2$,因此抛射角 α_1 和 α_2 满足:

$$2\alpha_1+2\alpha_2=\pi. \tag{b}$$

根据射程公式和水平方向的速度,可知两个质点的飞行时间分别为

$$\begin{cases} t_1=\dfrac{2v_0\sin\alpha_1}{g}, \\ t_2=\dfrac{2v_0\sin\alpha_2}{g}. \end{cases} \tag{c}$$

根据(c)式,得两个质点的飞行时间乘积为

$$t_1t_2=\frac{4v_0^2\sin\alpha_1\sin\alpha_2}{g^2}. \tag{d}$$

将(b)式代入(d),改写两次飞行时间乘积为

$$t_1 t_2=\frac{4v_0^2\sin\alpha_1\cos\alpha_1}{g^2}=\frac{2v_0^2\sin2\alpha_1}{g^2}=\frac{2R}{g}. \tag{e}$$

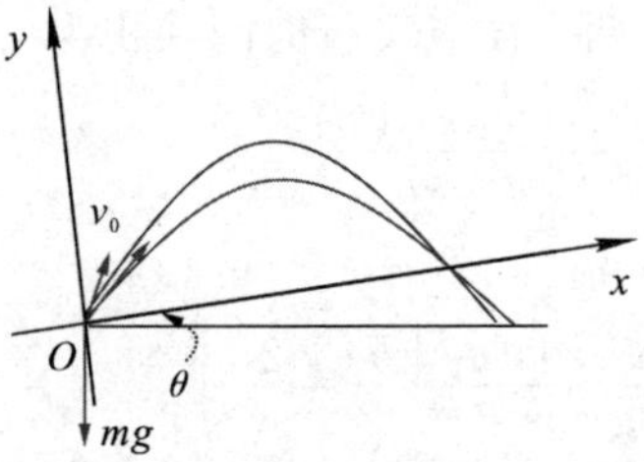

图 1.2.4 例题 1.2.1 示意

(2)设斜面的倾斜角为 θ,以斜面方向为 x 轴,垂直于斜面为 y 轴,抛出点为原点建立直角坐标系. 规定质点抛出角 α 为其速度与斜面所成的角,如图 1.2.4 所示. 将重力分解到直角坐标系中,根据直角坐标系中的位矢、速度和加速度的关系式(1.2.2)和(1.2.4),可得

$$x=v_0\cos\alpha t-\frac{1}{2}g\sin\theta t^2, \tag{f}$$

$$y=v_0\sin\alpha t-\frac{1}{2}g\cos\theta t^2. \tag{g}$$

利用直角坐标系中的射程条件 $x=R, y=0$,根据(g)式,得空中飞行时间为

$$t=\frac{2v_0\sin\alpha}{g\cos\theta}. \tag{h}$$

将(h)式代入(g)式,得质点在斜面上的射程为

$$R=v_0\cos\alpha\,\frac{2v_0\sin\alpha}{g\cos\theta}-\frac{1}{2}g\sin\theta\left(\frac{2v_0\sin\alpha}{g\cos\theta}\right)^2. \tag{i}$$

需要对(i)式进一步整理,以便获得两个质点在斜面上的射程相等所满足的条件. 因此,整理射程公式

$$\begin{aligned}R&=\frac{2v_0^2\sin\alpha}{g\cos^2\theta}(\cos\alpha\cos\theta-\sin\alpha\sin\theta)\\&=\frac{2v_0^2\sin\alpha}{g\cos^2\theta}\cos(\alpha+\theta)\\&=\frac{v_0^2}{g\cos^2\theta}[\sin(2\alpha+\theta)-\sin\theta].\end{aligned} \tag{j}$$

根据(j)式,若两个质点射程相同,$R_1=R_2=R$,抛射角 α_1 和 α_2 必须满足:

$$\alpha_1+\alpha_2=\frac{\pi}{2}-\theta. \tag{k}$$

另一方面，根据质点飞行时间公式(h)，得两个质点飞行时间乘积为

$$t_1 t_2=\frac{2v_0\sin\alpha_1}{g\cos\theta}\cdot\frac{2v_0\sin\alpha_2}{g\cos\theta}.$$

将(k)式代入上式，得两个质点飞行时间乘积为

$$t_1 t_2=\frac{2v_0\sin\alpha_1}{g\cos\theta}\cdot\frac{2v_0\cos(\alpha_1+\theta)}{g\cos\theta}. \tag{l}$$

比较(l)式和(j)式，可得

$$t_1 t_2=\frac{2}{g}\cdot\frac{2v_0^2\sin\alpha_1\cos(\alpha_1+\theta)}{g\cos^2\theta}=\frac{2R}{g}. \tag{m}$$

本题第一问的思路较为直接，通过建立水平方向的直角坐标系，利用抛体运动公式，便可找出射程和飞行时间的关系式. 第二问的思路是将直角坐标系建立在斜面上，在该坐标系中两个坐标轴方向的运动均为匀变速直线运动. 通过射程的定义，同样可找到射程和飞行时间的类似关系式. 本题对三角函数的运算有一定的要求. 对于直角坐标系下的抛体运动，除了要熟悉它们的运动学公式之外，我们还要注意如何建立合适的直角坐标系.

§1.3 自然坐标系中运动的描述

本节先介绍自然坐标系的一般特征以及速度和加速度在自然坐标系中的表达式和应用. 然后，在自然坐标系中利用速度和加速度求解已知轨迹形状的曲线运动.

1.3.1 自然坐标系中的速度和加速度

视频 1.3.1

自然坐标系建立在质点自身上. 我们取沿着运动的方向和垂直于运动的方向作为坐标轴的两个方向，如图 1.3.1 所示. 在自然坐标系中，质点的运动轨迹是已知的，一般只考虑二维情况，即 $f(x,y)=0$. 在初始位置给定后，质点运动的路程可给出，即 $s=s(t)$.

质点在自然坐标系中的位置可用 $s=s(t)$来表示. 速度和加速度则可通过它们的矢量定义式进行推导. 首先，规定自然坐标系中两个相互正交的单位方向矢量为切向单位矢量和法向单位矢量，如图 1.3.1 所示，即 $\boldsymbol{e}_\mathrm{t}$ 和 $\boldsymbol{e}_\mathrm{n}$. 单位矢量满足 $|\boldsymbol{e}_\mathrm{t}|=1$ 和 $|\boldsymbol{e}_\mathrm{n}|=1$. 曲线的切向单位矢量，一般规定以质点前进的方向为正；曲

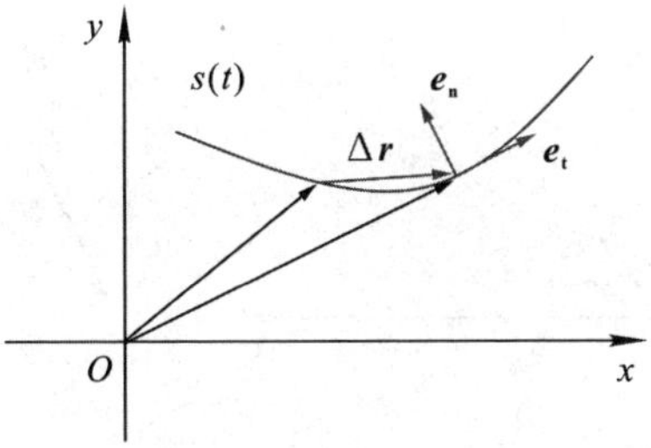

图 1.3.1　自然坐标系

线的法向单位矢量，一般规定以内法向为正，即指向曲线弯曲一侧的法向为正．归纳起来，自然坐标系的特点有：(1)坐标原点建立在运动质点上；(2)两个单位矢量的方向是随时间变化的．

1．速度在自然坐标系中的表示

根据速度的矢量定义式，将它分解到切向和法向方向，便可在自然坐标系中写出它的表达式．速度的矢量表达式为

$$\boldsymbol{v}=\lim_{\Delta t\to 0}\frac{\Delta \boldsymbol{r}}{\Delta t}.$$

为了判断速度的大小和方向，可考虑位矢差分的极限过程．在趋近于极限过程中，速度方向为 $\Delta\boldsymbol{r}$ 方向，趋近于切向方向，而 $\Delta\boldsymbol{r}$ 大小则趋近于 Δs，因此

$$\boldsymbol{v}=\lim_{\Delta t\to 0}\frac{\Delta \boldsymbol{r}}{\Delta t}=\lim_{\Delta t\to 0}\frac{\Delta s}{\Delta t}\boldsymbol{e}_t=\frac{\mathrm{d}s}{\mathrm{d}t}\boldsymbol{e}_t=v\boldsymbol{e}_t. \tag{1.3.1}$$

(1.3.1)式即为速度在自然坐标系中的表示，它表明速度大小为速率，方向为轨迹的切向方向．

2．加速度在自然坐标系中的表示

根据加速度的矢量定义式，我们可推导加速度在自然坐标系中的表达．加速度的矢量定义式为

$$\boldsymbol{a}(t)=\frac{\mathrm{d}\boldsymbol{v}(t)}{\mathrm{d}t}.$$

将速度在自然坐标系中的表达式(1.3.1)代入加速度的矢量定义式，得

$$\boldsymbol{a}=\frac{\mathrm{d}(v\boldsymbol{e}_t)}{\mathrm{d}t}=\frac{\mathrm{d}v}{\mathrm{d}t}\boldsymbol{e}_t+v\frac{\mathrm{d}\boldsymbol{e}_t}{\mathrm{d}t}.$$

上式第一项为加速度的一个分量，它的大小等于速率对时间的变化率，方向为切向方向．第二项须进一步转化才能明确其物理含义．由于在自然坐标系中，曲线的形状和路程公式一般是已知的，因此速率 v 可求解．但是切向的单位

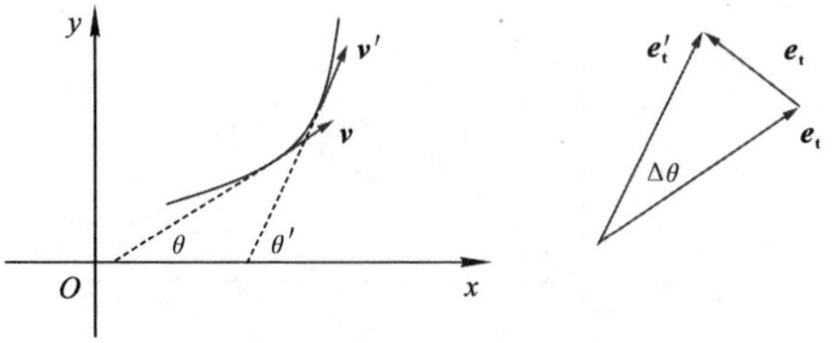

图 1.3.2　切向单位矢量的增量

矢量随时间变化率等于多少呢？如图 1.3.2 所示，先考察单位矢量的差分过程，然后让差分取极限，即

$$\frac{\mathrm{d}\boldsymbol{e}_{\mathrm{t}}}{\mathrm{d}t}=\lim_{\Delta t\to 0}\frac{\Delta\boldsymbol{e}_{\mathrm{t}}}{\Delta t}.$$

在取极限过程中，$\Delta\boldsymbol{e}_{\mathrm{t}}$ 的方向趋近于 $\boldsymbol{e}_{\mathrm{n}}$，而其大小满足 $|\Delta\boldsymbol{e}_{\mathrm{t}}|=|\boldsymbol{e}_{\mathrm{t}}|\Delta\theta=\Delta\theta$，因此

$$\frac{\mathrm{d}\boldsymbol{e}_{\mathrm{t}}}{\mathrm{d}t}=\lim_{\Delta t\to 0}\frac{\Delta\theta}{\Delta t}\boldsymbol{e}_{\mathrm{n}}，\ 即\ \frac{\mathrm{d}\boldsymbol{e}_{\mathrm{t}}}{\mathrm{d}t}=\frac{\mathrm{d}\theta}{\mathrm{d}t}\boldsymbol{e}_{\mathrm{n}}.$$

其中，θ 是速度方向与 x 轴所成的角. 将上式代入加速度表达式，得

$$\boldsymbol{a}=\frac{\mathrm{d}v}{\mathrm{d}t}\boldsymbol{e}_{\mathrm{t}}+v\,\frac{\mathrm{d}\theta}{\mathrm{d}t}\boldsymbol{e}_{\mathrm{n}}.$$

第二项物理量的方向为法向方向，大小还需要进一步处理. 由于在自然坐标系中，轨迹形状一般是已知的，因此第二项可继续转化为与轨迹相关的物理量，即

$$\boldsymbol{a}=\frac{\mathrm{d}v}{\mathrm{d}t}\boldsymbol{e}_{\mathrm{t}}+v\,\frac{\mathrm{d}\theta}{\mathrm{d}t}\frac{\mathrm{d}s}{\mathrm{d}s}\boldsymbol{e}_{\mathrm{n}}=\frac{\mathrm{d}v}{\mathrm{d}t}\boldsymbol{e}_{\mathrm{t}}+v^2\,\frac{\mathrm{d}\theta}{\mathrm{d}s}\boldsymbol{e}_{\mathrm{n}}.$$

定义曲线的弯曲程度为曲率半径，即

$$\rho=\frac{\mathrm{d}s}{\mathrm{d}\theta}. \tag{1.3.2}$$

将(1.3.2)式代入加速度表达式，得加速度在自然坐标系中的表达式为

$$\boldsymbol{a}=\frac{\mathrm{d}v}{\mathrm{d}t}\boldsymbol{e}_{\mathrm{t}}+\frac{v^2}{\rho}\boldsymbol{e}_{\mathrm{n}}. \tag{1.3.3}$$

(1.3.3)式表明加速度在自然坐标系中可分解为切向分量 $a_{\mathrm{t}}\boldsymbol{e}_{\mathrm{t}}$ 和法向分量 $a_{\mathrm{n}}\boldsymbol{e}_{\mathrm{n}}$，其分量为

$$\boldsymbol{a}_{\mathrm{t}}=a_t\boldsymbol{e}_{\mathrm{t}}=\frac{\mathrm{d}v}{\mathrm{d}t}\boldsymbol{e}_{\mathrm{t}}, \tag{1.3.4}$$

$$\boldsymbol{a}_{\mathrm{n}}=a_{\mathrm{n}}\boldsymbol{e}_{\mathrm{n}}=\frac{v^2}{\rho}\boldsymbol{e}_{\mathrm{n}}. \tag{1.3.5}$$

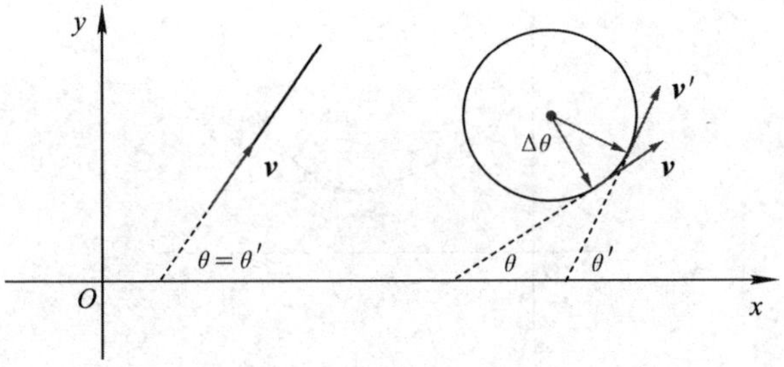

图 1.3.3　直线和圆的曲率半径

当质点在已知形状的轨道上运动时，如果速度大小与时间关系式可获得，则它的切向加速度就可求得. 同时，质点在法向方向的加速度取决于速率大小和轨道的弯曲程度. 曲率半径 ρ 是曲率圆的半径，它反映了轨道的弯曲程度，不同的曲线形状具有不同的曲率半径. 我们考虑两类常见曲线的曲率半径，直线和半径为 R 的圆周的曲率半径，如图 1.3.3 所示. 根据曲率半径定义式(1.3.2)，对于直线，因为 $\mathrm{d}\theta=0$，所以 $\rho=\infty$. 因此，直线所对应的曲率圆半径为无穷大. 对于圆周运动，有

$$\rho=\frac{\mathrm{d}s}{\mathrm{d}\theta}=\frac{\Delta s}{\Delta\theta}=R.$$

该结果表明圆的曲率半径为该圆的半径. 因此，曲率半径越小，说明曲线越弯曲.

3. 自然坐标系中的速度和加速度应用

自然坐标系中的切向和法向会随着质点运动发生变化. 质点的速度方向始终在切向方向上，速度大小的改变反映在加速度的切向分量上，而速度方向取决于轨道形状，其变化反映在加速度的法向分量上. 因此，在自然坐标系中，可利用速度和加速度的这些特点求解一些问题.

[例题 1.3.1]　质点以恒定速率 v 沿着曲线运动，如图 1.3.4 所示. 证明该质点速度 $\boldsymbol{v}$ 与加速度 $\boldsymbol{a}$ 垂直.

解　采用自然坐标系中的速度和加速度表达式

$$\boldsymbol{v}=v\boldsymbol{e}_{\mathrm{t}},\boldsymbol{a}=\frac{\mathrm{d}v}{\mathrm{d}t}\boldsymbol{e}_{\mathrm{t}}+\frac{v^2}{\rho}\boldsymbol{e}_{\mathrm{n}}.$$

则速度和加速度的点乘为

$$\boldsymbol{v}\cdot\boldsymbol{a}=\frac{v\mathrm{d}v}{\mathrm{d}t}=\frac{1}{2}\frac{\mathrm{d}v^2}{\mathrm{d}t}.$$

因为速率为常数，有 $\boldsymbol{v}\cdot\boldsymbol{a}=0$，即速度和加速度相互垂直.

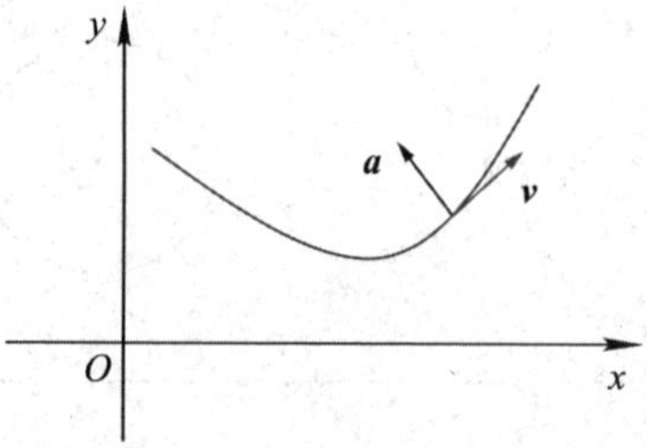

图 1.3.4　例题 1.3.1 示意

［例题 1.3.2］ 质点以初速度 v_0，抛射角 α 做斜抛运动. 求 t 时刻质点轨迹的曲率半径.

解　在直角坐标系中写出速度表达式，有

$$v_x=v_0\cos\alpha,\quad v_y=v_0\sin\alpha-gt.$$

如图 1.3.5 所示，有

$$\cos\theta=\frac{v_x}{v}. \tag{a}$$

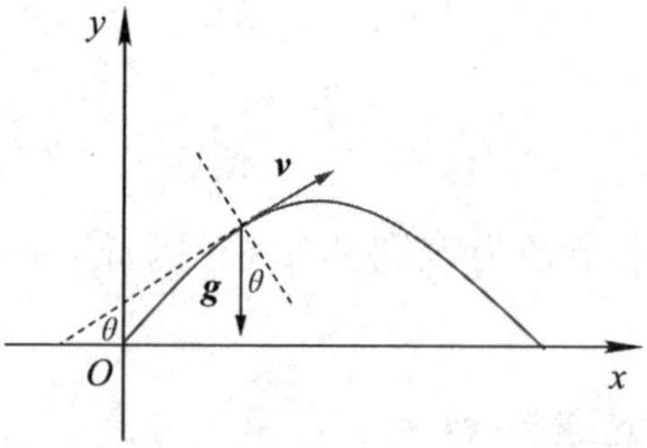

图 1.3.5　例题 1.3.2 示意

加速度在直角坐标系中的分解和自然坐标系中的加速度公式为

$$a_{\mathrm{n}}=g\cos\theta,$$

$$a_{\mathrm{n}}=\frac{v^2}{\rho}. \tag{b}$$

根据(b)式，得

$$\rho=\frac{v^2}{g\cos\theta}. \tag{c}$$

将(a)式代入(c)式，得

$$\rho=[(v_0\cos\alpha)^2+(v_0\sin\alpha-gt)^2]\frac{\sqrt{(v_0\cos\alpha)^2+(v_0\sin\alpha-gt)^2}}{gv_0\cos\alpha}$$

$$=\frac{[(v_0\cos\alpha)^2+(v_0\sin\alpha-gt)^2]^{3/2}}{gv_0\cos\alpha}.$$

本题涉及加速度矢量在自然坐标系和直角坐标系中的分解.这两种坐标系中的物理量的分量虽然不同,但其代表的矢量是同一个.这一特点往往被利用来寻找两个坐标系之间的关系.

1.3.2 已知轨迹形状的运动求解

视频 1.3.2

质点在已知轨迹形状上运动,由曲率半径可知,此时应用自然坐标系中的加速度公式求解问题往往较为方便.本小节进行举例说明,例题 1.3.3 涉及常见的圆形轨道,例题 1.3.4 涉及抛物线轨道.

[例题 1.3.3] 质点在半径为 R 的圆周上做圆周运动,其路程与时间关系为 $s=kt^2$,请问何时切向加速度与法向加速度大小相等?

解 采用自然坐标系,加速度表达式为

$$\boldsymbol{a}=\frac{\mathrm{d}v}{\mathrm{d}t}\boldsymbol{e}_{\mathrm{t}}+\frac{v^2}{\rho}\boldsymbol{e}_{\mathrm{n}}.$$

切向加速度有

$$\boldsymbol{a}_{\mathrm{t}}=\frac{\mathrm{d}v}{\mathrm{d}t}\boldsymbol{e}_{\mathrm{t}}=2k\boldsymbol{e}_{\mathrm{t}}.$$

法向加速度有

$$\boldsymbol{a}_{\mathrm{n}}=\frac{v^2}{\rho}\boldsymbol{e}_{\mathrm{n}}=\frac{(2kt)^2}{R}\boldsymbol{e}_{\mathrm{n}}.$$

因此,$t=\sqrt{\dfrac{R}{2k}}$.

对于圆形轨道,因为圆的半径即为其曲率半径,是一个常数,因此用自然坐标系求解较为方便.本题条件若改为 $s=kt$,则根据自然坐标系中的加速度公式,可知切向加速度为零.它的法向加速度大小不变,指向圆心,即为向心加速度.此时,质点做匀速圆周运动.

[例题 1.3.4] 质点沿着抛物线 $y^2=2px$ 运动,其切向加速度的量值为法向加速度的 $-2k$ 倍,如果此质点从正焦弦的一端以速率 u 出发,求其到达正焦弦另一端时的速率.

解 如图 1.3.6 所示,建立直角坐标系.根据本题条件,有

$$\frac{\mathrm{d}v}{\mathrm{d}t}=-2k\,\frac{v^2}{\rho}.$$

根据曲率半径定义

$$\rho=\frac{\mathrm{d}s}{\mathrm{d}\theta}.$$

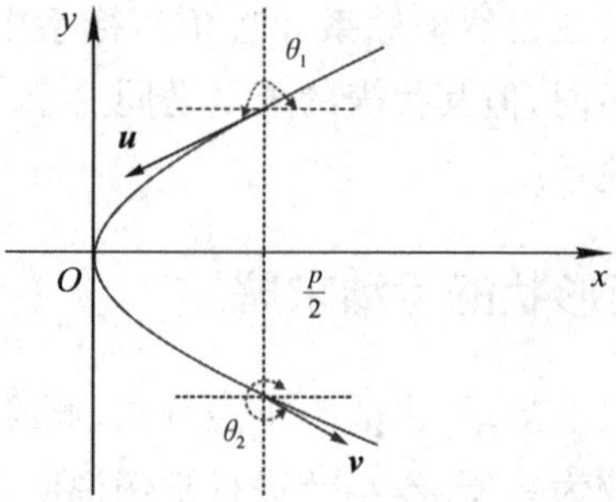

图 1.3.6　例题 1.3.4 示意

代入上式，得

$$\frac{\mathrm{d}v}{\mathrm{d}t}=-2kv^2\ \frac{\mathrm{d}\theta}{\mathrm{d}s}$$

整理上式，分离变量后得

$$\frac{\mathrm{d}v}{v}=-2k\mathrm{d}\theta. \tag{a}$$

对(a)式两边积分，得

$$\int_u^v \frac{\mathrm{d}v}{v}=-2k\int_{\theta_1}^{\theta_2}\mathrm{d}\theta. \tag{b}$$

根据本题初始条件，有

$$\theta_1=\frac{5\pi}{4},\theta_2=\frac{7\pi}{4}.$$

将其代入(b)式，两边积分得

$$v=u\mathrm{e}^{-k\pi}.$$

在本节中，我们介绍了自然坐标系下的速度和加速度．首先，我们要掌握自然坐标系中的速度和加速度等物理量的推导过程，重点在于理解曲率半径．其次，自然坐标系一般是应用于求解已知轨迹形状的运动，特别是运动轨迹是圆周运动或抛物线运动等．实际上，当已知轨迹形状为直线时，曲率半径 $\rho=\infty$，其加速度的法向分量等于零，加速度为 $\boldsymbol{a}=\frac{\mathrm{d}v}{\mathrm{d}t}\boldsymbol{e}_{\mathrm{t}}$，速度为 $\boldsymbol{v}=v\boldsymbol{e}_{\mathrm{t}}$．此时，自然坐标系中的加速度公式退化到一维的直角坐标系中的加速度公式．

§1.4　平面极坐标系中运动的描述

本节先介绍速度和加速度在平面极坐标系中的一般表达式，然后再以曲线运动为例具体介绍速度和加速度公式在平面极坐标系的应用.

视频 1.4.1

1.4.1 平面极坐标系中的速度和加速度

平面极坐标系是具有固定坐标原点,以质点位置到原点的距离和该位置的方位角作为参数的二维平面坐标系,如图 1.4.1 所示. 为了唯一确定质点在坐标系中的位置,平面极坐标系采用矢径 r 和辐角 $\theta(0\leqslant\theta<2\pi)$ 描述质点的位置. 矢径定义为质点 P 到坐标原点的距离,辐角定义为半径方向 OP 与 x 坐标轴所成的角. 质点运动时,矢径和辐角均为时间 t 的参数,其参数方程形式为

$$r=r(t),\theta=\theta(t). \tag{1.4.1}$$

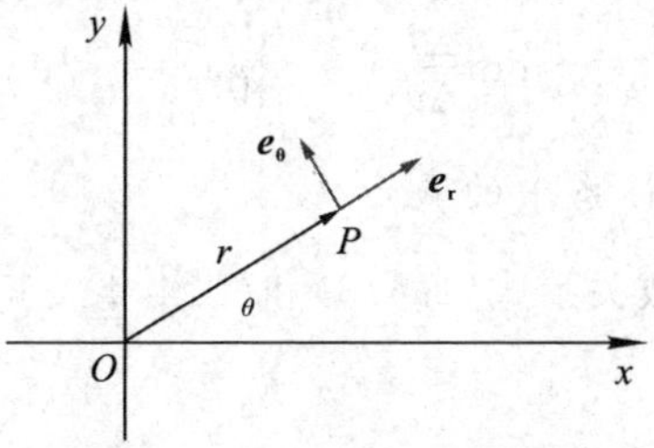

图 1.4.1　平面极坐标系

在极坐标系中,我们可以规定两个单位方向矢量. 如图 1.4.1 所示,沿着位置矢量向外的方向为径向方向,单位矢量为 $\boldsymbol{e}_\mathrm{r}$,即 $|\boldsymbol{e}_\mathrm{r}|=1$. 垂直于径向的方向为横向,单位矢量为 $\boldsymbol{e}_\theta$,即 $|\boldsymbol{e}_\theta|=1$. 一般情况下,$\boldsymbol{e}_\mathrm{r}$ 与 $\boldsymbol{e}_\theta$ 构成右手螺旋后指向 z 轴方向. 易知在极坐标系中,质点的位矢为

$$\boldsymbol{r}=r\boldsymbol{e}_\mathrm{r}. \tag{1.4.2}$$

平面极坐标系中的单位矢量方向随时间变化,与自然坐标系的单位矢量类似.

为了求解径向单位矢量 $\boldsymbol{e}_\mathrm{r}$ 和横向单位矢量 $\boldsymbol{e}_\theta$ 对时间的变化率,可先设单位矢量的差分,然后对该差分求极限,如图 1.4.2 所示. 对于径向单位矢量 $\boldsymbol{e}_\mathrm{r}$,根据导数定义,有

$$\begin{aligned}\frac{\mathrm{d}\boldsymbol{e}_\mathrm{r}}{\mathrm{d}t}&=\lim_{\Delta t\to 0}\frac{\Delta e_r}{\Delta t}\boldsymbol{e}_\theta\\&=\lim_{\Delta t\to 0}\frac{\Delta\theta}{\Delta t}\boldsymbol{e}_\theta=\frac{\mathrm{d}\theta}{\mathrm{d}t}\boldsymbol{e}_\theta=\dot{\theta}\,\boldsymbol{e}_\theta.\end{aligned} \tag{1.4.3}$$

这里为方便起见,令 $\frac{\mathrm{d}\theta}{\mathrm{d}t}=\dot{\theta}$.

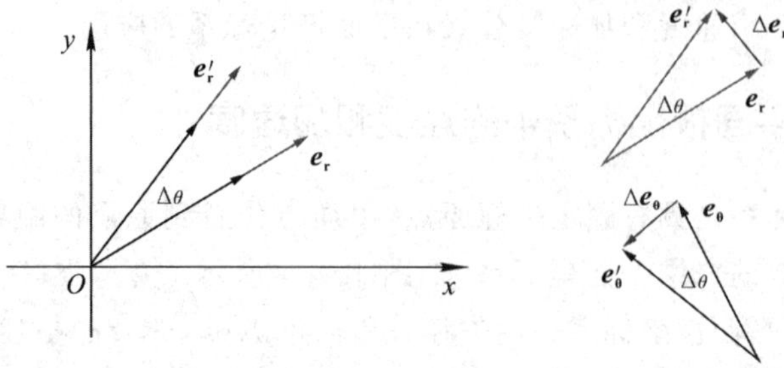

图 1.4.2 径向单位矢量和横向单位矢量的增量

对于横向单位矢量 $\boldsymbol{e}_\theta$，如图 1.4.2 所示，则

$$\frac{\mathrm{d}\boldsymbol{e}_\theta}{\mathrm{d}t}=-\lim_{\Delta t\to 0}\frac{\Delta e_\theta}{\Delta t}\boldsymbol{e}_r=-\lim_{\Delta t\to 0}\frac{\Delta\theta}{\Delta t}\boldsymbol{e}_r=-\frac{\mathrm{d}\theta}{\mathrm{d}t}\boldsymbol{e}_r=-\dot{\theta}\,\boldsymbol{e}_r. \tag{1.4.4}$$

1. 速度在平面极坐标系中的表示

根据单位矢量的导数关系式(1.4.3)和(1.4.4)，速度在极坐标系中的表达式为

$$\begin{aligned}\boldsymbol{v}&=\frac{\mathrm{d}\boldsymbol{r}}{\mathrm{d}t}=\frac{\mathrm{d}(r\boldsymbol{e}_r)}{\mathrm{d}t}\\&=\frac{\mathrm{d}r}{\mathrm{d}t}\boldsymbol{e}_r+r\frac{\mathrm{d}\,\boldsymbol{e}_r}{\mathrm{d}t}\\&=\dot{r}\,\boldsymbol{e}_r+r\dot{\theta}\,\boldsymbol{e}_\theta.\end{aligned} \tag{1.4.5}$$

其中，速度的径向分量为 $\boldsymbol{v}_r=\dot{r}\,\boldsymbol{e}_r$，横向分量为 $\boldsymbol{v}_\theta=r\dot{\theta}\boldsymbol{e}_\theta$.

在平面极坐标系中，若 r 为常数，质点的轨迹为圆心在原点、半径为 r 的圆. 根据速度表达式(1.4.5)，在平面极坐标系中质点的径向速度 $\dot{r}\boldsymbol{e}_r=0$，横向速度为

$$r\dot{\theta}\boldsymbol{e}_\theta=\frac{\mathrm{d}(r\theta)}{\mathrm{d}t}\boldsymbol{e}_\theta=\frac{\mathrm{d}s}{\mathrm{d}t}\boldsymbol{e}_n,$$

方向为圆的切向方向. 该横向速度即为自然坐标系中的切向速度.

在平面极坐标系中，若 θ 为常数，质点的轨迹为过原点的直线，根据速度表达式(1.4.5)，在平面极坐标系中质点的横向速度 $r\dot{\theta}\boldsymbol{e}_\theta=0$，径向速度为

$$\dot{r}\,\boldsymbol{e}_r=\frac{\mathrm{d}r}{\mathrm{d}t}\boldsymbol{e}_t=v\boldsymbol{e}_t.$$

方向为过原点的直线方向. 该径向速度亦为自然坐标系中的切向速度.

2. 加速度在平面极坐标系中的表示

根据速度表达式，可进一步推导极坐标系中的加速度表达式. 加速度的矢量

表达为

$$\boldsymbol{a}=\frac{\mathrm{d}\boldsymbol{v}}{\mathrm{d}t}=\frac{\mathrm{d}(\dot{r}\boldsymbol{e}_{\mathrm{r}}+r\dot{\theta}\boldsymbol{e}_{\theta})}{\mathrm{d}t}.$$

多次运用单位矢量关系式 $\frac{\mathrm{d}\boldsymbol{e}_{\mathrm{r}}}{\mathrm{d}t}=\dot{\theta}\boldsymbol{e}_{\theta}$，$\frac{\mathrm{d}\boldsymbol{e}_{\theta}}{\mathrm{d}t}=-\dot{\theta}\boldsymbol{e}_{\mathrm{r}}$，则

$$\begin{aligned}a&=(\dot{r}\boldsymbol{e}_{\mathrm{r}}+r\dot{\theta}\boldsymbol{e}_{\theta})'\\&=(\dot{r}\boldsymbol{e}_{\mathrm{r}})'+(r\dot{\theta}\boldsymbol{e}_{\theta})'\\&=\ddot{r}\boldsymbol{e}_{\mathrm{r}}+\dot{r}\dot{\theta}\boldsymbol{e}_{\theta}+(r\dot{\theta})'\boldsymbol{e}_{\theta}+r\dot{\theta}\boldsymbol{e}_{\theta}'\\&=\ddot{r}\boldsymbol{e}_{\mathrm{r}}+\dot{r}\dot{\theta}\boldsymbol{e}_{\theta}+(\dot{r}\dot{\theta}+r\ddot{\theta})\boldsymbol{e}_{\theta}-r\dot{\theta}\dot{\theta}\boldsymbol{e}_{\mathrm{r}}.\end{aligned}$$

这里的右上标撇号表示对时间求导，字母上的双冒号表示对时间二阶求导.对上式进一步整理，我们得在平面极坐标系中的加速度为

$$\boldsymbol{a}=(\ddot{r}-r\dot{\theta}^{2})\boldsymbol{e}_{\mathrm{r}}+(2\dot{r}\dot{\theta}+r\ddot{\theta})\boldsymbol{e}_{\theta}.\tag{1.4.6}$$

因此，加速度在极坐标系中的径向分量和横向分量分别为

$$\boldsymbol{a}_{r}=(\ddot{r}-r\dot{\theta}^{2})\boldsymbol{e}_{\mathrm{r}},\tag{1.4.7}$$

$$\boldsymbol{a}_{\theta}=(r\ddot{\theta}+2\dot{r}\dot{\theta})\boldsymbol{e}_{\theta}=\frac{1}{r}\frac{\mathrm{d}}{\mathrm{d}t}(r^{2}\dot{\theta})\boldsymbol{e}_{\theta}.\tag{1.4.8}$$

类似于速度情况，这里考虑平面极坐标系中质点做直线和圆周运动的加速度.在平面极坐标系中，若 r 为常数，质点的轨迹为圆心在原点、半径为 r 的圆.根据加速度表达式(1.4.7)，在平面极坐标系中质点加速度的径向分量为

$$\boldsymbol{a}_{\mathrm{r}}=(\ddot{r}-r\dot{\theta}^{2})\boldsymbol{e}_{\mathrm{r}}=-r\dot{\theta}^{2}\boldsymbol{e}_{\mathrm{r}}=r\dot{\theta}^{2}\boldsymbol{e}_{\mathrm{n}}.$$

此即自然坐标系中的法向加速度.因为质点做圆周运动时，自然坐标系的法向方向正好与平面极坐标系的径向方向相反.根据加速度表达式(1.4.8)，在平面极坐标系中质点加速度的横向分量为

$$\boldsymbol{a}_{\theta}=(r\ddot{\theta}+2\dot{r}\dot{\theta})\boldsymbol{e}_{\theta}=r\ddot{\theta}\boldsymbol{e}_{\mathrm{t}}.$$

此即自然坐标系中的切向加速度，因为质点做圆周运动时，自然坐标系的切向方向与平面极坐标系的横向方向重合.

然后考虑直线情况.在平面极坐标系中，若 θ 为常数，质点的轨迹为过原点的直线. 根据加速度表达式(1.4.7)，在平面极坐标系中质点加速度的径向分量为

$$\boldsymbol{a}_{\mathrm{r}}=(\ddot{r}-r\dot{\theta}^{2})\boldsymbol{e}_{\mathrm{r}}=\ddot{r}\boldsymbol{e}_{\mathrm{r}}=\ddot{r}\boldsymbol{e}_{\mathrm{t}}.$$

此即自然坐标系中的切向加速度，因为质点做过原点的直线运动时，自然坐标系的切向方向与平面极坐标系的径向方向重合.根据加速度表达式(1.4.8)，

在平面极坐标系中质点加速度的横向分量为

$$\boldsymbol{a}_\theta=(r\ddot{\theta}+2\dot{r}\dot{\theta})\boldsymbol{e}_\theta=\frac{1}{r}\frac{\mathrm{d}}{\mathrm{d}t}(r^2\dot{\theta})\boldsymbol{e}_\theta=0.$$

此即自然坐标系中的法向加速度，因为质点做过原点的直线运动时，自然坐标系的法向方向与极坐标系的横向方向重合.

1.4.2 平面极坐标系中的运动求解

视频 1.4.2

根据平面极坐标系中的速度和加速度表达式，若给出极坐标系中的参数关系，我们可利用平面极坐标系求解速度和加速度等物理量. 例题 1.4.1 涉及极坐标系中的椭圆方程和角速度表达式.

[**例题 1.4.1**] 直线 FM 在给定的椭圆平面内以匀角速度 ω 绕其焦点 F 转动，求此直线与椭圆的交点 M 的速度. 已知以焦点为原点的椭圆极坐标方程为 $r=\dfrac{a-ae^2}{1+e\cos\theta}$.

解 采用平面极坐标，坐标原点建立在焦点 F 上，则

$$\boldsymbol{v}=\frac{\mathrm{d}\boldsymbol{r}}{\mathrm{d}t}=\dot{r}\boldsymbol{e}_r+r\dot{\theta}\boldsymbol{e}_\theta.$$

易知 $\dot{\theta}=\omega$，则

$$\dot{r}=\frac{\mathrm{d}r}{\mathrm{d}t}=\frac{\mathrm{d}r}{\mathrm{d}\theta}\frac{\mathrm{d}\theta}{\mathrm{d}t}=\omega\frac{\mathrm{d}r}{\mathrm{d}\theta}. \tag{a}$$

同时，根据本题条件，可得

$$\begin{aligned}\frac{\mathrm{d}r}{\mathrm{d}\theta}&=\frac{\mathrm{d}}{\mathrm{d}\theta}\left(\frac{a-ae^2}{1+e\cos\theta}\right)\\&=-\frac{a(1-e^2)}{(1+e\cos\theta)^2}(-e\sin\theta)\\&=r\frac{e\sin\theta}{1+e\cos\theta}.\end{aligned} \tag{b}$$

同时，$v=\sqrt{\dot{r}^2+(r\dot{\theta})^2}$.

将(a)式和(b)式代入，整理得

$$v=\sqrt{\dot{r}^2+(r\dot{\theta})^2}=r\omega\sqrt{\frac{1+2e\cos\theta+e^2}{(1+e\cos\theta)^2}}. \tag{c}$$

利用椭圆的极坐标方程的关系 $\dfrac{b^2}{a^2}=1-e^2$，

代入(c)式，整理得

$$v=\frac{r\omega}{1+e\cos\theta}\sqrt{1+2e\cos\theta+e^2}=\frac{r\omega}{b}\sqrt{r(2a-r)}.$$

在 1.4.1 节中，利用加速度矢量定义式和极坐标中速度的表达式，通过多次求导获得了平面极坐标系中的加速度表达式. 例题 1.4.2 将通过另一方法获得平面极坐标系中的加速度表达式.

［**例题 1.4.2**］ 请从直角坐标系和平面极坐标系的参数关系式 $x=r\cos\theta$，$y=r\sin\theta$ 出发，推导平面极坐标中的加速度表达式.

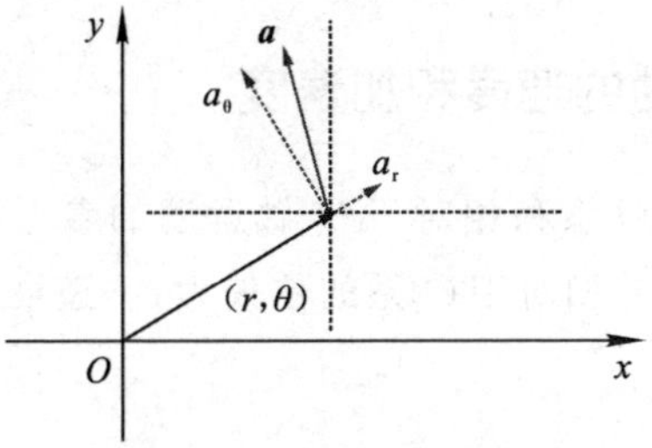

图 1.4.3 例题 1.4.2 示意

解 如图 1.4.3 所示，有如下关系

$$a_r=a_x\cos\theta+a_y\sin\theta, \quad (a)$$

$$a_\theta=-a_x\sin\theta+a_y\cos\theta. \quad (b)$$

根据平面直角坐标和平面极坐标的关系，有

$$x=r\cos\theta, y=r\sin\theta.$$

对上述公式求导，注意 r 和 θ 均为时间 t 的函数，则

$$\dot{x}=\dot{r}\cos\theta-r\dot{\theta}\sin\theta, \quad (c)$$

$$\dot{y}=\dot{r}\sin\theta+r\dot{\theta}\cos\theta. \quad (d)$$

对(c)和(d)式进一步求导，整理得

$$a_x=\ddot{x}=(\ddot{r}-r\dot{\theta}^2)\cos\theta-(r\ddot{\theta}+2\dot{r}\dot{\theta})\sin\theta, \quad (e)$$

$$a_y=\ddot{y}=(\ddot{r}-r\dot{\theta}^2)\sin\theta+(r\ddot{\theta}+2\dot{r}\dot{\theta})\cos\theta. \quad (f)$$

将(e)和(f)式代入(a)和(b)，整理得

$$a_r=\ddot{r}-r\dot{\theta}^2, a_\theta=r\ddot{\theta}+2\dot{r}\dot{\theta}.$$

此结果与第一章 1.4.1 节采用的定义法求解结果完全一致. 本题利用了直角坐标系和极坐标系参数之间的关系，从另外一个途径获得了极坐标系的加速度表达式，增加了我们对直角坐标系与极坐标系之间关系的理解.

§1.5 相对运动

坐标系需要建立在一个参考点上,参考点的运动情况关系到质点运动的描述. 本节介绍两个坐标系之间的伽利略变换和相对运动.

视频 1.5.1

1.5.1 相对运动的速度和加速度

选取固定参考系为 O 系和相对于 O 做运动的参考系为 O' 系,如图 1.5.1 所示. 设 O' 系相对于 O 系的位矢为 $\boldsymbol{r}_0$,速度为 $\boldsymbol{v}_0$,加速度为 $\boldsymbol{a}_0$,则

$$\begin{cases} \boldsymbol{v}_0 = \dfrac{\mathrm{d}\boldsymbol{r}_0}{\mathrm{d}t} \\ \boldsymbol{a}_0 = \dfrac{\mathrm{d}\boldsymbol{v}_0}{\mathrm{d}t} = \dfrac{\mathrm{d}^2\boldsymbol{r}_0}{\mathrm{d}t^2} \end{cases}. \tag{1.5.1}$$

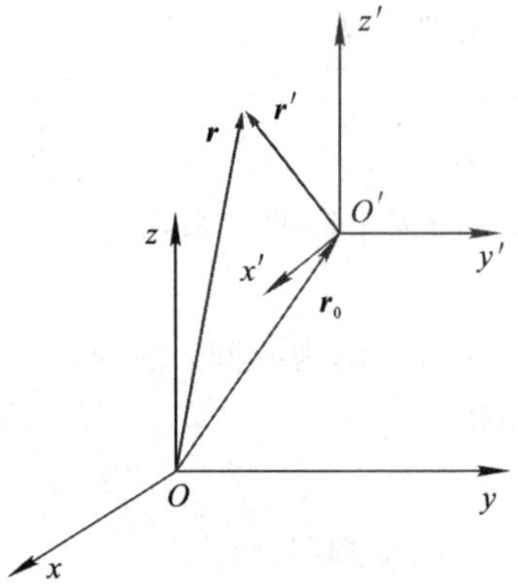

图 1.5.1 两个参考系的速度和加速度变换

若两个参考系的坐标轴始终保持平行,质点在 O 系中的位矢为 $\boldsymbol{r}$、速度为 $\boldsymbol{v}$、加速度为 $\boldsymbol{a}$,在 O' 系的位矢为 $\boldsymbol{r}'$,速度为 $\boldsymbol{v}'$,加速度为 $\boldsymbol{a}'$,则在经典物理学范围内,两个参考系之间的速度和加速度变换满足:

$$\begin{cases} \boldsymbol{r}' = \boldsymbol{r} - \boldsymbol{r}_0 \\ \boldsymbol{v}' = \dfrac{\mathrm{d}\boldsymbol{r}}{\mathrm{d}t} - \dfrac{\mathrm{d}\boldsymbol{r}_0}{\mathrm{d}t} = \boldsymbol{v} - \boldsymbol{v}_0 \\ \boldsymbol{a}' = \dfrac{\mathrm{d}\boldsymbol{v}}{\mathrm{d}t} - \dfrac{\mathrm{d}\boldsymbol{v}_0}{\mathrm{d}t} = \boldsymbol{a} - \boldsymbol{a}_0 \end{cases}. \tag{1.5.2}$$

这就是经典力学中的速度和加速度变换式. 这里我们假设两个参考系具有相同的时间变量 t,因此它是建立在牛顿的绝对时空观上. 在相对论中,它们被洛伦兹变换所代替.

[**例题 1.5.1**] A 船以速度 $\boldsymbol{v}_A=30$ 千米/小时向东航行,B 船以速度 $\boldsymbol{v}_B=45$ 千米/小时向正北航行. 求 A 船上的人观察到 B 船的航行速度.

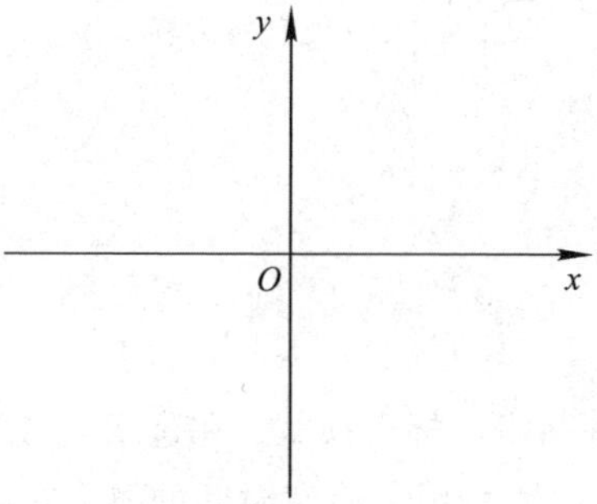

图 1.5.2 例题 1.5.1 示意

解 如图 1.5.2 所示,建立平面直角坐标 Oxy, x 轴指向正东, y 轴指向正北. 则 A 和 B 两船的速度分别为

$$\boldsymbol{v}_{A对地}=\boldsymbol{v}_A\boldsymbol{i},\boldsymbol{v}_{B对地}=v_B\boldsymbol{j}.$$

则 B 相对于 A 运动的速度为

$$\boldsymbol{v}_{B对A}=\boldsymbol{v}_{B对地}+\boldsymbol{v}_{地对A}=\boldsymbol{v}_{B对地}-\boldsymbol{v}_{A对地}=45\boldsymbol{j}-30\boldsymbol{i}\ (\text{km/h}).$$

视频 1.5.2

1.5.2 伽利略坐标变换

惯性参考系是指匀速运动的参考系. 设两个相对做匀速直线运动的惯性参考系,如图 1.5.3 所示. 由于 O'系相对于 O 系的速度 $\boldsymbol{v}_0$ 为常数,则 O'系相对于 O 系的加速度 $\boldsymbol{a}_0$ 为零. 因此,两个参考系的变换公式(1.5.2)简化为

$$\begin{cases}\boldsymbol{r}'=\boldsymbol{r}-\boldsymbol{v}_0t\\ \boldsymbol{v}'=\boldsymbol{v}-\boldsymbol{v}_0\\ \boldsymbol{a}'=\boldsymbol{a}\end{cases}. \tag{1.5.3}$$

对两个参考系分别取直角坐标系形式,由于坐标轴方向可任意选取,设开始时两个参考系重合,然后 O'系相对于 O 系的速度 $\boldsymbol{v}_0$ 的方向沿着两个参考系的 x 轴方向,如图 1.5.3 所示. 将(1.5.3)中的位矢变换写成分量形式,即得两个惯性系之间的坐标变换关系

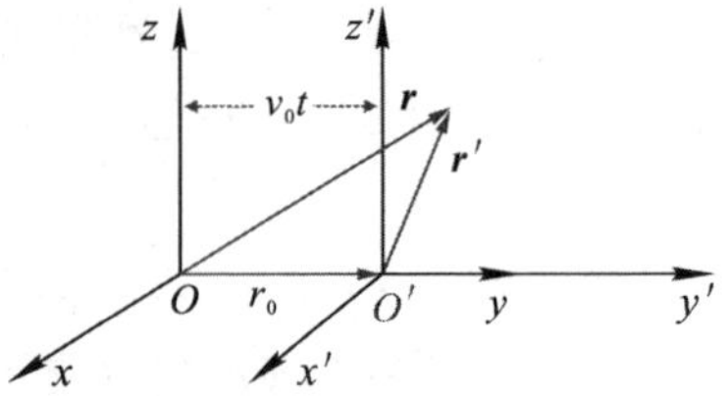

图 1.5.3　伽利略坐标变换

$$\begin{cases} x'=x-v_0t \\ y'=y \\ z'=z \\ t'=t \end{cases} \tag{1.5.4}$$

公式(1.5.4)称为伽利略坐标变换式. 在这组公式中,还列出了两个惯性系中的时间 t 和 t' 是相等,这里采用了绝对时间的概念. 当速度 $\boldsymbol{v}_0$ 趋近于光速时,上述的伽利略变换式不成立,将被相对论中的洛伦兹变换所代替.

如果在 O 系观察到 A 和 B 两个事件同时发生于 t 时刻,则在 O' 系,根据伽利略变换有 $t_1'=t, t_2'=t$,得 $t_1'=t_2'$. 因此,在伽利略变换中,两个参考系的时间具有同时性. 因为 $t_1'=t_1$, $t_2'=t_2$,则时间间隔为 $t_1'-t_2'=t_1-t_2$,两个参考系中的时间间隔相等. 另一方面,长度间隔分别为 $\Delta x'=x_2'-x_1'$ 和 $\Delta x=x_2-x_1$. 因为, $x_1'=x_1-v_0t, x_2'=x_2-v_0t$,所以 $\Delta x=\Delta x'$,即两个参考系中的空间间隔相等. 因此在伽利略变换中,时间间隔和空间间隔均不变,蕴含着牛顿的绝对时空观.

在伽利略变换里,加速度是不变量,即 $\boldsymbol{a}=\boldsymbol{a}'$. 因此,在两个惯性系之间的力学规律的表达形式相同,例如牛顿第二定律 $\boldsymbol{F}=m\boldsymbol{a}$ 与不同的惯性系选择无关,它在惯性参考系中的形式是一样的.

本章提要

本章介绍了描述质点运动的位矢、速度和加速度等物理量,主要涉及速度和加速度的数学表达式以及它们在不同坐标系中的表示.

(1)位矢、速度和加速度之间的微积分关系式

速度和加速度的微分关系 $\boldsymbol{v}(t)=\dfrac{\mathrm{d}\boldsymbol{r}(t)}{\mathrm{d}t}, \boldsymbol{a}(t)=\dfrac{\mathrm{d}\boldsymbol{v}(t)}{\mathrm{d}t}$.

速度和加速度的积分关系 $\boldsymbol{r}(t)-\boldsymbol{r}_0=\int_{t_0}^{t}\boldsymbol{v}(t)\mathrm{d}t, \boldsymbol{v}(t)-\boldsymbol{v}_0=\int_{t_0}^{t}\boldsymbol{a}(t)\mathrm{d}t$.

(2)速度和加速度在直角坐标系中的分量形式

速度的直角坐标系分量 $\boldsymbol{v}=v_x\boldsymbol{i}+v_y\boldsymbol{j}+v_z\boldsymbol{k}=\dfrac{\mathrm{d}x}{\mathrm{d}t}\boldsymbol{i}+\dfrac{\mathrm{d}y}{\mathrm{d}t}\boldsymbol{j}+\dfrac{\mathrm{d}z}{\mathrm{d}t}\boldsymbol{k}$，

加速度的直角坐标系分量 $\boldsymbol{a}=a_x\boldsymbol{i}+a_y\boldsymbol{j}+a_z\boldsymbol{k}=\dfrac{\mathrm{d}v_x}{\mathrm{d}t}\boldsymbol{i}+\dfrac{\mathrm{d}v_y}{\mathrm{d}t}\boldsymbol{j}+\dfrac{\mathrm{d}v_z}{\mathrm{d}t}\boldsymbol{k}$.

(3)速度和加速度在自然坐标系中的分量形式

速度的自然坐标系分量 $\boldsymbol{v}=v\boldsymbol{e}_{\mathrm{t}}=\dfrac{\mathrm{d}s}{\mathrm{d}t}\boldsymbol{e}_{\mathrm{t}}$，

加速度的自然坐标系分量 $\boldsymbol{a}=a_t\boldsymbol{e}_{\mathrm{t}}+a_n\boldsymbol{e}_{\mathrm{n}}=\dfrac{\mathrm{d}v}{\mathrm{d}t}\boldsymbol{e}_{\mathrm{t}}+\dfrac{v^2}{\rho}\boldsymbol{e}_{\mathrm{n}}$.

(4) 速度和加速度在平面坐标系中的分量形式

速度的平面极坐标系分量 $\boldsymbol{v}=v_r\boldsymbol{e}_{\mathrm{r}}+v_\theta\boldsymbol{e}_\theta=\dot{r}\,\boldsymbol{e}_{\mathrm{r}}+r\dot{\theta}\,\boldsymbol{e}_\theta$，

加速度的平面极坐标系分量 $\boldsymbol{a}=a_r\boldsymbol{e}_{\mathrm{r}}+a_\theta\boldsymbol{e}_\theta=(\ddot{r}-r\dot{\theta}^2)\boldsymbol{e}_{\mathrm{r}}+(2\dot{r}\dot{\theta}+r\ddot{\theta})\boldsymbol{e}_\theta$.

(5)相对运动的速度和加速度

相对速度 $\boldsymbol{v}'$与绝对速度 $\boldsymbol{v}$ 的关系 $\boldsymbol{v}'=\boldsymbol{v}-\boldsymbol{v}_0$，

相对加速度 $\boldsymbol{a}'$与绝对加速度 $\boldsymbol{a}$ 的关系 $\boldsymbol{a}'=\boldsymbol{a}-\boldsymbol{a}_0$.

习 题

1.1 质点做直线运动，其运动学方程为 $x=6t-4t^2$，物理量单位均采用国际标准. 求：

(1)第 4 秒内的位移和平均速度；

(2)第 4 秒内的路程.

1.2 质点做直线运动，其运动学方程为 $x=2t+5t^3$，物理量单位均采用国际标准. 求：

(1)第 2 秒内的平均速度；

(2)第 2 秒末的速度和加速度；

(3)第 2 秒内的平均加速度.

1.3 质点的运动学方程为 $\boldsymbol{r}=2t\boldsymbol{i}+4t^2\boldsymbol{j}$，物理量单位均采用国际标准. 求该质点：

(1)运动轨迹；

(2)速度和加速度随时间变化的关系式.

1.4 质点的运动学方程为 $\boldsymbol{r}=a\sin\omega t\boldsymbol{i}+b\cos\omega t\boldsymbol{j}+ct\boldsymbol{k}$，物理量单位均采用国际标准. 求：

(1)质点的速度随时间的变化关系式；

(2)质点的加速度随时间的变化关系式.

1.5 质点做平面运动,其位置矢量为 $\boldsymbol{r}=3t\,\boldsymbol{i}+4t^2\boldsymbol{j}$,物理量单位均采用国际标准.求:

(1)质点的速度随时间的变化关系式;

(2)质点的加速度随时间的变化关系式.

1.6 质点从初始位置矢量 $\boldsymbol{r}_0=4\boldsymbol{j}$ 以初速度 $\boldsymbol{v}_0=4\boldsymbol{i}$ 开始运动,其加速度与时间的关系为 $\boldsymbol{a}=4t\,\boldsymbol{i}-2\boldsymbol{j}$,物理量单位均采用国际标准.求:

(1)经过多长时间质点到达 x 轴;

(2)到达 x 轴时的位置.

1.7 已知质点的位置矢量大小为一常数,则请分别用如下方法证明该质点的速度矢量与位置矢量相互垂直.

(1)矢量方法;

(2)直角坐标系方法.

1.8 飞机着陆后做一维直线运动.为尽快停下来,采用了制动手段,制动过程中加速度和速度关系式为 $a=-kv^2$.若着陆时即为坐标原点,着陆初速度为 v_0,求飞机着陆后:

(1)速度与时间的关系式;

(2)位移与时间的关系式.

1.9 物体从高度为 h 的地方做初速度为 v_0 的平抛运动后,落在水平地面上.则求落地时速度的方向.

1.10 一个质点在竖直平面内多次做抛体运动,若抛出点相同,只改变抛出角度 θ 从 $0\sim\pi$,则它们的最高点连成的曲线的方程如何?

1.11 在与水平面成 θ 角的斜面上,一个物体以初速度大小 v_0 做斜抛运动,若物体初速度方向与水平方向成 α 角($\alpha>\theta$).求物体在斜面上的射程.

1.12 质点在半径为 R 的圆周上运动,其路程与时间关系为 $s=at+bt^2$,其中 a, b 为正值常数,求质点的切向加速度和法向加速度.

1.13 质点做平面运动,其运动学方程为 $x=R\sin\omega t+R\omega t$, $y=R\cos\omega t+R$,其中 R 和 ω 为常数.求质点在 y 的最大值时的切向加速度和法向加速度.

1.14 质点的运动方程为 $r=at$, $\theta=\omega t$,其中,r 和 θ 为极坐标变量.求质点的速度和加速度.

1.15 质点在极坐标中,沿心脏线 $r=2(1+\cos\theta)$ 运动,在 $0\leqslant\theta\leqslant\pi$ 间,$\dot{r}=\dfrac{\mathrm{d}r}{\mathrm{d}t}=2$,当 $t=0$, $r=0$.求在此期间质点的速度随时间变化关系式.

1.16 一直升飞机在离水平地面 h 的高度以 v_0 的恒定速度水平飞行，一物体从直升机方向丢出，相对于直升机的初速度大小为 v'，方向与飞行方向相反. 求：

(1)当物体落到地面时，它与直升机的水平距离；

(2)物体刚要落地时，其速度矢量与水平地面的夹角.

第 2 章　牛顿运动定律和动量

本章介绍质点和质点系的牛顿运动定律和动量定理. 质点系的牛顿运动定律和动量定理可从单质点的相应规律对所有质点求和获得. 在质点系中,质心的概念起到了连接单质点和质点系的桥梁作用. 本书 § 2.1 介绍单质点的牛顿运动定律, § 2.2 介绍质点系的牛顿运动定律, § 2.3 介绍单质点和质点系的动量定理及其守恒律.

§ 2.1　质点牛顿运动定律

牛顿关于物体运动的三个定律在整个力学中占有重要的地位,其中第一定律给出了惯性的概念,第二定律给出了物体状态改变的定量规律,第三定律说明了物体之间的作用是相互的.

视频 2.1.1

2.1.1　质点牛顿运动三定律

质点的牛顿运动三定律是整个力学的基础,从它出发可以获得质点系的运动定律,也可以获得它们相应的守恒律. 下面分别介绍牛顿关于质点运动的三个定律.

1. 惯性和牛顿第一定律

牛顿第一定律是指任何物体,只要没有外力改变它的状态,便会永远保持静止或匀速直线运动的状态.

物体保持静止或匀速直线运动的这种特性,叫做**惯性**,牛顿第一定律又称为惯性定律. 在 § 1.5 中提到匀速直线运动的参考系为惯性系,这里可给出惯性参考系的一个严格定义：对某一特定物体惯性定律成立的参考系. 惯性定律是对所有物体成立的，因此它并不针对个别物体的参考系，而是反映了时空性质. 其实，力这个重要的物理概念在牛顿第二定律才被定义，因此牛顿第一定律可以换一种较为现代化的说法：自由粒子永远保持静止或匀速直线运动的状态. 这里的自由粒子是指完全孤立的、不受任何作用的粒子. 现实中，人们是不可能观察到完全孤立的物体. 但是，当粒子远离其他物体，其他物体对它的相互作用可忽略，或者这些相互作用相互抵消时，该粒子可近似为自由粒子. 因此，牛顿第一定律在实验上是无法验证的，它是一种理想化抽象思维的产物.

历史上，伽利略通过斜面这样的理想实验提出了惯性概念，如图 2.1.1 所示. 物体从光滑的斜面一端运动到光滑斜面的另一端，物体会上升到等高的位置. 当右边斜面的倾斜角变小至斜面处于水平时，则可推测，物体为了保持到等高位置，只能在光滑的水平面上永远保持固定的运动状态，直到有外界的作用迫使其状态改变为止. 物体的运动状态用速度来表征，因此物体的速度变化越容易则该物体的惯性越小. 下面将介绍如何度量物体的惯性.

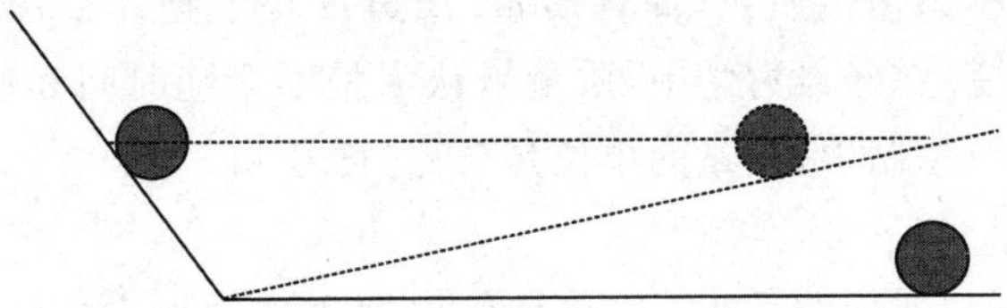

图 2.1.1 伽利略斜面实验

2. 质量、动量和牛顿第二定律

考虑一个理想的碰撞实验，如图 2.1.2 所示. 物体 1 和物体 2 在水平气垫导轨上产生碰撞，在摩擦力不予考虑的情况下，物体可视为质点. 物体的重力和导轨给它们的支持力相互平衡，可认为外界因素没有影响，质点处于自由状态. 设质点 1 和质点 2 碰撞前的速度分别为 $\boldsymbol{v}_1$ 和 $\boldsymbol{v}_2$，碰后的速度分别为 $\boldsymbol{v}'_1$ 和 $\boldsymbol{v}'_2$.

质量的概念

经验证可得质点 1 和质点 2 的运动状态改变满足关系

$$\Delta \boldsymbol{v}_1 = -\alpha \Delta \boldsymbol{v}_2. \tag{2.1.1}$$

式(2.1.1)中的比例系数 α 反映了两个质点状态改变的难易程度的比值，即代表了两个物体惯性大小的比例. 从(2.1.1)式可看出，若 $|\Delta \boldsymbol{v}_1| < |\Delta \boldsymbol{v}_2|$，则 $\alpha > 1$，质点 1 的状态改变比质点的状态改变困难，质点 1 的惯性比质点 2 的惯性

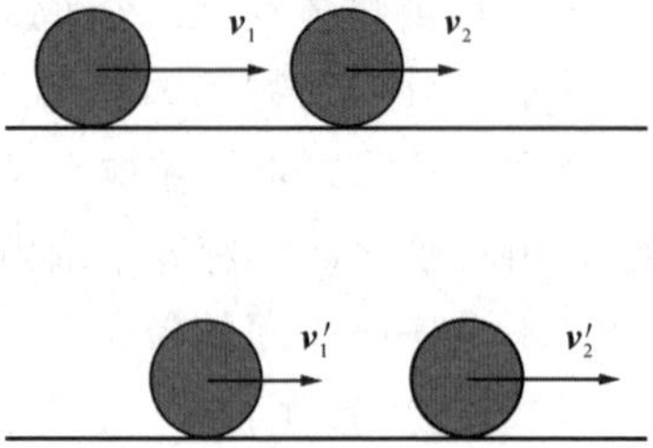

图 2.1.2　物体碰撞实验

大. 为了度量物体惯性大小的绝对值,需要选取一个标准物作为基准. 国际上,取国际计量局的铂铱合金国际千克原器件作为标准物体,规定其惯性 m_0 大小为 1 千克. 则另一个物体的惯性大小可表示为

$$\frac{m}{m_0}=\alpha=\frac{|\Delta \boldsymbol{v}_0|}{|\Delta \boldsymbol{v}|}. \tag{2.1.2}$$

这种定义物体惯性的方式为马赫对惯性的操作型定义. 该惯性可用物质的量来表示,因此称为惯性质量,简称质量. **质量**反映了物体惯性的大小,质量越大,惯性越难改变. 在经典力学中,质量被认为是不会随时间和速度等因素变化的. 在国际标准单位制中,质量的单位是千克,符号 kg.

动量的概念

动量为质量与速度的乘积. 这里我们根据碰撞过程中的守恒量引出动量. 在图 2.1.2 所示碰撞过程中,根据(2.1.1)式,对于质点 1 和质点 2 有 $\Delta \boldsymbol{v}_1=-\alpha\Delta \boldsymbol{v}_2$,将 $\alpha=m_2/m_1$ 代入,可得 $m_1\Delta \boldsymbol{v}_1=-m_2\Delta \boldsymbol{v}_2$,进一步具体化为

$$m_1(\boldsymbol{v}'_1-\boldsymbol{v}_1)=-m_2(\boldsymbol{v}'_2-\boldsymbol{v}_2).$$

整理后,得

$$m_1\boldsymbol{v}_1+m_2\boldsymbol{v}_2=m_1\boldsymbol{v}'_1+m_2\boldsymbol{v}'_2. \tag{2.1.3}$$

式(2.1.3)表明,在质点 1 和质点 2 在碰撞前后,有一个不变的物理量,即

$$\boldsymbol{p}=m_1\boldsymbol{v}_1+m_2\boldsymbol{v}_2.$$

定义该守恒量为系统的动量. 对于第一个质点而言,$\boldsymbol{p}_1=m_1\boldsymbol{v}_1$,去掉下标后,单质点的动量可表达为

$$\boldsymbol{p}=m\boldsymbol{v}. \tag{2.1.4}$$

动量为矢量,大小为物体质量和速度大小的乘积,方向为物体速度的方向. 动量的单位为质量单位和速度单位的乘积,即千克乘以米每秒,符号为 kg · m/s.

力的概念

现在考虑两个质点相互碰撞的激烈程度问题，如图 2.1.2 所示，在碰撞过程中，据(2.1.3)式，两个质点的状态改变满足 $m_1\Delta \boldsymbol{v}_1=-m_2\Delta \boldsymbol{v}_2$. 碰撞的激烈程度可用单位时间内的质点的状态改变量来表征. 设两质点碰撞的作用时间为 Δt，则有

$$\frac{m_1\Delta \boldsymbol{v}_1}{\Delta t}=-\frac{m_2\Delta \boldsymbol{v}_2}{\Delta t}. \tag{2.1.5}$$

此即在 Δt 时间内，碰撞激烈程度的平均值. 若碰撞时间极短，则可得某个时刻的碰撞激烈程度. 对(2.1.5)式取极限如下

$$\lim_{\Delta t\to 0}\frac{m_1\Delta \boldsymbol{v}_1}{\Delta t}=-\lim_{\Delta t\to 0}\frac{m_2\Delta \boldsymbol{v}_2}{\Delta t}，即$$

$$\frac{\mathrm{d}(m_1\boldsymbol{v}_1)}{\mathrm{d}t}=-\frac{\mathrm{d}(m_2\boldsymbol{v}_2)}{\mathrm{d}t}. \tag{2.1.6}$$

(2.1.6)式表明，它的两边乘以一个系数 k 亦成立. 在国际标准单位中，规定 $k=1$. 定义两个物体之间相互作用的激烈程度为它们之间的相互作用力，即

$$\boldsymbol{F}_{12}=\frac{\mathrm{d}(m_1\boldsymbol{v}_1)}{\mathrm{d}t},$$

$$\boldsymbol{F}_{21}=-\frac{\mathrm{d}(m_2\boldsymbol{v}_2)}{\mathrm{d}t}.$$

下标 1 和 2 中的前者表示受力质点 1，后者表示施力质点 2. 如图 2.1.3 所示. 力的单位为质量单位乘以速度单位再除以时间单位，读作千克米每二次方秒，符号为kg · m/s^2.

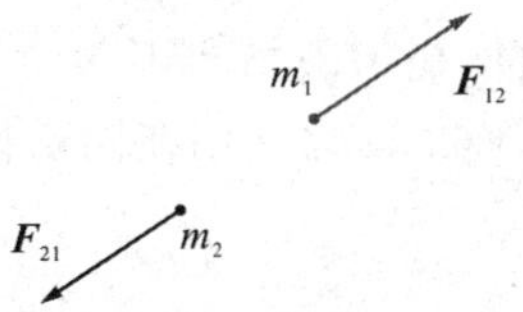

图 2.1.3　两个物体相互作用

牛顿第二定律

质点 1 和质点 2 碰撞的激烈程度可用它们之间的作用力 $\boldsymbol{F}_{12}$ 和 $\boldsymbol{F}_{21}$ 表示，对于单个质点，去掉下标 1 和 2，则单质点受到的力 $\boldsymbol{F}$ 可表达为

$$\boldsymbol{F}=\frac{\mathrm{d}(m\boldsymbol{v})}{\mathrm{d}t}. \tag{2.1.7}$$

此即单质点的牛顿第二定律.

牛顿第二定律表明力的大小等于动量变化率大小，方向为动量的增量方向. 在经典力学中，质量是常数，不随时间改变，因此有

$$\boldsymbol{F}=m\frac{\mathrm{d}\boldsymbol{v}}{\mathrm{d}t}=m\boldsymbol{a}. \tag{2.1.8}$$

此表达式即中学物理教材中的牛顿第二定律.

虽然根据(2.1.8)式的牛顿第二定律，当力等于零时物体的速度不变，也就是运动状态不变，但不能据此说明第二定律推导出了第一定律. 因为第一定律先给出了惯性质量这个概念，然后才有牛顿第二定律，前者是原因，后者是结果，不能由结果推导出原因.

3. 牛顿第三定律

牛顿第二定律描述一个物体的速度变化和力之间的关系. 但物体之间的作用是相互的，牛顿第三定律则描述了两个物体之间的作用力和反作用力的关系.

牛顿第三定律表明物体之间的作用力和反作用力大小相等，方向相反，作用在两个物体上. 牛顿第三定律说明了物体的相互作用是相互的，给出了施力体和受力体(如图 2.1.3 所示). 根据前面分析，可知

$$m_1\frac{\mathrm{d}\boldsymbol{v}_1}{\mathrm{d}t}=-m_2\frac{\mathrm{d}\boldsymbol{v}_2}{\mathrm{d}t}.$$

即表述为 $\boldsymbol{F}_{12}=m_1\dfrac{\mathrm{d}\boldsymbol{v}_1}{\mathrm{d}t}$, $\boldsymbol{F}_{21}=m_2\dfrac{\mathrm{d}\boldsymbol{v}_2}{\mathrm{d}t}$.

牛顿第三定律的数学表达式为

$$\boldsymbol{F}_{21}=-\boldsymbol{F}_{12}. \tag{2.1.9}$$

需要注意的是，作用力与反作用力这对力与平衡力是两个概念. 作用力与反作用力作用在不同物体上，而平衡力作用在同一物体上.

4. 力的分类

根据力的性质，自然界中所有的力可归纳到四类基本相互作用，即电磁相互作用、万有引力相互作用、强相互作用和弱相互作用. 后两者的相互作用范围在原子核尺度，不易感受到，而前两者则在日常生活中经常碰到. 日常生活中产生的其他类型的力，例如重力、弹力和摩擦力等均可归纳为电磁力和万有引力.

重力来源于地球的万有引力，大小为 $P=mg$，方向竖直向下. 重力加速度 g 一般情况下为 $g=9.8\ \mathrm{m/s^2}$，但它会随着地球维度而改变. 如图 2.1.4 所示，在地球表面建立直角坐标系，$\boldsymbol{k}$ 方向为地球的半径方向. 则物体受到重力矢量 $\boldsymbol{P}$ 满足

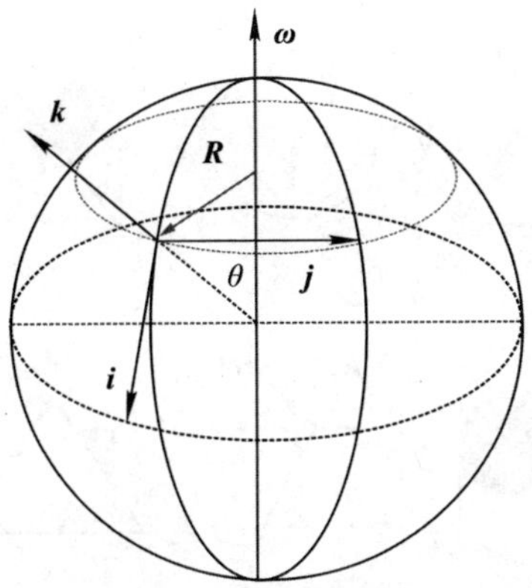

图 2.1.4　地球上的坐标系

$$\boldsymbol{P}=-G\frac{Mm}{r^2}\boldsymbol{k}+m\omega^2\boldsymbol{R}. \tag{2.1.10}$$

其中，$\boldsymbol{R}$ 为质点绕地球自转圆周运动的半径，$\boldsymbol{\omega}$ 为地球自转角速度. $m\omega^2\boldsymbol{R}$ 代表物体在地球这个非惯性系中，由于地球自转而受到的惯性离心力. 若地球没有自转，则物体受到的重力即为地球对它的万有引力. 但地球自转使得置身于其间的物体均存在一个惯性离心力，因此我们观察到的物体重力为其表观重力，表现为惯性离心力和万有引力的合力. 所以，在地球这个非惯性系中，物体的重力大小与地球对它的万有引力稍微有些偏差，而且重力的方向稍微有点偏离半径方向. 根据(2.1.10)式，在地球不同纬度位置，重力加速度大小并不一样，在赤道位置重力加速度最小，而在两极位置重力加速度却最大.

弹力是因为物体相互接触挤压，产生形变而导致的力. 弹力大小一般与形变大小相关，方向为形变恢复的方向. 比较典型的弹力为弹簧的弹力，在弹性限度范围内，其大小满足胡克定律，即 $f=kx$，k 为弹簧的弹性系数，x 为形变量. 其他类型的弹力大小需要根据实际情况进行求解. 弹簧的弹力方向为沿着弹簧方向，绳子之类的弹力方向也沿着绳子方向. 有接触面的情况下，弹力的方向垂直于接触面. 图 2.1.5 给出各种情况下，均匀杆、小球和绳子等物体受到的弹力方向的一些例子.

摩擦力分为滑动摩擦力、静摩擦力和滚动摩擦力. 滑动摩擦力的大小可表达为 $f=\mu N$，其中 μ 为动摩擦因数，N 为接触面之间的正压力. 静摩擦力则需要根据外界条件来确定，滚动摩擦力一般情况下比较小.

这里举例说明静摩擦力和滑动摩擦力.

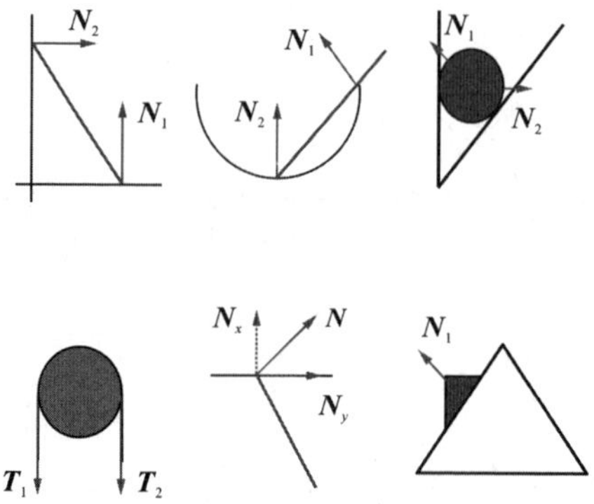

图 2.1.5　各种弹力方向示意

［**例题 2.1.1**］　在粗糙水平地面上，质量为 m 的物体受到一个水平拉力 F 作用，拉力随时间成正比，即 $F=kt$. 求物体所受摩擦力随时间的变化情况.

解　对物体进行受力分析可知，开始时物体静止，受到摩擦力为静摩擦力，静摩擦力与水平拉力平衡，因此

$$f=kt$$

当拉力达到了最大静摩擦力 $f_{\max}$后，物体开始滑动，它受到的摩擦力为滑动摩擦力，大小为 $f=\mu mg$.

滑动摩擦力稍微小于最大静摩擦力，因此整个过程中，摩擦力随时间变化情况如图 2.1.6 所示.

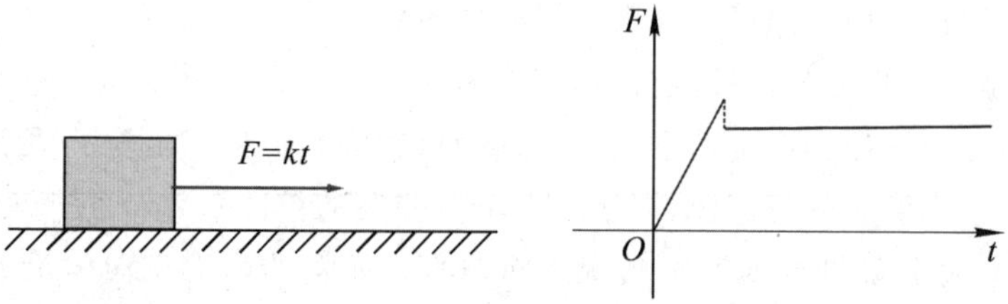

图 2.1.6　静摩擦力和滑动摩擦力

2.1.2　质点动力学问题

单个质点满足质点的牛顿第二定律. 应用牛顿定律可求解单质点的运动情况. 本小节先介绍牛顿第二定律的一些特征，然后通过举例说明它在动力学问

题方面的应用.

视频 2.1.2-1

1. 牛顿第二定律的特征

质点的牛顿第二定律数学表达式为 $\boldsymbol{F}=m\dfrac{\mathrm{d}\boldsymbol{v}}{\mathrm{d}t}$. 它的主要特征归纳如下：

首先，表达式中 $\boldsymbol{F}$ 为质点上的受到所有力的合成后的合外力，即 $\boldsymbol{F}=\sum_{i=1}^{n}\boldsymbol{F}_i$. 其次，牛顿第二定律表达式是矢量形式，在具体求解时需要建立坐标系，要注意合外力和加速度在不同坐标系下的分量形式. 根据第一章中的加速度在直角坐标系、自然坐标系和平面极坐标系中的分量形式，牛顿第二定律在这些坐标系中的分量形式分别为

直角坐标系：

$$F_x=m\frac{\mathrm{d}v_x}{\mathrm{d}t},\ F_y=m\frac{\mathrm{d}v_y}{\mathrm{d}t},\ F_z=m\frac{\mathrm{d}v_z}{\mathrm{d}t}. \tag{2.1.10}$$

自然坐标系：

$$F_t=m\frac{\mathrm{d}v}{\mathrm{d}t},F_n=m\frac{v^2}{\rho}. \tag{2.1.11}$$

极坐标系：

$$F_r=m(\ddot{r}-r\dot{\theta}^2),F_\theta=m(r\ddot{\theta}+2\dot{r}\dot{\theta}). \tag{2.1.11}$$

总体说，各个正交方向上的分力各自独立地产生了该方向的加速度. 一般情况下是变力，它们可以是时间、速度和位置矢量的函数，即

$$\boldsymbol{F}=\boldsymbol{F}(t),\ \boldsymbol{F}=\boldsymbol{F}(\boldsymbol{v}),\ \boldsymbol{F}=\boldsymbol{F}(\boldsymbol{r}).$$

2. 牛顿第二定律应用举例

视频 2.1.2-2

应用牛顿第二定律求解质点的动力学问题，需遵循一般的解题步骤. 首先，应根据问题条件，对质点进行受力情况与运动情况分析；其次，选取合适的坐标系，将普遍的牛顿第二定律根据问题的条件具体化，列出在该坐标系下的分量形式；最后，在数学上求解各个分量的微分方程，并分析结果. 下面我们通过举例进行说明.

[例题 2.1.2] 如图 2.1.7 所示，长为 l 的轻绳，一端系着质量为 m 的小球，另一端系于定点 O，开始时小球处于最低位置. 若使小球获得如图所示的水平初速 v_0，小球将在竖直平面内做圆周运动. 求小球在任意位置 θ 的速率和绳的张力.

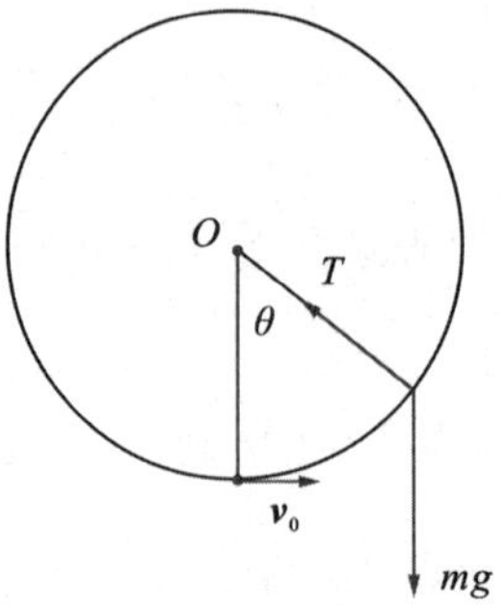

图 2.1.7　例题 2.1.2 示意

解　如图 2.1.7 所示，采用自然坐标系，根据受力和运动分析，有

$$T-mg\cos\theta=m\frac{v^2}{l},\tag{a}$$

$$-mg\sin\theta=m\frac{\mathrm{d}v}{\mathrm{d}t}.\tag{b}$$

变量代换，有

$$\frac{\mathrm{d}v}{\mathrm{d}t}=\frac{\mathrm{d}v}{\mathrm{d}\theta}\frac{\mathrm{d}\theta}{\mathrm{d}t}=\frac{\mathrm{d}v}{\mathrm{d}\theta}\frac{v}{l}.$$

代入(b)式，得

$$-mg\sin\theta=m\frac{\mathrm{d}v}{\mathrm{d}t}=m\frac{\mathrm{d}v}{\mathrm{d}\theta}\frac{v}{l}.\tag{c}$$

对(c)式进行分离变量，得

$$-mgl\sin\theta\mathrm{d}\theta=mv\mathrm{d}v.$$

两边定积分，得

$$-mgl\int_0^\theta\sin\theta\mathrm{d}\theta=m\int_{v_0}^v v\mathrm{d}v.$$

积分后，得

$$\frac{1}{2}mv^2-\frac{1}{2}mv_0^2=mgl\cos\theta-mgl\cos\theta_0.$$

将初始条件代入，整理得

$$v=\sqrt{v_0^2-2gl(1-\cos\theta)}\ .\tag{d}$$

将(d)代入法向方程(a)式，得

$$T=m\frac{v_0^2}{l}+mg(3\cos\theta-2).\tag{e}$$

该题是一个比较典型的动力学问题. 从条件可知，质点受到的力是位置 θ

的函数. 对于所求速率与位置 θ 的函数关系,需要在公式(b)中消去时间变量,变量分离后进行定积分. 这种消元法和分离变量法是一种常用的求解微分方程法.

[例题 2.1.3] 已知斯托克斯公式: 当半径为 r 的球形物体,在黏滞系数为 η 的流体中运动,且速率 v 不太大时,球体所受黏滞力为 $F_r=6\pi r\eta v$. 有一质量为 m,半径为 r 的球体,由水面静止释放沉入水底,设球体竖直下沉,其路径为一直线. 求此球体的下沉速度与时间的函数关系.

解 如图 2.1.8 所示,对物体进行受力和运动分析,浮力和重力都是恒力,黏滞力是变力,令

$$F_r=bv, F_0=mg-f,$$

这里 $b=6\pi r\eta$. 这是个一维的动力学问题,根据牛顿第二定律,列出方程

$$m\frac{\mathrm{d}v}{\mathrm{d}t}=F_0-F_r. \tag{a}$$

分离变量,得

$$\frac{\mathrm{d}v}{F_0/(b-v)}=\frac{b}{m}\mathrm{d}t.$$

根据本题初始条件,两边定积分后得

$$\int_0^v\frac{\mathrm{d}v}{F_0/(b-v)}=\int_0^t\frac{b}{m}\mathrm{d}t. \tag{b}$$

对(b)式进行变量代换,有

$$-\int_0^v\frac{\mathrm{d}[F_0/(b-v)]}{F_0/(b-v)}=\int_0^t\frac{b}{m}\mathrm{d}t.$$

对上式积分后,得 $-\ln[F_0/(b-v)]\Big|_0^v=\frac{b}{m}t$. 整理得

$$v=\frac{F_0}{b}\left[1-\exp(-\frac{b}{m}t)\right]. \tag{c}$$

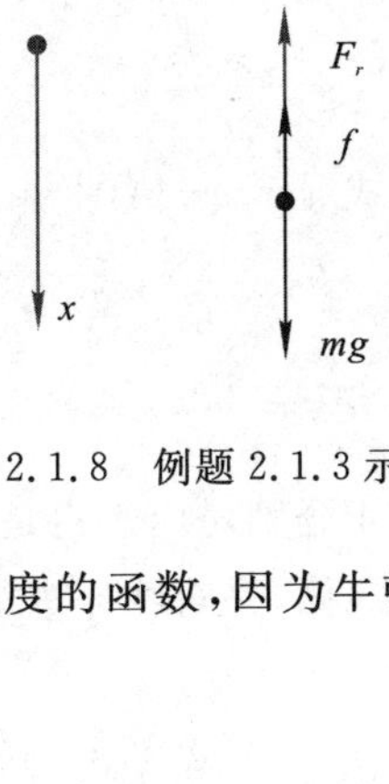

图 2.1.8 例题 2.1.3 示意

本题质点受到的变力为速度的函数,因为牛顿第二定律中包含了速度的导

数，因此可直接进行变量分离，从而获得速度与时间的关系式. 实际上，在本题中可以根据(c)式进一步求解位矢与时间的关系，读者可自行完成.

[**例题 2.1.4**] 质点 m 沿着 x 轴做直线运动，受力 $F_x=F_0\mathrm{e}^{-t}$，F_0 为常数，初始条件为 $x(0)=0$ 和 $v_x(0)=0$. 求 t 时刻质点速度 $v_x(t)$ 和位置 $x(t)$.

解 这是个一维问题，采用直角坐标系. 对质点进行受力和运动分析，如图 2.1.9 所示.

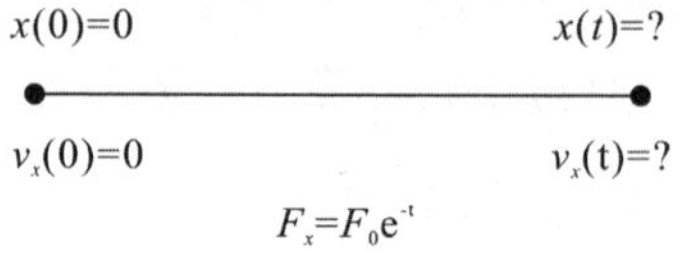

图 2.1.9 例题 2.1.4 示意

根据牛顿定律在直角坐标系中的表达式 $m\dfrac{\mathrm{d}v_x}{\mathrm{d}t}=F_x$，代入本题条件得

$$\frac{\mathrm{d}v_x}{\mathrm{d}t}=\frac{F_x}{m}=\frac{F_0}{m}\mathrm{e}^{-t}. \tag{a}$$

对(a)式进行变量分离，得

$$\mathrm{d}v_x=\frac{F_0}{m}\mathrm{e}^{-t}\mathrm{d}t.$$

根据初始条件，对上式两边进行定积分，有

$$\int_{v_x(0)}^{v_x(t)}\mathrm{d}v_x=\int_0^t\frac{F_0}{m}\mathrm{e}^{-t}\mathrm{d}t.$$

得积分结果为

$$v_x(t)-v_x(0)=\left(-\frac{F_0}{m}\mathrm{e}^{-t}\right)\bigg|_0^t.$$

将初始条件代入上式，得

$$v_x(t)=\frac{F_0}{m}(1-\mathrm{e}^{-t}). \tag{b}$$

根据速度和位置矢量关系式 $x(t)-x(0)=\int_0^t v_x(t)\mathrm{d}t$，代入初始条件和(b)式，则

$$x(t)=\int_0^t\frac{F_0}{m}(1-\mathrm{e}^{-t})\mathrm{d}t=\frac{F_0}{m}(t+\mathrm{e}^{-t})\bigg|_0^t=\frac{F_0}{m}(t+\mathrm{e}^{-t}-1). \tag{c}$$

例题 2.1.2，2.1.3 和 2.1.4 分别对应于力是位置、速度和时间的函数情况. 牛顿运动定律的应用有一般的规律，先对物体进行受力和运动情况分析，再根据

问题的条件将物理规律具体化，并列出方程．最后进行数学求解并分析．在数学求解过程中，需要掌握一些常见的微积分公式和求解微分方程方法．

§2.2　质点系牛顿运动定律

本节介绍由大量质点组成的质点系所满足的动力学定律．质点系中的质点满足质点的牛顿运动定律，我们对单个质点运动情况进行求和，可获得质点系的整体运动情况，即质心的运动情况．质点系力学往往需要同时分析质点系的整体运动和单个质点的运动．

视频 2.2.1

2.2.1　质点系质心

质心是力学体系的代表点，力学体系的全部质量集中于该点．设一个力学体系由 N 个质点组成，该体系的第 i 个质点的坐标为 $\boldsymbol{r}_i$，速度为 $\boldsymbol{v}_i$，质量为 m_i，如图 2.2.1 所示．质心的位置与各个质点的质量权重相关，质心的位置矢量定义为

$$\boldsymbol{r}_{\mathrm{c}} = \sum_{i=1}^{N} \frac{m_i}{m}\boldsymbol{r}_i. \tag{2.2.1}$$

其中，$m = \sum\limits_{i=1}^{N} m_i$ 为体系的总质量．质心的位置矢量(2.2.1) 式可写为常用的直角分量形式

$$\begin{cases} x_{\mathrm{c}} = \sum\limits_{i=1}^{N} \dfrac{m_i}{m} x_i \\ y_{\mathrm{c}} = \sum\limits_{i=1}^{N} \dfrac{m_i}{m} y_i . \\ z_{\mathrm{c}} = \sum\limits_{i=1}^{N} \dfrac{m_i}{m} z_i \end{cases} \tag{2.2.2}$$

对于质量连续分布的物体，(2.2.1)和(2.2.2)式中的求和号应该理解为定积分．

对于离散的质点系，其质心位置不一定会与某个质点位置重合．对于连续的质点系，例如具有规则几何形状的物体，可看成无限多质点组成的质点系，如果其质量均匀分布，其质心位置在该物体的几何中心．例如，质量均匀分布的均匀球形物体、均匀棒、均匀圆柱等，其质心在几何中心．离散和连续体系的质心可根

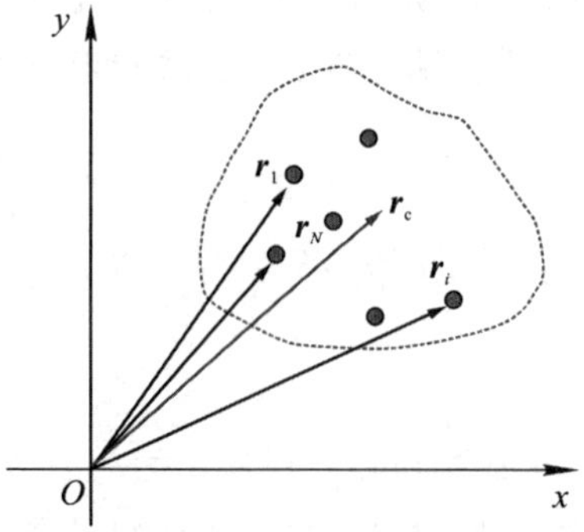

图 2.2.1　质点系和质心

据定义来求质心位置.

[**例题 2.2.1**]　两个质量为 m_1 和 m_2 的质点安置在边长为 s 的某个线段的两个顶点,其中一个顶点处于坐标原点,另一个顶点在 x 轴上,如图 2.2.2 所示.求该质点系的质心位置.

解　根据质心定义,有

$$\boldsymbol{r}_c = \sum_{i=1}^{N} \frac{m_i}{m} \boldsymbol{r}_i .$$

对于两个质点情况,有

$$\boldsymbol{r}_c = \frac{m_1}{m_1 + m_2} \boldsymbol{r}_1 + \frac{m_2}{m_1 + m_2} \boldsymbol{r}_2 .$$

代入两个质点的位置坐标得

$$\boldsymbol{r}_c = \frac{m_2}{m_1 + m_2} s\,\boldsymbol{i} .$$

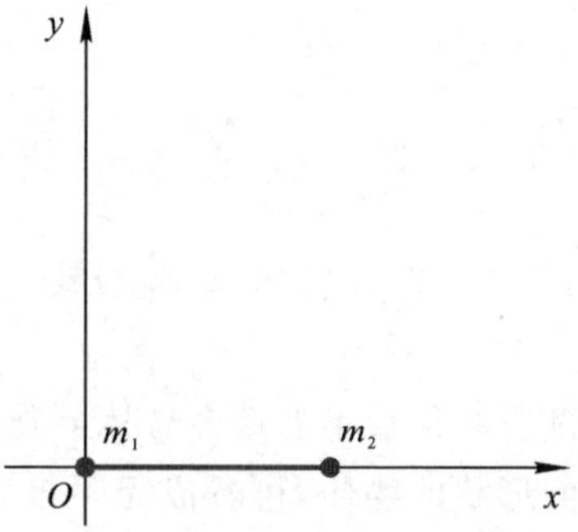

图 2.2.2　例题 2.2.1 示意

本题是一道简单的质心位置求解问题.结果表明,在两体体系中,当其中一个质点质量远大于另一个质点质量时,它们的质心位置可近似认为在大质量的质点上.

[**例题 2.2.2**]　四个质量为 m_1,m_2,m_3,m_4 的质点安置在边长为 s 的正方形四个顶点,其中一个顶点位于坐标原点,另两个顶点均在坐标轴上,如图 2.2.3 所示.求该质点系的质心位置.

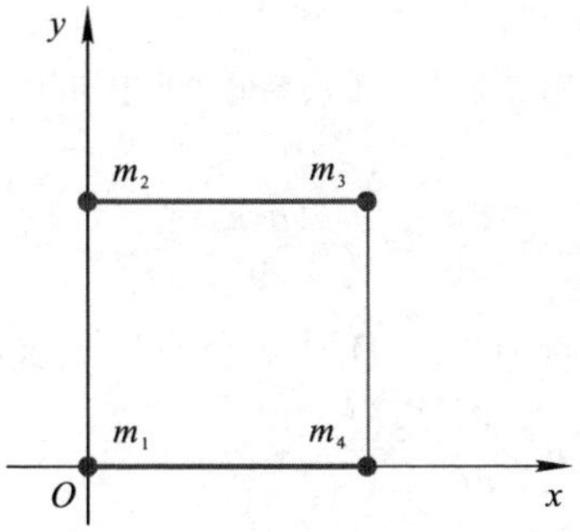

图 2.2.3　例题 2.2.2 示意

解　根据质点系质心的位置矢量定义

$$\boldsymbol{r}_{\mathrm{c}}=\sum_{i=1}^{N}\frac{m_i}{m}\boldsymbol{r}_i.$$

对于四个质点情况,则

$$\boldsymbol{r}_{\mathrm{c}}=\frac{m_1}{m}\boldsymbol{r}_1+\frac{m_2}{m}\boldsymbol{r}_2+\frac{m_3}{m}\boldsymbol{r}_3+\frac{m_4}{m}\boldsymbol{r}_4.$$

其中,$m=m_1+m_2+m_3+m_4$.

代入四个质点的位置坐标得

$$\boldsymbol{r}_{\mathrm{c}}=\frac{m_2}{m}s\boldsymbol{j}+\frac{m_3}{m}(s\boldsymbol{i}+s\boldsymbol{j})+\frac{m_4}{m}s\boldsymbol{i}=\frac{m_3+m_4}{m}s\boldsymbol{i}+\frac{m_2+m_3}{m}s\boldsymbol{j}.$$

离散体系的质心位置求解可直接根据质心定义给出,本题虽然是个二维问题,但可方便地推广到三维情况.

2.2.2　质点系质心运动定律推导

视频 2.2.2

考虑一个力学体系,如图 2.2.4 所示.该力学体系由 N 个质点组成,设第 i 个质点所受到的外力为 $\boldsymbol{F}_i$,受到第 j 个质点给它的内力为 $\boldsymbol{f}_{ij}$,第 i 个质点的坐标为 $\boldsymbol{r}_i$,速度为 $\boldsymbol{v}_i$,其质量为 m_i,则对第 i 个质点应用牛顿定律,有

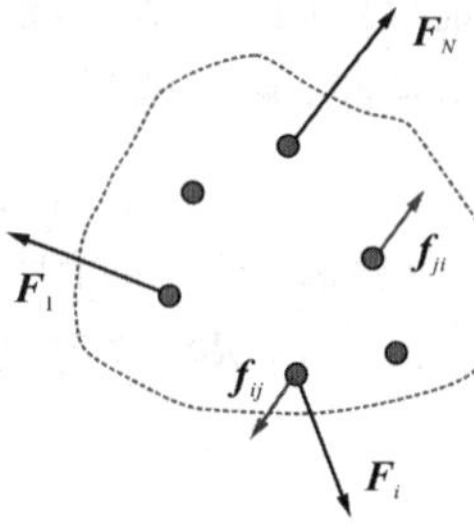

图 2.2.4　质点系的内力和外力

$$F_i + \sum_{j=1, j\neq i}^{N} \boldsymbol{f}_{ij} = m_i \frac{\mathrm{d}\,\boldsymbol{v}_i}{\mathrm{d}t} = m_i \frac{\mathrm{d}^2 \boldsymbol{r}_i}{\mathrm{d}t^2}. \tag{2.2.3}$$

考察质点系的整体情况,(2.2.3) 式对所有质点求和可得整体效果,即对

$\boldsymbol{F}_i + \sum\limits_{j=1, j\neq i}^{N} \boldsymbol{f}_{ij} = m_i \dfrac{\mathrm{d}^2 \boldsymbol{r}_i}{\mathrm{d}t^2}$ 求和,有

$$\sum_{i=1}^{N} \boldsymbol{F}_i + \sum_{i=1}^{N} \sum_{j=1, j\neq i}^{N} \boldsymbol{f}_{ij} = \sum_{i=1}^{N} m_i \frac{\mathrm{d}^2 \boldsymbol{r}_i}{\mathrm{d}t^2}. \tag{2.2.4}$$

令体系的合外力为　$\boldsymbol{F} = \sum\limits_{i=1}^{N} \boldsymbol{F}_i$.

根据牛顿第三定律可知体系的内力是成对出现而且方向相反的,因此体系的合内力为零,即

$$\boldsymbol{f} = \sum_{i=1}^{N} \sum_{j=1, j\neq i}^{N} \boldsymbol{f}_{ij} = 0.$$

则(2.2.4) 式可改写为

$$\boldsymbol{F} = \sum_{i=1}^{N} m_i \frac{\mathrm{d}^2 \boldsymbol{r}_i}{\mathrm{d}t^2}.$$

因为体系的质心位置为 $\boldsymbol{r}_{\mathrm{c}} = \sum\limits_{i=1}^{N} \dfrac{m_i \boldsymbol{r}_i}{m}$,其中总质量 $m = \sum\limits_{i=1}^{N} m_i$,则上式可写为

$$\boldsymbol{F} = m \frac{\mathrm{d}^2 \boldsymbol{r}_{\mathrm{c}}}{\mathrm{d}t^2}. \tag{2.2.5}$$

这就是质点系质心的位置矢量满足的动力学规律,即质心运动定律.

根据速度定义,质点系质心的速度为 $\boldsymbol{v}_{\mathrm{c}} = \dfrac{\mathrm{d}\boldsymbol{r}_{\mathrm{c}}}{\mathrm{d}t}$,质心加速度为$\boldsymbol{a}_{\mathrm{c}}$,因此质心运动定律可写成

$$\boldsymbol{F} = m\boldsymbol{a}_{\mathrm{c}} = m\frac{\mathrm{d}\boldsymbol{v}_{\mathrm{c}}}{\mathrm{d}t} = m\frac{\mathrm{d}^2\boldsymbol{r}_{\mathrm{c}}}{\mathrm{d}t^2}. \tag{2.2.6}$$

质心的运动代表了质点系的整体运动，它满足的质心运动定律和单个质点的牛顿第二定律是类似的.

2.2.3 质点系质心运动定律应用

视频 2.2.3

本小节通过一个例子来说明质点系的质心运动定律和质点的牛顿运动定律相互结合的应用.

[例题 2.2.1] 三个质量为 m_1, m_2, m_3 的物体安置在边长为 s 的某个等边三角形的三个顶点，彼此之间按照牛顿万有引力定律互相吸引，如图 2.2.5(a) 所示.

(1) 求质心位置；

(2) 判断体系的整体运动情况；

(3) 讨论不同情况下各质点的运动情况.

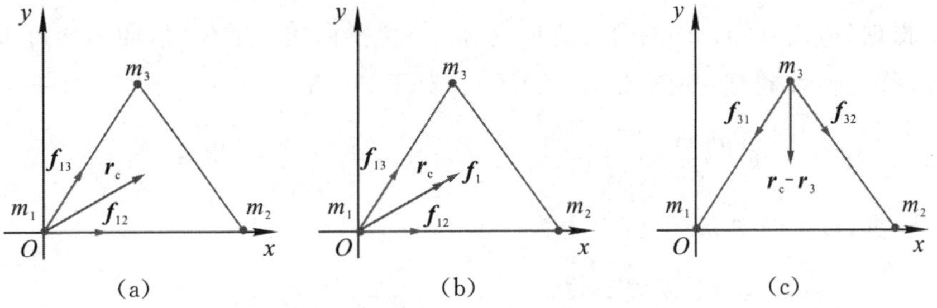

图 2.2.5 三个质点组成的质点系示意

解 (1) 根据定义求质心的位置. 在平面直角坐标系中，三个质点的坐标分别为

$$\boldsymbol{r}_1 = 0, \boldsymbol{r}_2 = s\,\boldsymbol{i}, \boldsymbol{r}_3 = \frac{s}{2}\boldsymbol{i} + \frac{\sqrt{3}}{2}s\boldsymbol{j}. \tag{a}$$

将(a) 式代入质心坐标 $\boldsymbol{r}_{\mathrm{c}} = \dfrac{\sum_i m_i \boldsymbol{r}_i}{\sum_i m_i}$，得质心位置

$$\boldsymbol{r}_{\mathrm{c}} = \frac{s}{m_1 + m_2 + m_3}\left[(m_2 + \frac{1}{2}m_3)\boldsymbol{i} + \frac{\sqrt{3}}{2}m_3\boldsymbol{j}\right]. \tag{b}$$

(2)从本题条件可知，体系所受合外力为零，根据质点系的质心运动定律

$$\boldsymbol{F}=m\boldsymbol{a}_{c}=m\frac{d\boldsymbol{v}_{c}}{dt}=m\frac{d^{2}\boldsymbol{r}_{c}}{dt^{2}},$$

可知质心处静止或者匀速直线运动，其位置矢量为

$$\boldsymbol{r}_{c}=\boldsymbol{r}_{c0}+\boldsymbol{r}_{c}t.$$

其中，$\boldsymbol{r}_{c0}$ 为初始位置，$\boldsymbol{v}_{c}$ 为质心匀速运动的速度.

(3)分析各个质点的运动情况时先考虑 m_1 的受力情况，如图 2.2.5(b)所示.

$$\boldsymbol{f}_{12}=G\frac{m_1m_2}{s^2}\boldsymbol{i},\ \boldsymbol{f}_{13}=G\frac{m_1m_3}{s^2}\left(\frac{1}{2}\boldsymbol{i}+\frac{\sqrt{3}}{2}\boldsymbol{j}\right). \tag{c}$$

则根据(c)式，m_1 受到合力为

$$\boldsymbol{f}_{1}=\boldsymbol{f}_{12}+\boldsymbol{f}_{13}=\frac{Gm_1}{s^2}\left[\left(m_2+\frac{1}{2}m_3\right)\boldsymbol{i}+\frac{\sqrt{3}}{2}m_3\boldsymbol{j}\right]. \tag{d}$$

比较(b)式和(d)式，可知

$$\boldsymbol{f}_{1}=\frac{Gm_1(m_1+m_2+m_3)}{s^3}\boldsymbol{r}_{c}=-\frac{Gm_1(m_1+m_2+m_3)}{s^3}(\boldsymbol{r}_{1}-\boldsymbol{r}_{c}). \tag{e}$$

根据(e)式可知，m_1 的合力方向为 m_1 位置指向质心的位置，即 $\boldsymbol{r}_1-\boldsymbol{r}_c$，如图 2.2.5(b)所示. 同理，如图 2.2.5(c)所示，对于 m_3 有

$$\boldsymbol{f}_{31}=-G\frac{m_1m_3}{s^2}\left(\frac{1}{2}\boldsymbol{i}+\frac{\sqrt{3}}{2}\boldsymbol{j}\right),\ \boldsymbol{f}_{32}=G\frac{m_2m_3}{s^2}\left(\frac{1}{2}\boldsymbol{i}-\frac{\sqrt{3}}{2}\boldsymbol{j}\right). \tag{f}$$

根据(f)式可知 m_3 受到合力为

$$\boldsymbol{f}_{3}=\boldsymbol{f}_{31}+\boldsymbol{f}_{32}=\frac{Gm_3}{s^2}\left(\frac{m_2-m_1}{2}\boldsymbol{i}-\sqrt{3}\frac{m_1+m_2}{2}\boldsymbol{j}\right). \tag{g}$$

又因为

$$\begin{aligned}\boldsymbol{r}_{3}-\boldsymbol{r}_{c}&=\frac{s}{2}\boldsymbol{i}+\frac{\sqrt{3}}{2}s\boldsymbol{j}-\frac{s}{m_1+m_2+m_3}\left[\left(m_2+\frac{1}{2}m_3\right)\boldsymbol{i}+\frac{\sqrt{3}}{2}m_3\boldsymbol{j}\right]\\&=-\frac{s}{m_1+m_2+m_3}\left(\frac{m_2-m_1}{2}\boldsymbol{i}-\sqrt{3}\frac{m_1+m_2}{2}\boldsymbol{j}\right).\end{aligned} \tag{h}$$

比较(g)式和(h)式得

$$\boldsymbol{f}_{3}=\frac{Gm_3}{s^2}\left(\frac{m_2-m_1}{2}\boldsymbol{i}-\sqrt{3}\frac{m_1+m_2}{2}\boldsymbol{j}\right)=-\frac{Gm_3(m_1+m_2+m_3)}{s^3}(\boldsymbol{r}_{3}-\boldsymbol{r}_{c}).$$

因此 m_3 的合力通过质心，如图 2.2.5(c)所示.

同理，有 $\boldsymbol{f}_{2}=-\frac{Gm_2(m_1+m_2+m_3)}{s^3}(\boldsymbol{r}_{2}-\boldsymbol{r}_{c})$，$m_2$ 的合力也通过质心.

因此对于各个质点有

$$\frac{\boldsymbol{f}_i}{m_i}=-\frac{G(m_1+m_2+m_3)}{s^3}(\boldsymbol{r}_i-\boldsymbol{r}_c). \tag{i}$$

式(i)中下标 i 表示第 i 个质点.

讨 论

(1)如果三个质点的初始速度均为零,则三个质点将在万有引力的作用下沿着 $\boldsymbol{r}_i-\boldsymbol{r}_c$ 方向靠近体系的质心.

(2)如果三个质点的初始速度满足一定条件,这三个质点将有可能同时绕质心做周期相同的圆周运动,其具体条件如下.

圆周运动角速度满足

$$\left|\frac{\boldsymbol{f}_i}{m_i}\right|=\omega_i^2\left|\boldsymbol{r}_i-\boldsymbol{r}_c\right|,$$

即 $\omega_i^2=G\dfrac{m_1+m_2+m_3}{s^3}$,因此初始线速度大小满足

$$v_i=\omega_i R_i=\frac{R_i}{s}\sqrt{G\frac{m_1+m_2+m_3}{s}},$$

方向满足

$$\boldsymbol{v}_i\cdot(\boldsymbol{r}_i-\boldsymbol{r}_c)=0.$$

此时,在固定参考系中质点一边随着质心做平动,同时绕质心做匀速转动.三体体系的这种运动的条件是很苛刻的,而且这种运动方式也不稳定.本题考察了质点系的整体运动和单个质点的运动情况,涉及体系的质心运动定律和质点的牛顿第二定律,需要用矢量形式写出质心和受力的表达式.

§2.3 质点和质点系的动量定理

本节介绍质点和质点系动量定理的推导和应用.动量定理是对牛顿第二定律的一次积分,有微分和积分表达方式.由于已经过对时间的累积,因此在动量定理中往往更加侧重于对质点或质点系的初末状态的分析.

视频 2.3.1

2.3.1 质点和质点系动量定理推导

质点的动量定理是质点系动量定理的基础,动量定理描述的是物体动量随时间变化的关系式.下面先推导质点的动量定理,然后再推导质点系的动量

定理.

1.质点动量定理推导

如图 2.3.1 所示,对于单个质点有牛顿第二定律

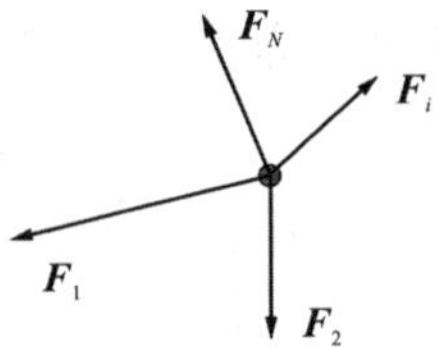

图 2.3.1　质点受力示意

$\boldsymbol{F}=m\dfrac{\mathrm{d}\boldsymbol{v}}{\mathrm{d}t}$,可改写为 $\boldsymbol{F}=\dfrac{\mathrm{d}(m\boldsymbol{v})}{\mathrm{d}t}$,令动量 $\boldsymbol{P}=m\boldsymbol{v}$,则牛顿定律改写为

$$\boldsymbol{F}=\frac{\mathrm{d}\boldsymbol{P}}{\mathrm{d}t}.$$

进一步改写,得质点动量定理的微分形式

$$\mathrm{d}\boldsymbol{P}=\boldsymbol{F}\mathrm{d}t. \tag{2.3.1}$$

式(2.3.1)是个矢量表达式,它在直角坐标系中的分量形式为

$$\begin{cases}\mathrm{d}P_x=F_x\mathrm{d}t\\ \mathrm{d}P_y=F_y\mathrm{d}t.\\ \mathrm{d}P_z=F_z\mathrm{d}t\end{cases} \tag{2.3.2}$$

式(2.3.2)表明动量在直角坐标系的分量改变只与力的相应分量相对应.动量定理的微分形式描述了质点在一个极短 $\mathrm{d}t$ 时间内动量的改变量 $\mathrm{d}\boldsymbol{P}$. 定义冲量的微分形式为

$$\mathrm{d}\boldsymbol{I}=\boldsymbol{F}\mathrm{d}t. \tag{2.3.3}$$

则在一段时间内的冲量,即冲量的积分形式为

$$\boldsymbol{I}(t)=\int_0^t\boldsymbol{F}\mathrm{d}t=\int_0^t\mathrm{d}\boldsymbol{I}. \tag{2.3.4}$$

冲量 $\boldsymbol{I}$ 描述了力 $\boldsymbol{F}$ 在时间上的累积. 力的冲量是矢量,它的方向取决于力的方向,单位为力的单位和时间单位的乘积,符号为 N·s.

通常,我们需要考虑一段有限的时间内动量的变化. 对(2.3.1) 式两边积分即可得质点动量定理的积分形式为

$$\boldsymbol{P}(t)-\boldsymbol{P}(0)=\int_0^t\boldsymbol{F}\mathrm{d}t. \tag{2.3.5}$$

结合(2.3.1) 和(2.3.5) 式,质点动量定理可表述为:质点动量的改变量等

于作用在质点上的力的冲量.我们注意到动量是个状态量,而冲量是力对时间的累积,是一个过程量.在质点动量定理表达式中,左边的两个状态量对应于右边过程的初状态和末状态.

2.质点系动量定理推导

如图 2.2.4 所示,由 N 个质点组成的一个力学体系,设第 i 个质点所受到的外力为 F_i,受到第 j 个质点给它的内力为 $\boldsymbol{F}_{ij}$;第 i 个质点的坐标为 $\boldsymbol{r}_i$,速度为 $\boldsymbol{v}_i$,其质量为 m_i.根据质点系的质心运动定律推导过程,可知

$$\sum_{i=1}^{N}\boldsymbol{F}_i=\sum_{i=1}^{N}m_i\frac{\mathrm{d}\boldsymbol{v}_i}{\mathrm{d}t}.$$

其中,体系的合外力为 $\boldsymbol{F}=\sum_{i=1}^{N}\boldsymbol{F}_i$.令体系总动量 $\boldsymbol{P}=\sum_{i=1}^{N}m_i\boldsymbol{v}_i$,与单质点动量定理类似,质点系的动量定理的微分形式为 $\mathrm{d}\boldsymbol{P}=\boldsymbol{F}\mathrm{d}t$.

进一步改写体系的总动量

$$\boldsymbol{P}=\sum_{i=1}^{N}m_i\boldsymbol{v}_i=\sum_{i=1}^{N}m_i\frac{\mathrm{d}\boldsymbol{r}_i}{\mathrm{d}t}=\sum_{i=1}^{N}\frac{\mathrm{d}(m_i\boldsymbol{r}_i)}{\mathrm{d}t}=\frac{\mathrm{d}(m\boldsymbol{r}_\mathrm{c})}{\mathrm{d}t}=m\boldsymbol{v}_\mathrm{c}. \tag{2.3.6}$$

质点系的动量定理的积分形式为

$$\boldsymbol{P}(t)-\boldsymbol{P}(0)=\int_0^t\boldsymbol{F}\mathrm{d}t. \tag{2.3.7}$$

质点系动量定理表明质点系总动量的改变等于体系总合外力的冲量,它在形式上与质点动量定理类似.当我们用质心来代表质点系时,可将质点系的动量定理看成单个质心的动量定理,此时质心的质量为体系的总质量,质心的动量为体系的总动量,质心受力为体系的总合外力.

2.3.2 质点和质点系动量定理应用

视频 2.3.2

本小节通过例题介绍质点和质点系的动量定理的应用.

[例题 2.3.1] 质量为 m 的小球从高度为 h 处做自由落体运动,小球与地面之间是完全弹性碰撞,设碰撞时间为 Δt.求在碰撞过程中地面对小球的作用力.

解 设地面对小球的作用力为 N,视小球为质点,以落地点为坐标原点,建立一维坐标 Ox 竖直向下,如图 2.3.2 所示,则有

$$\Delta P_x=F_x\Delta t.$$

即 $$-mv-(mv)=F\Delta t.$$

小球下落过程所受的合外力为

$$F=mg+N,$$

则作用力为　$N=-\left(\frac{2mv}{\Delta t}+mg\right)$.

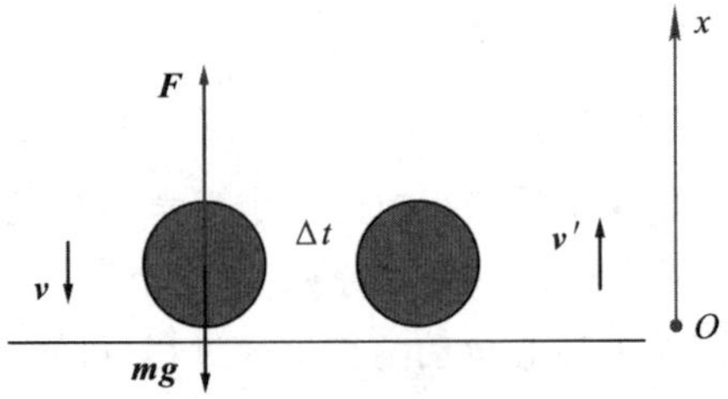

图 2.3.2　例题 2.3.1 示意

［**例题 2.3.2**］　设小质量物体 Δm 的速度为 $\boldsymbol{u}$，它与速度为 $\boldsymbol{v}$ 的大质量物体 m 相互作用，设作用时间为 Δt，合外力为 $\boldsymbol{F}$. 此后大小质量物体合在一起运动，其速度为$\boldsymbol{v}+\Delta\boldsymbol{v}$. 请从质点系动量定理出发推导变质量物体的运动方程.

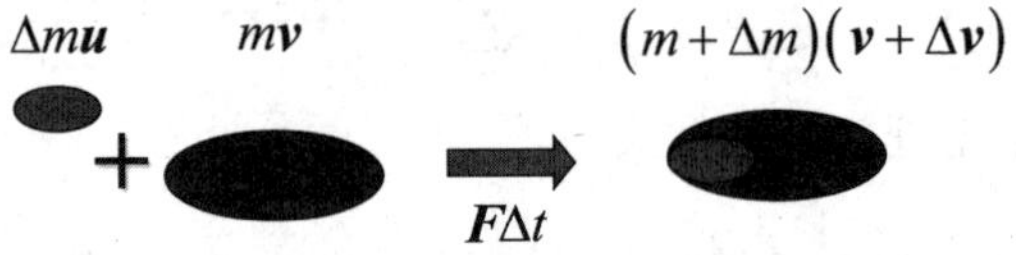

图 2.3.3　变质量问题示意

解　如图 2.3.3 所示，根据质点系动量定理，有

$$(m+\Delta m)(\boldsymbol{v}+\Delta\boldsymbol{v})-(m\boldsymbol{v}+\Delta m\boldsymbol{u})=\boldsymbol{F}\Delta t.$$

消去二阶小量，得

$$m\Delta\boldsymbol{v}+\Delta m\boldsymbol{v}-\Delta m\boldsymbol{u}=\boldsymbol{F}\Delta t.$$

对时间取极限，得变质量物体运动的一般方程：

$$\frac{\mathrm{d}}{\mathrm{d}t}(m\boldsymbol{v})-\frac{\mathrm{d}m}{\mathrm{d}t}\boldsymbol{u}=\boldsymbol{F}.$$

我们注意到这里的质量 m 是时间 t 的函数，$\boldsymbol{v}$ 是大质量物体的速度，$\boldsymbol{u}$ 是小质量物体的速度，$\boldsymbol{F}$ 是体系的合外力. 该方程可应用于处理变质量问题，例如火箭飞行和雨滴下落等.

［**例题 2.3.3**］　如图 2.3.4 所示，质量为 M 的匀质细软绳，总长为 L，下端恰好与水平地面接触，用手提着绳上端，使绳子处于静止伸直状态，然后松手，绳自由下落. 试求绳下落 $l(l<L)$ 长度时，地面所受正压力 F.

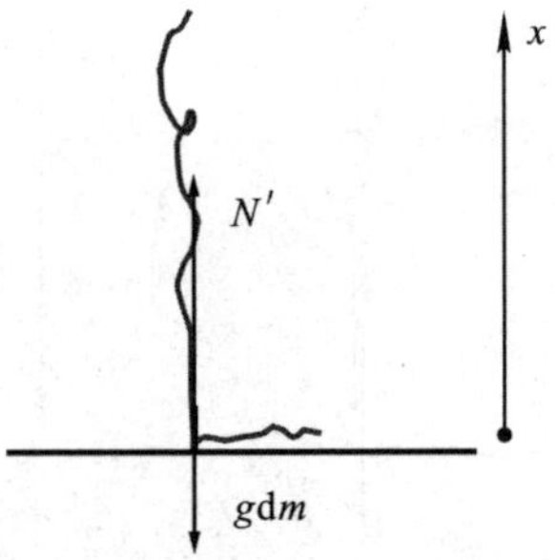

图 2.3.4　例题 2.3.3 示意

解　本题分别采用质点动量定理和质点系动量定理求解.

解法一 采用质点动量定理求解.

根据题意,可知细绳初状态的速度为 $v=\sqrt{2gl}$,末状态速度为 0,设正在下落的一小段绳子 dm 受到地面的支持力为 N'.

由一维情况的动量定理 $\mathrm{d}P=F\mathrm{d}t$,得

$$(0+\sqrt{2gl})\mathrm{d}m=(N'-g\mathrm{d}m)\mathrm{d}t. \tag{a}$$

在(a)式中忽略二阶小量 $\mathrm{d}m\mathrm{d}t$,则有

$$\sqrt{2gl}\,\mathrm{d}m=N'\mathrm{d}t. \tag{b}$$

其中,$\mathrm{d}m=\frac{v\mathrm{d}t}{L}M$, 解得

$$N'=2Mg\,\frac{l}{L}.$$

则地面所受的压力等于 dm 给地面的压力,即 N'的反作用力,再加上静止在地面的那部分绳子的压力. 因此

$$F=N'+\frac{l}{L}Mg=3Mg\,\frac{l}{L}. \tag{c}$$

该种方法的关键在于选取合适的质量元,即选取合适的质点进行受力和运动分析,然后正确地运用质点的动量定理.

解法二 采用质点系动量定理求解.

将整条绳子看成一个体系,此时只有在空中运动的绳子才有动量,如图 2.3.5所示,应用一维情况下的质点系的动量定理有:

$$(Mg-F)\mathrm{d}t=\mathrm{d}\left(\frac{L-l}{L}Mv\right). \tag{d}$$

这里 l 为绳子停留在地面上的长度,满足 $v=\sqrt{2gl}$,它是时间的函数. 代入

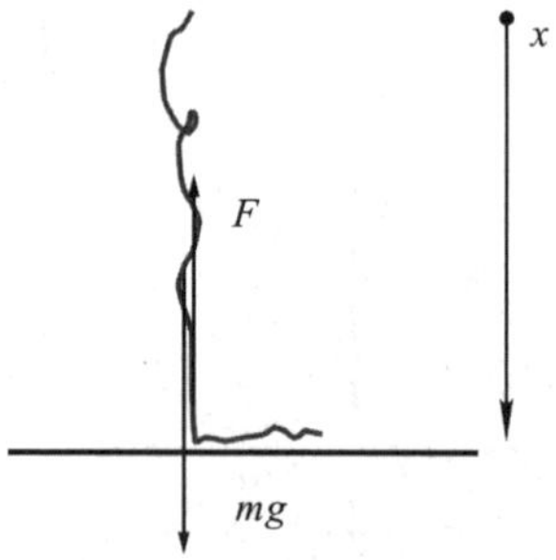

图 2.3.5　例题 2.3.3 示意

(d)式并转换，得

$$Mg-F=\frac{\mathrm{d}\left(\frac{L-l}{L}Mv\right)}{\mathrm{d}v}\frac{\mathrm{d}v}{\mathrm{d}t}=\frac{\mathrm{d}}{\mathrm{d}v}\left(\frac{L-v^2/2g}{L}Mv\right)g. \tag{e}$$

对(e)式进行求导，得

$$Mg-F=Mg-3Mg\,\frac{l}{L}，即$$

$$F=3Mg\,\frac{l}{L}. \tag{f}$$

运用质点系动量定理解得的结果(f)式与运用质点动量定理的结果(c)式是相同的. 应用质点系的动量定理求解问题时，应考虑整个质点系的合外力，动量也应该考虑整个体系的动量. 该题也可用质点系的质心运动定律来求解，感兴趣的读者可自行求解并与本例题的两种解法相比较.

视频 2.3.3

2.3.3　质点系动量守恒定律及其应用

动量定理描述了力学体系的动量变化规律. 当力学体系满足一定条件时，其动量保持不变，即动量守恒.

1. 质点系动量守恒定律

根据质点系动量定理的微分形式或积分形式，可知若体系的合外力满足：$\boldsymbol{F}=0$ 时，体系的总动量守恒，$\boldsymbol{P}=\boldsymbol{P}_0$，此即质点系的动量守恒定律. 分量形式的动量守恒定律可表达为：

若 $F_x=0$，则 $P_x=P_{0x}$.

即分量的力等于零，则该分量方向动量守恒. 质点系动量守恒定律可处理那些状态改变显著的碰撞问题.

2. 质点系动量守恒的应用

应用质点系动量守恒定律时，首先要判断体系的动量是否守恒，然后要关注体系初末状态的动量.

[**例题 2.3.4**] 质量为 M 的有轨平板车能无摩擦地在一条水平直轨道上运动. 初始时刻，N 个质量均为 m 的人站在静止的平板车上.

(1)这 N 个人一起跑向车的一头，并且同时跳下车. 跳下车前的瞬时，他们相对于车子的速度为 v_r，求这 N 个人跳下车后的平板车的速度；

(2)如果这 N 个人是一个接一个地跑离平板车(每次仅有一个在跑)，每个人跳下车前相对于车子的速度都为 v_r，求这平板车的最终速度；

(3)在上述两种情况下，哪种情况下平板车达到的速度大?

解 这是一维问题，写出动量守恒定律的 x 方向分量即可. 规定车的运动方向为正方向，则由动量守恒定律：

(1)对于第一种情况，有 $Mv+Nm(v-v_r)=0$，得

$$v=\frac{Nm}{M+Nm}v_r. \tag{a}$$

(2)对于第二种情况，设车上有 n 个人时的车速为 v_n，则车再跳下一个人时的车速为 v_{n-1}，在此过程中系统动量守恒，有

$$(M+nm)v_n=[M+(n-1)m]v_{n-1}+m(v_{n-1}-v_r). \tag{b}$$

对(b)式整理，得递推关系式：

$$v_{n-1}=v_n+\frac{m}{M+nm}v_r. \tag{c}$$

最后车速为 v_0，最初车速为 v_N，根据递推关系(c)式，得

$$v_0=\sum_{n=1}^{N}\frac{m}{M+nm}v_r. \tag{d}$$

(3) 比较两种结果(a) 式和(d) 式.

因为 $n<N$，得

$$\sum_{n=1}^{N}\frac{m}{M+nm}v_r>N\frac{m}{M+Nm}v_r.$$

因此，第二种情况下车的速度大.

本章提要

本章介绍了质量、动量和力等基本概念、质点牛顿三定律和质点系的牛顿第

二定律. 在牛顿第二定律基础上介绍了质点和质点系的动量定理以及相应的动量守恒.

(1) 质点和质点系的牛顿第二定律

质点 $\boldsymbol{F}=m\dfrac{\mathrm{d}\boldsymbol{v}}{\mathrm{d}t}=m\dfrac{\mathrm{d}^2\boldsymbol{r}}{\mathrm{d}t^2}$.

质点系 $\boldsymbol{F}=m\boldsymbol{a}_{\mathrm{c}}=m\dfrac{\mathrm{d}\boldsymbol{v}_{\mathrm{c}}}{\mathrm{d}t}=m\dfrac{\mathrm{d}^2\boldsymbol{r}_{\mathrm{c}}}{\mathrm{d}t^2}$.

质心位置为 $\boldsymbol{r}_{\mathrm{c}}=\sum\limits_{i=1}^{N}\dfrac{m_i\boldsymbol{r}_i}{m}$.

(2) 质点和质点系的动量定理

微分形式为 $\mathrm{d}\boldsymbol{P}=\boldsymbol{F}\mathrm{d}t$.

积分形式为 $\boldsymbol{P}(t)-\boldsymbol{P}(0)=\int_0^t\boldsymbol{F}\mathrm{d}t$.

对于质点,则 $\boldsymbol{P}$ 为质点动量,$\boldsymbol{F}$ 为质点受到的合外力.

对于质点系,则 $\boldsymbol{P}=\sum\limits_{i=1}^{N}m_i\boldsymbol{v}_i=m\boldsymbol{v}_{\mathrm{c}}$ 为体系总动量,$\boldsymbol{F}=\sum\limits_{i=1}^{N}\boldsymbol{F}_i$ 为体系的合外力.

冲量微分形式为 $\mathrm{d}\boldsymbol{I}=\boldsymbol{F}\mathrm{d}t$

冲量的积分形式为 $\boldsymbol{I}(t)=\int_0^t\boldsymbol{F}\mathrm{d}t=\int_0^t\mathrm{d}\boldsymbol{I}$.

(3)质点系的动量守恒定律

体系的合外力满足 $\boldsymbol{F}=0$ 时,体系的总动量守恒, $\boldsymbol{P}=\boldsymbol{P}_0$. 分量形式的动量守恒定律可表达为:若 $F_x=0$,则 $P_x=P_{0x}$.

习 题

2.1 一个质点质量 m 为 5kg,受到一个力 $\boldsymbol{F}=4\boldsymbol{j}$ 作用,质点的初始位置 $\boldsymbol{r}_0=2\boldsymbol{i}+4\boldsymbol{j}$,初始速度 $\boldsymbol{v}_0=5\boldsymbol{i}+10\boldsymbol{j}$,物理量单位均采用国际标准. 求该质点:

(1)速度随时间变化关系;

(2)位置矢量随时间变化关系.

2.2 质点的质量为 m,受到一个力 $\boldsymbol{f}=-k\boldsymbol{v}$ 作用,质点的初始位置 $\boldsymbol{r}_0$,初始速度 $\boldsymbol{v}_0$,k 为常数. 求该质点:

(1)速度随时间变化关系;

(2)位置矢量随时间变化关系.

2.3 物体初始速度为 1.5 m/s，在一个与水平面成30^0 角的斜面上向上运动，动摩擦因数为 $\mu=\frac{\sqrt{3}}{12}$．问经过 0.5 s 后，此物体离它的初始位置有多远．本题重力加速度取 $g=9.8\ \mathrm{m/s^2}$．

2.4 质量为 m 的跳水运动员，以初速为零从高为 h 的跳台上跳下，入水后运动员所受到的水对他的浮力正好与他自身重力抵消，受到水对他的黏滞力大小为 bv^2，其中 b 为常数．

(1)试求运动员入水时的速度和他从起跳到入水所用的时间；

(2)试列出跳水运动员在水中垂直下沉的运动微分方程；

(3)求运动员在水面下的速度作为入水时间的函数；

(4)求运动员在水面下的速度随深度变化的函数．

2.5 质量为 m 的质点，其位置矢量可表达为 $\boldsymbol{r}=a\sin\omega t\boldsymbol{i}+b\cos\omega t\boldsymbol{j}$，其中 a，b 和 ω 为正值常量．证明该质点受到的合外力方向与位置矢量方向相反．

2.6 质量为 m 的粒子在力 $\boldsymbol{f}=-k\boldsymbol{r}$ 作用下运动，k 为正值常数，$\boldsymbol{r}$ 为粒子的位置矢量．

(1)证明粒子在一个平面内运动；

(2)给定初始位置 $\boldsymbol{r}_0=a\boldsymbol{i}$ 和初始速度 $\boldsymbol{v}_0=v_0\boldsymbol{j}$，其中 a 和 v_0 为常数．求粒子的运动学方程；

(3)证明该轨迹是一个椭圆，并求周期．

2.7 物体以初速度 v_0 和倾斜角 α 自地面上抛出，该物体在空中飞行受到的阻力与速度成正比，即 $\boldsymbol{f}=-k\boldsymbol{v}$，$k$ 为正值常数．求该物体在空中飞行的速度与时间的关系式．

2.8 小物体放在半径为 R 的水平圆盘上，小物体与圆盘间的静摩擦因数(最大静摩擦因数)为 μ．若圆盘绕其轴的角速度逐渐增大到某个数值，小物体滑出圆盘，并最终落在比盘面低 h 的地面上．问从它开始离开圆盘的那一点算起，小物体越过的水平距离为多大?

2.9 质量为 m、长度为 l 的匀质细杆 AB，在光滑的水平面上绕其固定端 A 端旋转，旋转角速度为 ω．求距离固定端为 x 处的细杆内部张力．

2.10 如图所示，光滑钢丝以角速度 ω 转动，其上套着一个质量为 m 的小环，如果无论小环套在何处，小环均能与钢丝保持相对静止，则求钢丝曲线方程 $y=f(x)$.

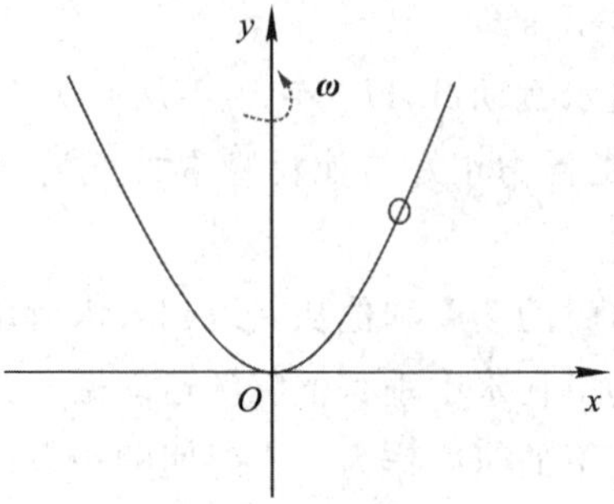

习题 2.10 示意图

2.11 如图所示，8 个质量均为 m 的质点放在一个边长为 a 的立方体的 8 个顶点，立方体的 3 条边在坐标轴上，一个顶点在坐标原点. 求该质点系的质心位置.

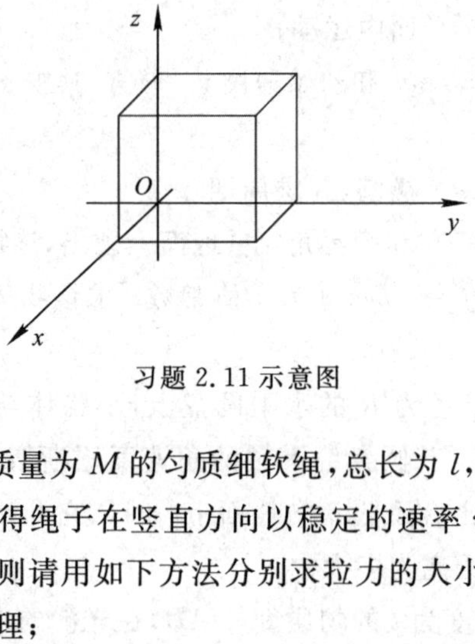

习题 2.11 示意图

2.12 如图所示，质量为 M 的匀质细软绳，总长为 l，原先静止于水平地面，现用力拉绳子一端，使得绳子在竖直方向以稳定的速率 v_0 在空中运动，当绳子在空中的长度为 x 时，则请用如下方法分别求拉力的大小.

(1)质点的动量定理；

(2)质点系的动量定理；

(3)质点系的质心运动定律.

2.13 平直轨道上停着一辆平板车，其质量为 M，平板车和轨道之间的摩擦可忽略. 同学甲和同学乙的质量均为 m，列队朝着平板车跑过去，同学甲先以速度 v_0 跳上车，请问乙同学以多大速度才能跳上平板车.

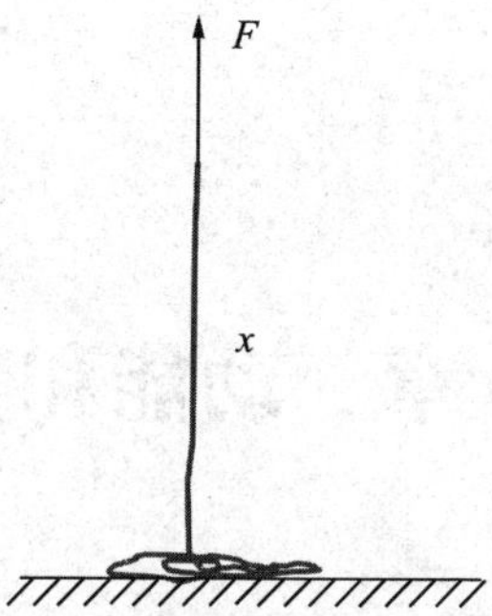

习题 2.12 示意图

2.14 光滑水平面上有一个倾斜角为 θ、高为 h、质量为 M 的楔形木块，它的顶部有一个质量为 m 的小物体，两者之间有摩擦. 系统的初始状态为静止，如图所示，然后小木块沿着楔形木块下滑到底部. 求下滑过程中楔形木块在水平地面上滑动的距离为多少.

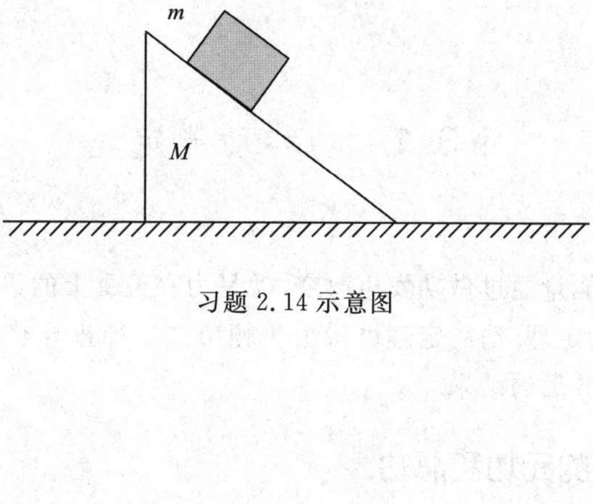

习题 2.14 示意图

第 3 章　动能和势能

本章介绍质点和质点系的动能和势能. §3.1 介绍功的概念、质点和质点系的动能定理，§3.2 介绍质点和质点系的保守力与势能，§3.3 介绍两个质点的碰撞问题. 质点系的能量规律可根据单个质点的相应规律，对体系的所有质点求和获得.

§3.1　功和动能定理

力学体系的能量通过做功发生改变. 功是力在位移上的累积，它导致物体的动能改变，即动能定理. 动能定理可根据牛顿第二定律推导获得，它是牛顿第二定律经过一次积分后的结果.

视频 3.1.1

3.1.1　力的元功和总功

力的做功与过程相关，要计算功的大小可先计算该力在一段极小过程中的功，然后通过求和获得整个过程的总功.

1. 力的元功

考察一个质点所受到力的做功情况，必须选定一段时间作为考察过程，哪怕该过程所耗费的时间极短. 由于做功是一个过程量，基于数学知识的局限，中学物理对做功的定义为力在位移方向上的累积，即 $A=Fl\cos\alpha$，其中 F 为力的大小，l 为位移大小，角度 α 为力方向和位移方向所成的角，如图 3.1.1 所示. 根据矢量代数知识，该力做的功 A 可表达为力 $\boldsymbol{F}$ 的矢量和位移矢量 $\boldsymbol{l}$ 的点乘，即 A

$=\boldsymbol{F}\cdot\boldsymbol{l}$,其结果为标量.

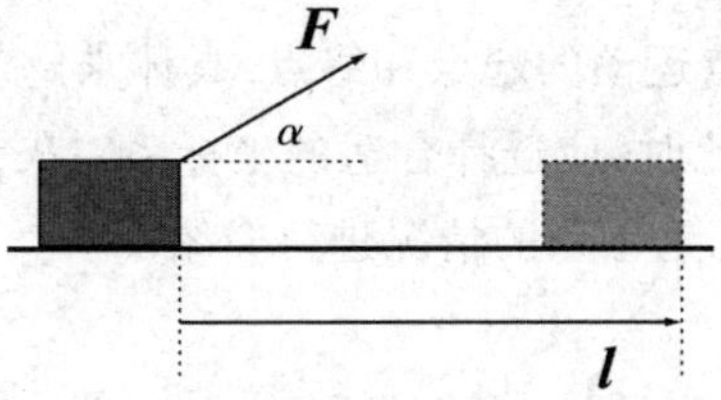

图 3.1.1　物体在恒力作用下直线运动的做功

图 3.1.1 所示的情况只是一种特殊的情况,更加一般的情况是作用在物体上的力 $\boldsymbol{F}$ 是变力,同时物体在该变力作用下做一般的曲线运动,如图 3.1.2 所示. 在这种情况下,应考虑将该曲线运动分割为无数多个极小的直线运动.在每个直线运动中,该力 $\boldsymbol{F}$ 可认为是恒定的,而极小过程的位移为 $\mathrm{d}\boldsymbol{r}$,因此该过程力做的功,称为元功,即

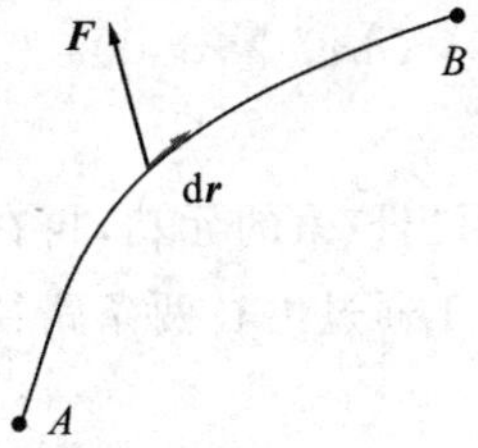

图 3.1.2　质点在变力作用下的做功

$$\mathrm{d}A=\boldsymbol{F}\cdot\mathrm{d}\boldsymbol{r}. \tag{3.1.1}$$

力在一小段位移 $\Delta\boldsymbol{r}$ 里面的做功快慢,称为平均功率,它的表达式为

$$\bar{P}=\frac{\Delta A}{\Delta t}=\frac{\boldsymbol{F}\cdot\Delta\boldsymbol{F}}{\Delta t}=\boldsymbol{F}\cdot\bar{\boldsymbol{v}}. \tag{3.1.2}$$

这里,还需要保证力 $\boldsymbol{F}$ 在该段位移 $\Delta\boldsymbol{r}$ 中为恒定的. 当该段位移或时间趋近于极限时,则得某个时刻或者位置的瞬时功率为

$$P=\frac{\mathrm{d}A}{\mathrm{d}t}=\frac{\boldsymbol{F}\cdot\mathrm{d}\boldsymbol{r}}{\mathrm{d}t}=\boldsymbol{F}\cdot\boldsymbol{v}. \tag{3.1.3}$$

2. 力的总功

考察质点在变力 $\boldsymbol{F}$ 作用下的一般曲线运动,如图 3.1.2 所示. 则整个过程中的总功等于变力 $\boldsymbol{F}$ 在每个 $\Delta\boldsymbol{r}$ 中的元功的求和,即

$$A = \int_A^B \boldsymbol{F} \cdot \mathrm{d}\boldsymbol{r}. \tag{3.1.4}$$

其中，A 和 B 为质点运动的起点和终点. 具体求解时，变力 $\boldsymbol{F}$ 对物体做功需要按照过程进行积分. 此时，应选择合适的坐标系对矢量进行分解，写出元功的表达式. 下面分三种常见坐标系的情况进行介绍.

直角坐标系：

$$\begin{aligned}\mathrm{d}A &= \boldsymbol{F} \cdot \mathrm{d}\boldsymbol{r} = (F_x\boldsymbol{i} + F_y\boldsymbol{j} + F_z\boldsymbol{k}) \cdot \mathrm{d}(x\boldsymbol{i} + y\boldsymbol{j} + z\boldsymbol{k}) \\ &= (F_x\boldsymbol{i} + F_y\boldsymbol{j} + F_z\boldsymbol{k}) \cdot (\boldsymbol{i}\mathrm{d}x + \boldsymbol{j}\mathrm{d}y + \boldsymbol{k}\mathrm{d}z) \\ &= F_x\mathrm{d}x + F_y\mathrm{d}y + F_z\mathrm{d}z.\end{aligned} \tag{3.1.5}$$

自然坐标系：

$$\begin{aligned}\mathrm{d}A &= \boldsymbol{F} \cdot \mathrm{d}\boldsymbol{r} = (F_t\boldsymbol{e}_\mathrm{t} + F_n\boldsymbol{e}_\mathrm{n}) \cdot \mathrm{d}\boldsymbol{r} = (F_t\boldsymbol{e}_\mathrm{t} + F_n\boldsymbol{e}_\mathrm{n}) \cdot \mathrm{d}s\boldsymbol{e}_\mathrm{t} \\ &= F_t\mathrm{d}s.\end{aligned} \tag{3.1.6}$$

平面极坐标系：

$$\begin{aligned}\mathrm{d}A &= \boldsymbol{F} \cdot \mathrm{d}\boldsymbol{r} = (F_r\boldsymbol{e}_\mathrm{r} + F_\theta\boldsymbol{e}_\theta) \cdot \mathrm{d}\boldsymbol{r} \\ &= (F_r\boldsymbol{e}_r + F_\theta\boldsymbol{e}_\theta) \cdot (\mathrm{d}r\boldsymbol{e}_\mathrm{r} + r\mathrm{d}\theta\boldsymbol{e}_\theta) \\ &= F_r\mathrm{d}r + F_\theta r\mathrm{d}\theta.\end{aligned} \tag{3.1.7}$$

力对物体做功一般是先写出该力的元功，再在合适的坐标系中对过程进行积分获得力的总功. 例题 3.1.1 通过力在两条路径的做功来说明力的做功是个过程量.

[例题 3.1.1]　求力 $\boldsymbol{F} = 4y\boldsymbol{i} + 2x\boldsymbol{j} + \boldsymbol{k}$ 按照如下两条路径情况做功.

(1) 沿螺旋线 $x = 4\cos\theta, y = 4\sin\theta, z = 2\theta$ 从 A 点 $\theta = 0$ 到 B 点 $\theta = 2\pi$；

(2) 沿着直线从 A 点$(4, 0, 0)$ 到 B 点$(4, 0, 4\pi)$.

解　(1) 根据做功公式 $A = \int_A^B \boldsymbol{F} \cdot \mathrm{d}\boldsymbol{r}$ 代入，得

$$A = \int_A^B (F_x\mathrm{d}x + F_y\mathrm{d}y + F_z\mathrm{d}z) = \int_A^B (4y\mathrm{d}x + 2x\mathrm{d}y + \mathrm{d}z).$$

将坐标用角度参数来代入，得

$$A = \int_0^{2\pi} [16\sin\theta(-4\sin\theta) + 8\cos\theta \cdot 4\cos\theta + 2]\mathrm{d}\theta = -28\pi.$$

(2) 根据做功公式 $A = \int_A^B \boldsymbol{F} \cdot \mathrm{d}\boldsymbol{r}$ 代入，得

$$\begin{aligned}A &= \int_A^B (F_x\mathrm{d}x + F_y\mathrm{d}y + F_z\mathrm{d}z) \\ &= \int_A^B (4y\mathrm{d}x + 2x\mathrm{d}y + \mathrm{d}z)\end{aligned}$$

$$= \int_{(4,0,0)}^{(4,0,4\pi)} (4y\mathrm{d}x + 2x\mathrm{d}y + \mathrm{d}z)$$

$$= \int_{0}^{4\pi} \mathrm{d}z = 4\pi.$$

求力的总功需要进行线积分，它涉及多变量积分，通常需要将多变量通过一个参数进行转换，如例题 3.1.1 的第一条路径积分. 在线积分过程中，如果选取合适的路径，则在某段路径过程中有些变量成为常数，此时只需对特定的变量进行积分即可，如例题 3.1.1 的第二条路径积分.

3.1.2 质点和质点系的动能定理

本小节先介绍单个质点的动能定理，然后通过单质点动能定理得到质点系的动能定理.

视频 3.1.2 - 1

1. 质点的动能定理

对于单个质点而言，力在位移的累积会产生什么效果呢？为了考察这个问题，不妨设力 $\boldsymbol{F}$ 作用质量为 m 的质点上，产生了一小段极小的位移 $\mathrm{d}\boldsymbol{r}$，则根据做功的定义，该过程做功为

$$\mathrm{d}A = \boldsymbol{F} \cdot \mathrm{d}\boldsymbol{r} = m\frac{\mathrm{d}\boldsymbol{v}}{\mathrm{d}t} \cdot \mathrm{d}\boldsymbol{r} = m\boldsymbol{v} \cdot \mathrm{d}\boldsymbol{v}.$$

根据矢量的微分公式，有

$$\boldsymbol{v} \cdot \mathrm{d}\boldsymbol{v} + \mathrm{d}\boldsymbol{v} \cdot \boldsymbol{v} = \mathrm{d}(\boldsymbol{v} \cdot \boldsymbol{v}) = \mathrm{d}v^2.$$

因为矢量点乘可交换，即 $\boldsymbol{v}v \cdot \mathrm{d}\boldsymbol{v} = \mathrm{d}\boldsymbol{v} \cdot \boldsymbol{v}$. 因此，得

$$\mathrm{d}A = \mathrm{d}\left(\frac{1}{2}mv^2\right). \tag{3.1.8}$$

公式(3.1.8) 为质点动能定理的微分形式. 将质点的质量和速度平方的二分之一定义为质点的动能，即

$$T = \frac{1}{2}mv^2. \tag{3.1.9}$$

其单位为 $\mathrm{kg} \cdot \mathrm{m}^2/\mathrm{s}^2$，正好是能量的单位，有时也用 E_k 来表示动能. 公式(3.1.8) 说明了力所做的功正好等于质点的动能增量，该过程是微分过程.

上述过程中，采用矢量运算的方法证明了动能定理的微分形式，我们也可以在具体的坐标系中对动能定理进行证明. 动能定理阐述了质点在力的作用下，质点动能的变化. 对于动能定理的微分形式，需要注意以下几点：首先，力 $\boldsymbol{F}$ 为质点所受到的合外力；其次，该过程为一个微分过程，过程时间极短.

如果该过程时间为有限长，则需要用积分来描述. 对动能定理的微分形式(3.1.8)式进行定积分，易知动能定理的积分形式为

$$A=\frac{1}{2}mv^2-\frac{1}{2}mv_0^2. \tag{3.1.10}$$

(3.1.10)式即为中学阶段熟悉的动能定理. 动能定理的积分形式可文字表述为：合外力对物体做功等于该物体的动能增量.

视频 3.1.2-2

2. 质点系的动能定理

设一个由 N 个质点组成的力学体系，第 i 个质点所受到的外力为 $\boldsymbol{F}_i$，受到第 j 个质点给它的内力为 $\boldsymbol{f}_{ij}$. 第 i 个质点的坐标为 $\boldsymbol{r}_i$，速度为 $\boldsymbol{v}_i$，其质量为 m_i，则对第 i 个质点应用牛顿定律，有

$$\boldsymbol{F}_i+\sum_{j=1,j\neq i}^{N}\boldsymbol{f}_{ij}=m_i\frac{\mathrm{d}\boldsymbol{v}_i}{\mathrm{d}t}.$$

对第 i 个质点点乘一个位移，即

$$\boldsymbol{F}_i\cdot\mathrm{d}\boldsymbol{r}_i+\sum_{j=1,j\neq i}^{N}\boldsymbol{f}_{ij}\cdot\mathrm{d}\boldsymbol{r}_i=m_i\frac{\mathrm{d}\boldsymbol{v}_i}{\mathrm{d}t}\cdot\mathrm{d}\boldsymbol{r}_i.$$

对公式右边进行与单质点情况类似的转换，得

$$\boldsymbol{F}_i\cdot\mathrm{d}\boldsymbol{r}_i+\sum_{j=1,j\neq i}^{N}\boldsymbol{f}_{ij}\cdot\mathrm{d}\boldsymbol{r}_i=\mathrm{d}\left(\frac{1}{2}m_iv_i^2\right).$$

对于所有质点求和，则有

$$\sum_{i=1}^{N}\boldsymbol{F}_i\cdot\mathrm{d}\boldsymbol{r}_i+\sum_{i=1}^{N}\sum_{j=1,j\neq i}^{N}\boldsymbol{f}_{ij}\cdot\mathrm{d}\boldsymbol{r}_i=\sum_{i=1}^{N}\mathrm{d}\left(\frac{1}{2}m_iv_i^2\right)=\mathrm{d}\left(\sum_{i=1}^{N}\frac{1}{2}m_iv_i^2\right).$$

其中，体系总动能变化为

$$\mathrm{d}T=\mathrm{d}\left(\sum_{i=1}^{N}\frac{1}{2}m_iv_i^2\right). \tag{3.1.11}$$

所有的力对体系做功可分为合外力和总内力做功两部分.

体系合外力做功为 $\mathrm{d}A_{外}=\sum_{i=1}^{N}\boldsymbol{F}_i\cdot\mathrm{d}\boldsymbol{r}_i$， (3.1.12)

体系总内力做功为 $\mathrm{d}A_{内}=\sum_{i=1}^{N}\sum_{j=1,j\neq i}^{N}\boldsymbol{f}_{ij}\cdot\mathrm{d}\boldsymbol{r}_i$. (3.1.13)

则质点系动能定理的微分形式可表达为

$$\mathrm{d}A_{外}+\mathrm{d}A_{内}=\mathrm{d}T. \tag{3.1.14}$$

质点系动能定理的积分形式与质点类似，可表达为

$$A_{外}+A_{内}=T-T_0. \tag{3.1.15}$$

其中，T 为体系末状态的总动能，T_0 为体系初状态的总动能.

质点系动能定理的物理含义与单质点的情况类似，即为所有力对体系做功等于体系的动能增量. 但是所有力对体系做功需要分为体系外力做功和体系内力做功两部分. 体系外力做功与单质点情况一样，但对于体系内力做功的情况，我们需要进一步理解，特别是体系内力做功何时为零的情况.

设力学体系中第 i 个质点受到第 j 个质点给它的内力为$\boldsymbol{f}_{ij}$，由于体系内力是成对出现的，如图 3.1.3 所示，则这一对内力做功为

$$\begin{aligned}\mathrm{d}A_{ij} &= \boldsymbol{f}_{ij}\cdot \mathrm{d}\boldsymbol{r}_i + \boldsymbol{f}_{ji}\cdot \mathrm{d}\boldsymbol{r}_j \\ &= \boldsymbol{f}_{ij}\cdot \mathrm{d}\boldsymbol{r}_i - \boldsymbol{f}_{ij}\cdot \mathrm{d}\boldsymbol{r}_j \\ &= \boldsymbol{f}_{ij}\cdot \mathrm{d}(\boldsymbol{r}_i - \boldsymbol{r}_j) \\ &= \boldsymbol{f}_{ij}\cdot \mathrm{d}\boldsymbol{r}_{ij}.\end{aligned}$$

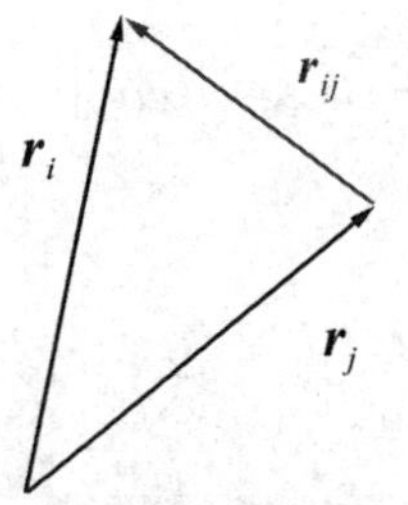

图 3.1.3　两个质点的相对位置

据此可判断，两质点的相对位置不变，即 $\mathrm{d}\boldsymbol{r}_{ij}=0$ 时，该对内力不做功. 若内力的方向与相对位置改变的方向垂直，该对内力也不做功. 例题 3.1.2 涉及质点和质点系的动能定理的应用.

[例题 3.1.2]　如图 3.1.4 所示，质量为 m_0 的卡车载着一质量为 m 的木箱，以速率 v 沿着平直路面行驶，因故突然刹车，卡车滑行一段距离后静止，木箱在卡车上相对于卡车滑行了 l 距离，卡车在地面上滑行了 L 距离. 已知木箱与卡车之间的动摩擦因数为 μ_1，卡车与地面的动摩擦因数为 μ_2，求 L 和 l.

解　本题可采用单质点动能和质点系动能定理求解.

解法一　采用单质点动能定理求解，如图 3.1.4 所示，对卡车和木箱分别进行受力分析和运动情况分析，则有

$$-\mu_1 mg(L+l)=0-\frac{1}{2}mv^2, \tag{a}$$

$$[\mu_1 mg-\mu_2(m_0+m)g]L=0-\frac{1}{2}m_0v^2. \tag{b}$$

由上面的(a)和(b)公式得

$$L=\frac{1}{2}m_0v^2/[\mu_2(m_0+m)g-\mu_1mg]. \tag{c}$$

$$l=v^2/2\mu_1g-L. \tag{d}$$

解法二　采用质点系动能定理求解，如图 3.1.4 所示. 对于卡车和箱子整体而言有

$$-\mu_1mgl-\mu_2(m_0+m)gL=0-\frac{1}{2}(m_0+m)v^2. \tag{e}$$

对于箱子而言，采用单质点动能定理，则

$$-\mu_1mg(L+l)=0-\frac{1}{2}mv^2. \tag{f}$$

联立(e)和(f)公式，亦可得

$$L=\frac{1}{2}m_0v^2/[\mu_2(m_0+m)g-\mu_1mg]. \tag{g}$$

$$l=v^2/2\mu_1g-L. \tag{h}$$

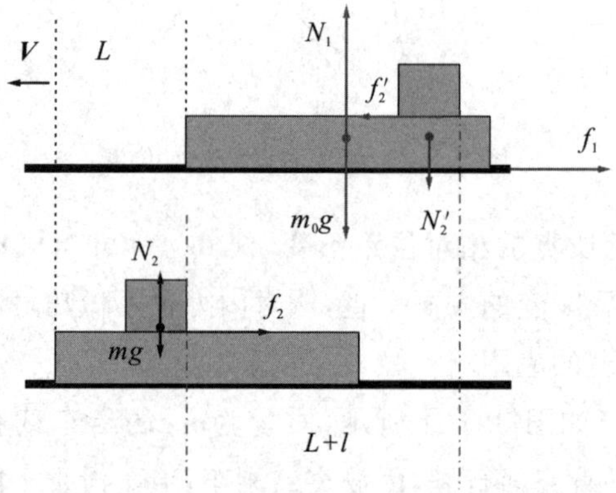

图 3.1.4　例题 3.1.2 示意

应用动能定理求解问题时，我们要特别注意物理过程的初状态和末状态，因为动能定理是做功过程量对应于末动能和初动能这两个状态量的. 单个质点的动能定理和质点系的动能定理有时候相互结合使用可方便地解题.

§3.2 保守力和势能

力对体系的做功是个过程量.如果该力做功与路程无关,只与体系的初末状态相关,则该种类型的力称为保守力. 由功能原理可知,它对应于体系的一种能量状态的变化,该能量称为势能.本节将介绍力学体系的保守力做功和势能概念及其应用.

视频 3.2.1

3.2.1 保守力

保守力是一类特殊的力,从保守力出发可定义势函数,从而找到一个描述力学体系的状态函数.

1.保守力做功

力对体系做功是个过程量,但是有些力做功具有一定的特殊性,其做功大小只与质点的初末位置相关.下面我们考察几种常见的力,即重力、万有引力和弹簧的弹力对质点的做功情况.

考察一个质量为 m 的物体从 A 点运动到 B 点,A 点距离地面高度为 h_0,B 点距离地面的高度为 h. 质点分别沿着:(1)路径 L_1 直线运动和(2)路径 L_2 任意曲线运动. 求这两种情况下重力做的功.我们分析这两种情况,如图 3.2.1 所示.

(1)沿着 L_1 路线,重力做功为

$$A=\int_{\mathrm{A}}^{\mathrm{B}}\boldsymbol{F}\cdot\mathrm{d}\boldsymbol{r}=\int_{h_0}^{h}-mg\boldsymbol{j}\cdot(\mathrm{d}y\boldsymbol{j})=mg(h_0-h).$$

(2) 沿着 L_2 路线,重力做功为

$$A=\int_{\mathrm{A}}^{\mathrm{B}}\boldsymbol{F}\cdot\mathrm{d}\boldsymbol{r}=\int_{\mathrm{A}}^{\mathrm{B}}-mg\boldsymbol{j}\cdot\mathrm{d}\boldsymbol{r}$$

$$=\int_{\mathrm{A}}^{\mathrm{B}}mg\,\mathrm{d}r\cos\alpha=-\int_{h_0}^{h}mg\,\mathrm{d}y=mg(h_0-h). \tag{3.2.1}$$

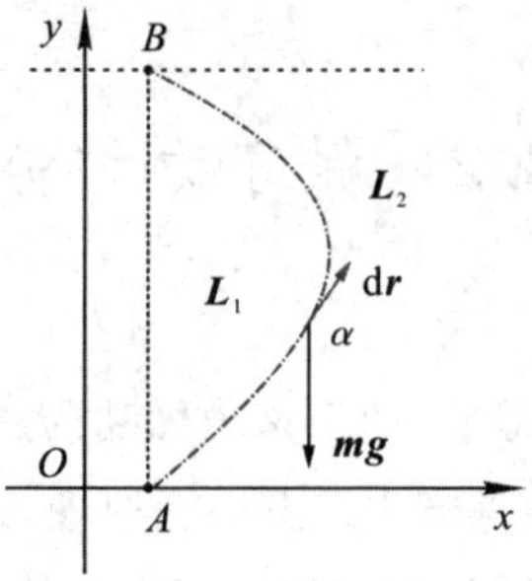

图 3.2.1　重力沿着不同路径做功

两种情况做功相等，所以重力做功与路径无关. 实际上，对于所有具有固定方向的力，例如带电粒子在均匀电场受力，其电场力做功与重力做功类似，与路径无关. 下面介绍常见弹簧的弹力做功情况.

如图 3.2.2 所示，弹簧的劲度系数为 k，原长为 x_0，现将其拉伸到 x 位置 B 点. 根据弹力公式，弹簧从处于自由状态的 A 点被拉伸到 B 点过程中，有 $\boldsymbol{f}=-k(x-x_0)\boldsymbol{i}$. 根据做功公式有

$$A=\int_{\mathrm{A}}^{\mathrm{B}}\boldsymbol{F}\cdot\mathrm{d}\boldsymbol{r}=-\int_{x_0}^{x}k(x-x_0)\boldsymbol{i}\cdot\mathrm{d}x\boldsymbol{i}=-\frac{1}{2}k\,(x-x_0)^2. \quad (3.2.2)$$

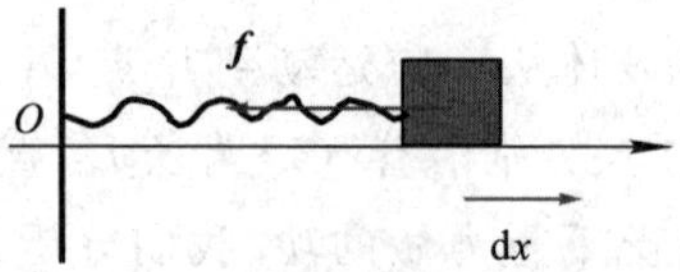

图 3.2.2　弹簧的弹力做功

公式(3.2.2)表明弹力做功只与初末位置相关，与路径无关. 实际上，在自然界中有不少这种类型的力，常见的万有引力也是属于这种类型的力. 这里通过一个例子来考察万有引力做功的情况.

[**例题 3.2.1**]　求万有引力的做功公式.

解　根据做功公式，有

$$\mathrm{d}A=\boldsymbol{F}\cdot\mathrm{d}\boldsymbol{l}=\frac{GmM}{r^2}\cos\theta\mathrm{d}l.$$

如图 3.2.3 所示，将几何关系 $-\cos\theta\mathrm{d}l=\mathrm{d}r$ 代入，得

$$\mathrm{d}A=-\frac{GmM}{r^2}\mathrm{d}r.$$

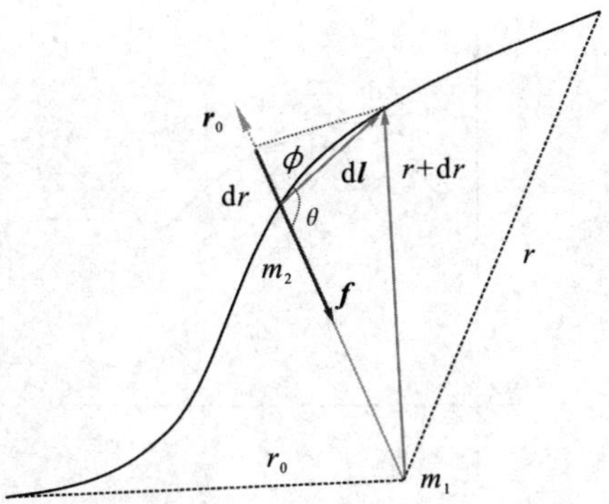

图 3.2.3　万有引力做功

则总功有

$$A = -\int_{r_0}^{r} \frac{GmM}{r^2}\mathrm{d}r = GmM(\frac{1}{r} - \frac{1}{r_0}). \tag{3.2.3}$$

其中，r_0 和 r 分别为质点 m 的初末位置到另一质点 M 的距离. 因为路径是任意的，(3.2.3) 公式表明万有引力做功只与初末位置相关.

2. 常见类型的保守力

通过前面的三个例子分析可知，重力、弹力和万有引力的做功与路径无关，它们是一种特殊类型的力.

保守力是指做功与路径无关，只与起点和终点相关的力. 常见的保守力有重力、弹力和万有引力，其做功总结如下：

重力　$A = mg(h_0 - h)$，

弹力　$A = -\frac{1}{2}k(x - x_0)^2$，

万有引力　$A = Gm_1m_2\left(\frac{1}{r} - \frac{1}{r_0}\right)$.

万有引力是一种有心力. 实际上，所有的有心力都是保守力. 如图 3.2.4 所示，设在极坐标系中，有心力为 $-f(r)\boldsymbol{e}_r$，则该力做功为

$$\mathrm{d}A = \boldsymbol{F} \cdot \mathrm{d}\boldsymbol{l} = -f(r)\boldsymbol{e}_r \cdot \mathrm{d}\boldsymbol{l}.$$

又因为 $\boldsymbol{e}_r \cdot \mathrm{d}\boldsymbol{l} = \mathrm{d}r$，所以 $\mathrm{d}A = -f(r)\mathrm{d}r$，

因此，$A = -\int_{r_A}^{r_B} f(r)\mathrm{d}r$. 该积分结果只与初末位置相关.

若已知某个力为保守力，则其做功与路径无关，可选择方便的路径进行做功计算. 下面举例说明.

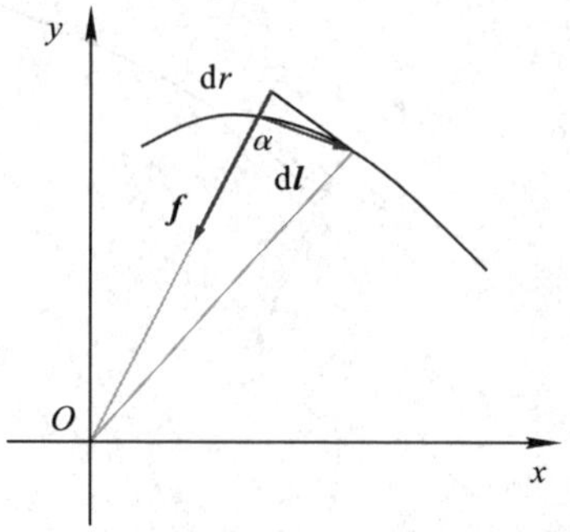

图 3.2.4　有心力做功

［**例题 3.2.3**］　已知保守力 $\boldsymbol{F}=(ax+by^2)\boldsymbol{i}+(az+2bxy)\boldsymbol{j}+(ay+bz^2)\boldsymbol{k}$，求从坐标原点(0,0,0)到 A 点(x,y,z)做功情况.

解　对于保守力，积分路径可以是任意的. 选取如图 3.2.5 所示路径，则有

$$
\begin{aligned}
A&=\int_{\mathrm{r}_0}^{\mathrm{r}}\boldsymbol{F}\cdot\mathrm{d}\boldsymbol{r}\\
&=\int_{\mathrm{r}_0}^{\mathrm{r}}(F_x\mathrm{d}x+F_y\mathrm{d}y+F_z\mathrm{d}z)\\
&=\int_{(0,0,0)}^{(x,0,0)}(F_x\mathrm{d}x+F_y\mathrm{d}y+F_z\mathrm{d}z)+\int_{(x,0,0)}^{(x,y,0)}(F_x\mathrm{d}x+F_y\mathrm{d}y+F_z\mathrm{d}z)\\
&\quad+\int_{(x,y,0)}^{(x,y,z)}(F_x\mathrm{d}x+F_y\mathrm{d}y+F_z\mathrm{d}z)\\
&=\int_{(0,0,0)}^{(x,0,0)}F_x\mathrm{d}x+\int_{(x,0,0)}^{(x,y,0)}F_y\mathrm{d}y+\int_{(x,y,0)}^{(x,y,z)}F_z\mathrm{d}z\\
&=\frac{1}{2}ax^2+bxy^2+ayz+\frac{1}{3}bz^3
\end{aligned}
$$

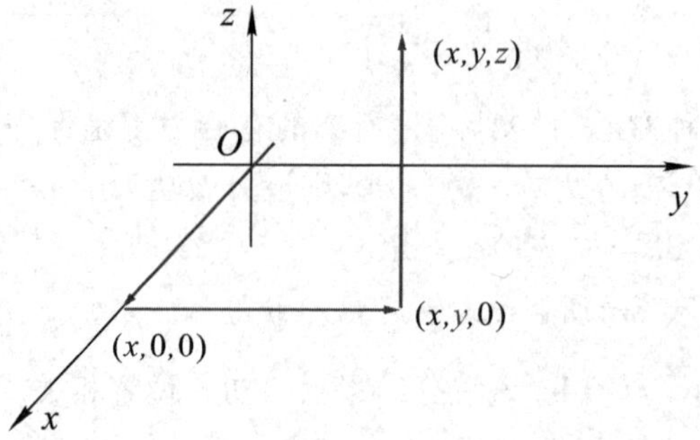

图 3.2.5　习题 3.2.3 保守力做功

求保守力做功，总是选择方便的积分路径进行计算．例题 3.2.3 选取了三段直线路径，使得在每段直线路径积分中，积分变量减少以便于求解．

3.2.2 势能

视频 3.2.2

1．质点的势能

对于保守力，由于它的做功与路径总是无关，通常可以设置一个只与坐标位置相关的函数，使得在一个极小过程中该力的做功等于该函数变化，即

$$\mathrm{d}A=-\mathrm{d}V. \tag{3.2.4}$$

公式(3.2.4)是个微分形式，对它进行积分便可得在有限过程中的保守力做功与该函数的关系式：

$$A=V(x_0,y_0,z_0)-V(x,y,z). \tag{3.2.5}$$

从功能原理角度来看，V 是体系只与位置相关的能量，称为**势能**(位能)．势能只与位置相关，是个状态量．

对于重力，其势能与初始位置(零势能点)相关，是个相对值，选地面为零势能点，则重力做功为

$$A=mg(h_0-h),$$

即 $A=-mgh$．因此重力势能表达式为

$$V=-A=mgh. \tag{3.2.6}$$

对于万有引力，选无穷远处为零势能点，根据万有引力的做功公式：

$A=Gm_1m_2\left(\dfrac{1}{r}-\dfrac{1}{r_0}\right)$，此时 $r_0=\infty$，因此

$$A=-\int_{\infty}^{r}\frac{Gm_1m_2}{r^2}\mathrm{d}r=Gm_1m_2\,\frac{1}{r}.$$

则在无穷远处为势能零点时，引力势能表达式为

$$V=-A=-Gm_1m_2\,\frac{1}{r}. \tag{3.2.7}$$

对于弹簧的弹力，设弹簧原长为零势能点，则弹性势能表达式为

$$V=-A=\frac{1}{2}kx^2. \tag{3.2.8}$$

2．质点机械能守恒定律

质点动能定理的微分形式为 $\mathrm{d}A=\mathrm{d}(\frac{1}{2}mv^2)$，如果力学体系只有保守力做

功，则有 $dA=-dV=d\left(\frac{1}{2}mv^2\right)$，即

$$d\left(V+\frac{1}{2}mv^2\right)=0. \tag{3.2.9}$$

(3.2.9)式表明，质点的动能和势能之和在一个极小的过程中保持不变，这就是单个质点的机械能守恒定律的微分形式. 机械能守恒的条件是质点只有保守力做功. 这里注意，质点不一定只受到保守力做功，只要其他非保守力不做功，质点的机械能即可守恒. 对(3.2.9)公式进行积分，易得在一个有限长过程中的守恒量，即

$$V+T=V_0+T_0. \tag{3.2.10}$$

(3.2.10)式为质点的机械能守恒定律的积分形式.

3. 质点系机械能守恒定律

如图 3.2.6 所示，设力学体系由 N 个质点组成，设第 i 个质点所受到的外力为 $\boldsymbol{F}_i$，第 j 个质点给它的内力为 $\boldsymbol{f}_{ij}$. 则体系合外力做功为 $dA_{外}=\sum_{i=1}^{N}\boldsymbol{F}_i\cdot d\boldsymbol{r}_i$，体系总内力做功为 $dA_{内}=\sum_{i=1}^{N}\sum_{j=1,j\neq i}^{N}\boldsymbol{f}_{ij}\cdot d\boldsymbol{r}_i$，质点系动能定理微分形式为

$$dA_{外}+dA_{内}=dT. \tag{3.2.11}$$

质点系的机械能守恒：当所有外力和内力都为保守力或者只有保守力做功时，体系的总机械能保持不变，即

$$V+T=V_0+T_0. \tag{3.2.12}$$

在(3.2.12)式中，V 为势能是质点系的总势能，T 为质点系的总动能.

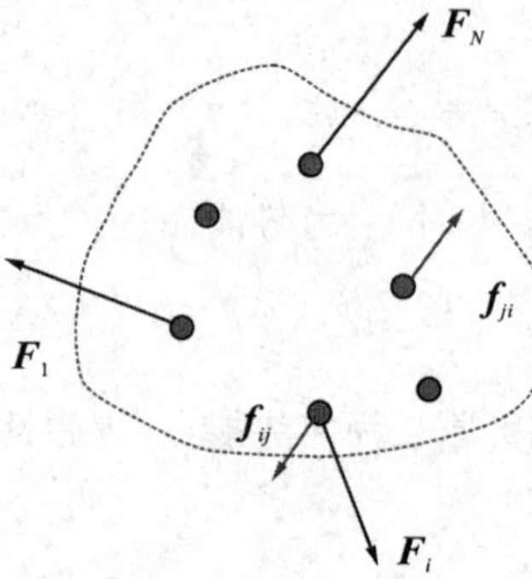

图 3.2.6　质点系受力情况

[例题 3.2.4]　一个质量为 m 的质点，从置于光滑水平面上、质量为 M 的

光滑的、半径为 R 的弧形槽的顶端滑下，如图 3.2.7 所示. 开始下滑时，m 和 M 都是静止的，求质点离开弧形槽时质点和弧形槽的速度.

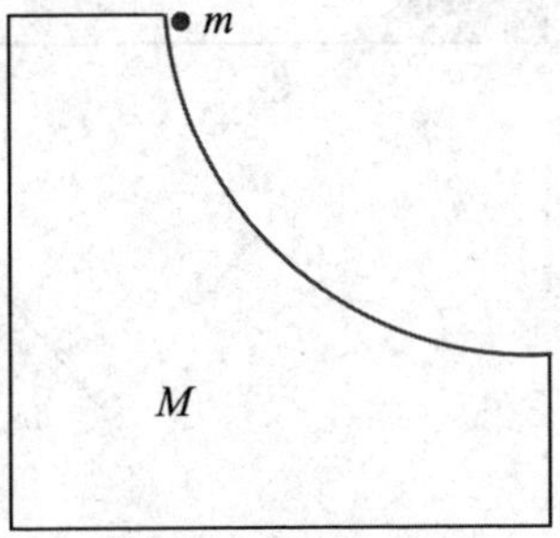

图 3.2.7　例题 3.2.4 示意

解　质点和弧形槽组成的体系外力为保守力，内力不做功，因此质点系的机械能守恒，即

$$\frac{1}{2}mv^2+\frac{1}{2}MV^2-mgR=0. \tag{a}$$

同时，在水平方向上质点系的动量守恒，即

$$mv+MV=0. \tag{b}$$

联立(a)和(b)式得

$$v=\sqrt{\frac{2MgR}{m+M}},V=-m\sqrt{\frac{2gR}{(m+M)M}}.$$

[例题 3.2.5]　质量为 M 的滑块可以在光滑水平导轨上无摩擦地滑动. 长为 l 的轻绳一端系于滑块 M 上，另一端系一质量为 m 的小球. 今将轻绳沿着水平方向拉直，使得小球和滑块等高，从静止开始释放. 当轻绳与水平导轨夹角为 θ 时，求质点和滑块的速度.

解　如图 3.2.8 所示，体系只有保守力做功，因此体系的机械能守恒，即

$$mgl\sin\theta=\frac{1}{2}m(v_x^2+v_y^2)+\frac{1}{2}Mu^2. \tag{a}$$

同时，体系的动量在水平方向上守恒，即

$$mv_x=Mu. \tag{b}$$

在滑块参照系，质点做圆周运动，因此有

$$\tan\theta=\frac{v_x+u}{v_y}. \tag{c}$$

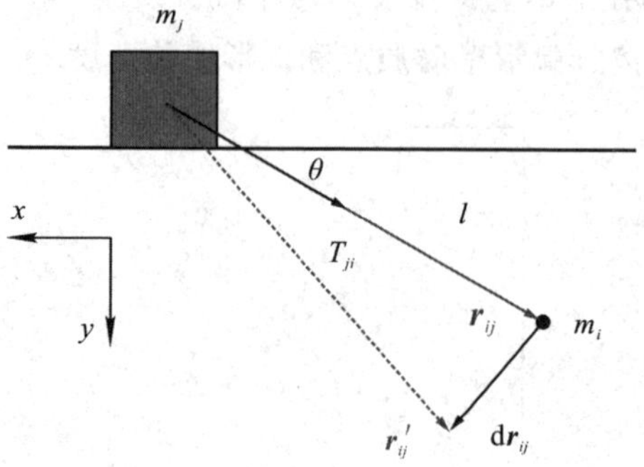

图 3.2.8　例 3.2.5 示意

联立(a)(b)和(c)式，解得

$$\begin{cases} u=\dfrac{m}{M}v_x, \\ v_x^2=\dfrac{2M^2gl\sin^3\theta}{(M+m)(m\cos^2\theta+M)}, \\ v_y=\left(\dfrac{M+m}{M}\cot\theta\right)v_x. \end{cases}$$

讨 论

绳子在张力的方向上没有相对位移，因此绳子的一对张力做功为零，即

$$A_{ij}=\boldsymbol{T}_{ij}\cdot \mathrm{d}\,\boldsymbol{r}_{ij}=0.$$

即考虑一对内力做功情况

$$\begin{aligned} \mathrm{d}A_{ij}&=\boldsymbol{f}_{ij}\cdot \mathrm{d}\boldsymbol{r}_i+\boldsymbol{f}_{ji}\cdot \mathrm{d}\boldsymbol{r}_j \\ &=\boldsymbol{f}_{ij}\cdot \mathrm{d}\boldsymbol{r}_i-\boldsymbol{f}_{ij}\cdot \mathrm{d}\boldsymbol{r}_j \\ &=\boldsymbol{f}_{ij}\cdot \mathrm{d}(\boldsymbol{r}_i-\boldsymbol{r}_j)=\boldsymbol{f}_{ij}\cdot \mathrm{d}\boldsymbol{r}_{ij}. \end{aligned}$$

对于本题所示体系：

$$\mathrm{d}A_{ij}=\boldsymbol{T}_{ij}\cdot \mathrm{d}\boldsymbol{r}_{ij}=0.$$

因为 $\boldsymbol{r}_{ij}$ 的大小没变化，其方向变化与绳子张力方向相互垂直，因此绳子张力这对内力不做功.

§3.3 碰撞问题

碰撞问题是能量和动量规律的一个典型应用问题. 本节将介绍最简单的二体碰撞问题,包括对心和非对心碰撞、碰撞过程中的守恒物理量和变化的物理量等. 本节主要包括碰撞问题的一般特点、碰撞问题的能量变化情况,以及对心和非对心碰撞等. 碰撞问题特点主要体现在两点,其一是碰撞短时间、内部相互作用力很强、外力不考虑;其二是状态变化显著、适合于应用动量守恒和机械能守恒来进行求解.

视频 3.3.1

3.3.1 碰撞过程的动能

对于一个二体碰撞过程,若过程中不受外力作用,则体系的动量守恒,即满足质点系动量守恒定律

$$m_1 \boldsymbol{v}_{10} + m_2 \boldsymbol{v}_{20} = m_1 \boldsymbol{v}_1 + m_2 \boldsymbol{v}_2. \tag{3.3.1}$$

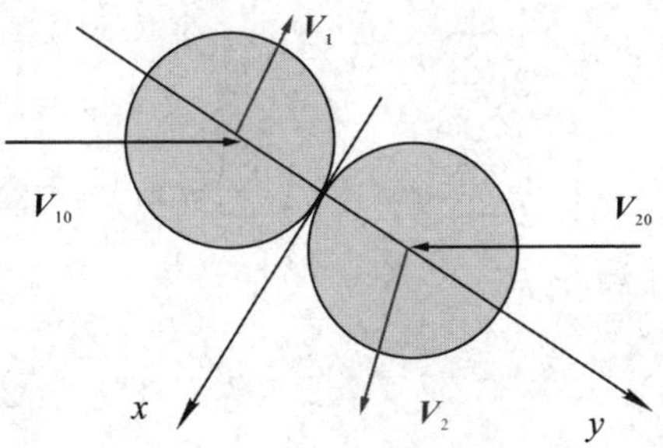

图 3.3.1 两质点的碰撞

其中,m_1 和 m_2 分别为两个质点的质量,$\boldsymbol{v}_{10}$,$\boldsymbol{v}_1$ 和 $\boldsymbol{v}_{20}$,$\boldsymbol{v}_2$ 分别为两质点的碰前和碰后速度,如图 3.3.1 所示. 那么在碰撞过程中体系的动能会发生如何变化呢? 为了考察一般的情况,我们设体系的质点数目为 N,如图 3.3.2 所示.

体系总动能可表示为

$$T = \frac{1}{2}\sum_{i=1}^{N} m_i \boldsymbol{v}_i^2.$$

对于一个不受外力作用的体系,如两体碰撞过程中,因为体系动量守恒,质心速度不变,我们希望将体系的动能分解为与质心速度相关的能量部分,所以先

考察质心速度,即

质心速度为 $\boldsymbol{v}_c = \dfrac{d\boldsymbol{r}_c}{dt} = \dfrac{1}{m}\sum_{i=1}^{N} m_i \dfrac{d\boldsymbol{r}_i}{dt} = \dfrac{1}{m}\sum_{i=1}^{N} m_i \boldsymbol{v}_i.$

对于质点系(两体) 碰撞问题,将其总动能表达为质心的动能和相对于质心的动能.先对速度进行分解有

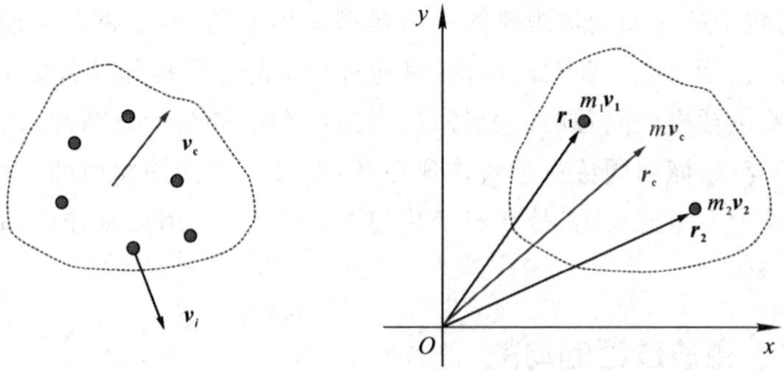

图 3.3.2　质点系的质心和速度

$$\boldsymbol{v}_i = \boldsymbol{v}_c + \boldsymbol{v}'_i.$$

其中,$\boldsymbol{v}'_i$ 为第 i 个质点相对于质心的速度. 则体系的总动能为

$$T = \frac{1}{2}\sum_{i=1}^{N} m_i \boldsymbol{v}_i^2 = \frac{1}{2}\sum_{i=1}^{N} m_i\ (\boldsymbol{v}_c + \boldsymbol{v}'_i)^2$$

$$= \frac{1}{2}\sum_{i=1}^{N} m_i v_c^2 + \frac{1}{2}\sum_{i=1}^{N} m_i v'^2_i + \Big(\sum_{i=1}^{N} m_i \boldsymbol{v}'_i\Big)\boldsymbol{v}_c.$$

其中交叉项进一步转化为

$$\sum_{i=1}^{N} m_i \boldsymbol{v}'_i = \sum_{i=1}^{N} m_i(\boldsymbol{v}_i - \boldsymbol{v}_c) = \sum_{i=1}^{N} m_i \boldsymbol{v}_i - m\boldsymbol{v}_c = \sum_{i=1}^{N} m_i\ \frac{d\boldsymbol{r}_i}{dt} - m\boldsymbol{v}_c$$

$$= \frac{d\Big(\sum_{i=1}^{N} m_i \boldsymbol{r}_i\Big)}{dt} - m\boldsymbol{v}_c = \frac{d(m\boldsymbol{r}_c)}{dt} - m\boldsymbol{v}_c = 0.$$

因此,质点系的动能可分解为两部分,即质心的动能和相对于质心的动能之和.

$$T = \frac{1}{2}\sum_{i=1}^{N} m_i \boldsymbol{v}_i^2 = \frac{1}{2}\sum_{i=1}^{N} m_i v_c^2 + \frac{1}{2}\sum_{i=1}^{N} m_i v'^2_i. \tag{3.3.2}$$

(3.3.2) 式称为柯尼希定理. 该定理表明,质点系的总动能等于质心动能和相对于质心动能之和. 这个定理再一次表明了质点系的质心位置的特殊性.

对于质量为 m_1 和 m_2 的两体碰撞情况,如图 3.3.3 所示,动能表达式可根据

柯尼希定理具体表示为

$$T = \frac{1}{2}\sum_{i=1}^{N} m_i v_i^2 = \frac{1}{2}\sum_{i=1}^{N} m_i v_c^2 + \frac{1}{2}\sum_{i=1}^{N} m_i v_i'^2$$
$$= \frac{1}{2}(m_1 + m_2)v_c^2 + \frac{1}{2}m_1 v_1'^2 + \frac{1}{2}m_2 v_2'^2. \tag{3.3.3}$$

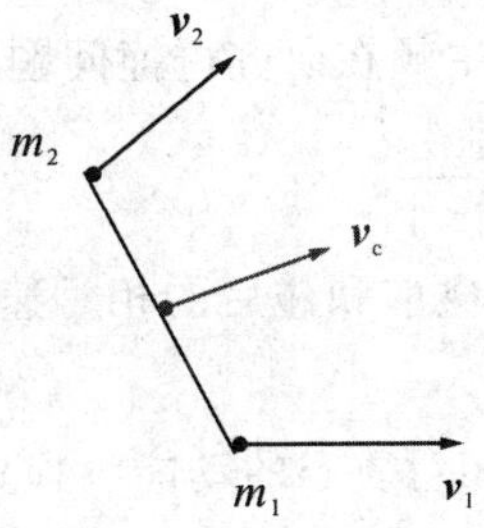

图 3.3.3　两体碰撞的速度情况

在碰撞过程中，因为合外力为零，则(3.3.3)式的第一项为常数，即质心动能为常数. 在碰撞过程中只改变相对于质心的动能部分. 因为在碰撞过程中，往往直接测量两个小球的速度，即 m_1 和 m_2 的相对速度，而不是测量其体系的质心速度，即

$$\boldsymbol{u} = \boldsymbol{v}_1 - \boldsymbol{v}_2 = \boldsymbol{v}_c + \boldsymbol{v}_1 - (\boldsymbol{v}_c + \boldsymbol{v}_2) = \boldsymbol{v}'_1 - \boldsymbol{v}'_2.$$

因为 $\sum_{i=1}^{N} m_i \boldsymbol{v}'_i = 0$，即 $m_1\boldsymbol{v}'_1 + m_2\boldsymbol{v}'_2 = 0$，易得

$$\boldsymbol{v}'_1 = \frac{m_2}{m_1 + m_2}\boldsymbol{u},\ \boldsymbol{v}'_2 = \frac{m_1}{m_1 + m_2}\boldsymbol{u}.$$

代入相对动能表达式，得

$$\frac{1}{2}m_1 v_1'^2 + \frac{1}{2}m_2 v_2'^2 = \frac{1}{2}\cdot\frac{m_1 m_2}{m_1 + m_2}u^2.$$

令两个质点的折合质量为

$$\mu = \frac{m_1 m_2}{m_1 + m_2}. \tag{3.3.4}$$

则相对质心动能为

$$\frac{1}{2}m_1 v_1'^2 + \frac{1}{2}m_2 v_2'^2 = \frac{1}{2}\mu u^2.$$

综上所述，两体碰撞过程中体系的动能可写成一个简洁的表达式

$$T = \frac{1}{2}m v_c^2 + \frac{1}{2}\mu u^2. \tag{3.3.5}$$

3.3.2 恢复系数

视频 3.3.2

因为两体碰撞问题的动能可表达为 $T=\frac{1}{2}mv_c^2+\frac{1}{2}\mu u^2$，可知碰撞过程中相对速度的变化直接表征了体系碰撞过程中动能的损失．为了表示碰撞过程中动能的损失情况，牛顿在研究碰撞问题时定义恢复系数为

$$e\equiv\frac{|\boldsymbol{u}|}{|\boldsymbol{u}_0|}=\frac{|\boldsymbol{v}_1-\boldsymbol{v}_2|}{|\boldsymbol{v}_{10}-\boldsymbol{v}_{20}|}. \tag{3.3.7}$$

其中，$\boldsymbol{u}$ 和 $\boldsymbol{u}_0$ 为两质点的碰前和碰后的相对速度．根据恢复系数定义，可将碰撞分为如下三类．

(1) 完全弹性碰撞，体系相对质心的动能没损失．

$$e\equiv\frac{|\boldsymbol{u}|}{|\boldsymbol{u}_0|}=1\text{，此时 }\Delta T=\frac{1}{2}\mu u^2-\frac{1}{2}\mu u_0^2=0.$$

(2) 完全非弹性碰撞，体系相对质心的动能全部损失．

$$e\equiv\frac{|\boldsymbol{u}|}{|\boldsymbol{u}_0|}=0\text{，此时 }\Delta T=-\frac{1}{2}\mu u_0^2.$$

(3) 非完全弹性碰撞，体系相对质心的动能部分损失．

$$0<e\equiv\frac{|\boldsymbol{u}|}{|\boldsymbol{u}_0|}<1\text{，此时}$$

$$\Delta T=-\frac{1}{2}(1-e^2)\mu u_0^2.$$

我们从一对内力做功来分析完全弹性碰撞和完全非弹性碰撞情况．对于完全弹性碰撞，如图 3.3.4 所示，碰前和碰后两小球恢复原状，相对位移的改变为零，此时这对内力不做功，动能不损失，即

$$\mathrm{d}A_{ij}=T_{ij}\cdot\mathrm{d}\boldsymbol{r}_{ij}\text{，具体为 }\mathrm{d}A_{12}=T_{12}\cdot\mathrm{d}\boldsymbol{r}_{12}=T_{12}\cdot(\boldsymbol{r}'_{12}-\boldsymbol{r}_{12})=0.$$

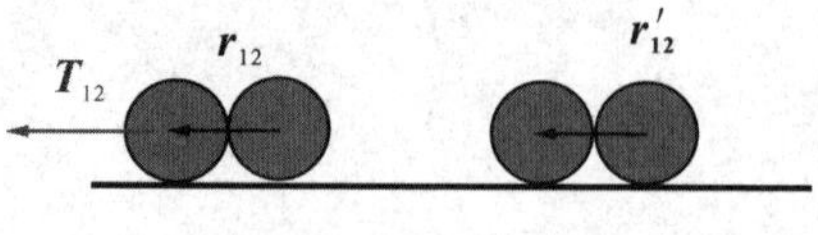

图 3.3.4 完全弹性碰撞过程中的内力做功

对于完全非弹性碰撞，如图 3.3.5 所示，则碰前和碰后两小球粘合在一起，相对位移的改变为最大，此时这对内力做功最大，动能损失最大，即

$$\mathrm{d}\boldsymbol{r}_{ij}=\Delta\boldsymbol{r}_{\max}\text{，具体为 }\mathrm{d}A_{12}=\boldsymbol{T}_{12}\cdot\mathrm{d}\boldsymbol{r}_{12}=-\boldsymbol{T}_{12}\cdot\Delta\boldsymbol{r}_{\max}.$$

我们要特别注意的是，恢复系数的定义是可应用于二维情况的，虽然我们这

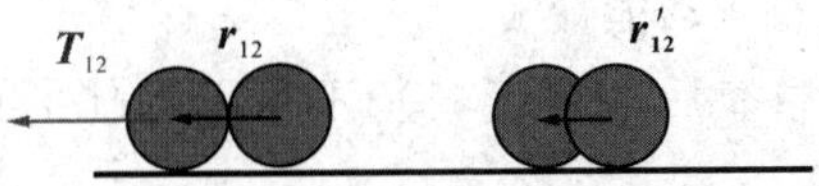

图 3.3.5　完全非弹性碰撞过程中的内力做功

里举例和图示为一维情况.

3.3.3　对心与非对心碰撞

视频 3.3.3

两个物体的碰撞可分为对心与非对心碰撞两种情况.

对心碰撞是指碰撞前后的速度矢量均沿着物体的连线方向,碰撞发生在一个维度上,如图 3.3.6 所示.

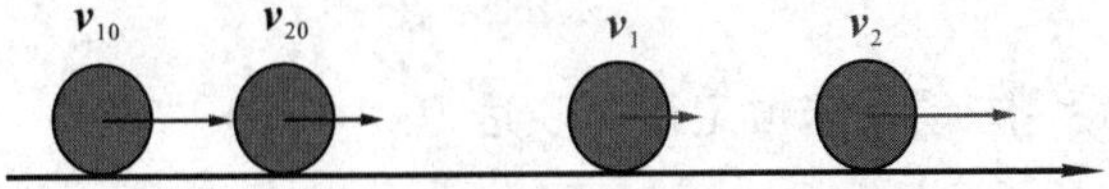

图 3.3.6　两个物体的对心碰撞

此时,问题简化为一维,对于动量守恒情况,则为

$$m_1 v_{10} + m_2 v_{20} = m_1 v_1 + m_2 v_2. \tag{3.3.8}$$

恢复系数也可简化为

$$e = \left| \frac{\boldsymbol{v}_1 - \boldsymbol{v}_2}{\boldsymbol{v}_{10} - \boldsymbol{v}_{20}} \right| = \frac{v_2 - v_1}{v_{10} - v_{20}}. \tag{3.3.9}$$

例题 3.3.1 涉及两个物体的对心碰撞情况.

[例题 3.3.1]　一个质量为 m、速率为 v_0 质点,与一个质量为 αm 的静止靶粒子做完全弹性的对心碰撞,问 α 取值多大时,靶粒子获得的动能最大?

解　碰撞过程中体系的动量和动能均守恒.

$$m_1 v_{10} + m_2 v_{20} = m_1 v_1 + m_2 v_2, \tag{a}$$

$$\frac{1}{2} m_1 v_{10}^2 + \frac{1}{2} m_2 v_{20}^2 = \frac{1}{2} m_1 v_1^2 + \frac{1}{2} m_2 v_2^2. \tag{b}$$

将本题条件代入(a) 和(b) 式,得

$$m v_0 = m v_1 + \alpha m v_2, \tag{c}$$

$$\frac{1}{2} m v_0^2 = \frac{1}{2} m v_1^2 + \frac{1}{2} \alpha m v_2^2. \tag{d}$$

解得　$$\frac{1}{2} \alpha m v_2^2 = 2 m v_0^2 \left(2 + \alpha + \frac{1}{\alpha}\right)^{-1}.$$

即当 $\alpha = 1$ 时，靶粒子动能最大.

非对心碰撞是指碰撞后的速度矢量不沿着物体的连线方向，如图 3.3.7 所示.

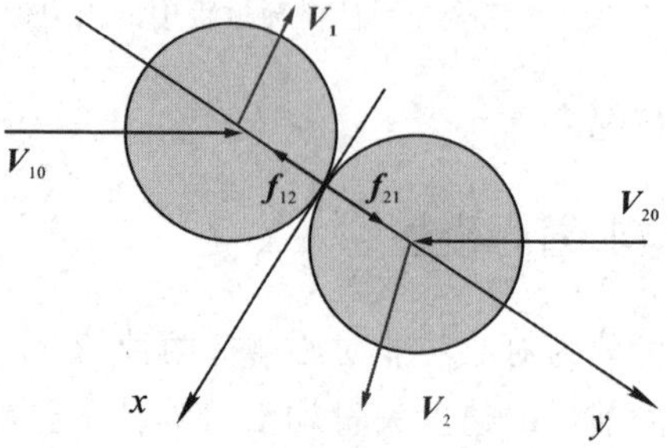

图 3.3.7　两个物体的非对心碰撞

在直角坐标系中，动量守恒定律可表达为：

$$m_1 v_{10x} + m_2 v_{20x} = m_1 v_{1x} + m_2 v_{2x},$$

$$m_1 v_{10y} + m_2 v_{20y} = m_1 v_{1y} + m_2 v_{2y}.$$

虽然碰撞过程中所受内力只导致 m_1 和 m_2 的 y 方向的动量发生变化，即

$v_{1x} = v_{10x}, v_{2x} = v_{20x}$. 但是，此时的恢复系数表达仍然为

$$e = \left| \frac{\boldsymbol{v}_1 - \boldsymbol{v}_2}{\boldsymbol{v}_{10} - \boldsymbol{v}_{20}} \right| = \left| \frac{(v_{1x} - v_{2x})\boldsymbol{i} + (v_{1y} - v_{2y})\boldsymbol{j}}{(v_{10x} - v_{20x})\boldsymbol{i} + (v_{10y} - v_{20y})\boldsymbol{j}} \right|. \tag{3.3.10}$$

我们要特别注意的是，(3.3.10) 式并不能简化为

$$e' = \left| \frac{(v_{2y} - v_{1y})\boldsymbol{j}}{(v_{10y} - v_{20y})\boldsymbol{j}} \right|.$$

另外，恢复系数 $e' = \left| \frac{(v_{2y} - v_{1y})j}{(v_{10y} - v_{20y})j} \right|$ 的出现会导致碰撞能量损失并不符合恢复系数的物理含义.

[例题 3.3.2]　两个相同的弹性球发生碰撞，如果碰撞前它们的运动方向相互垂直，证明碰撞后的运动方向也相互垂直.

解　完全弹性碰撞，动量和动能守恒，则

$$m_1 \boldsymbol{v}_{10} + m_2 \boldsymbol{v}_{20} = m_1 \boldsymbol{v}_1 + m_2 \boldsymbol{v}_2, \tag{a}$$

$$\frac{1}{2} m_1 v_{10}^2 + \frac{1}{2} m_2 v_{20}^2 = \frac{1}{2} m_1 v_1^2 + \frac{1}{2} m_2 v_2^2. \tag{b}$$

根据本题条件，有 $m_1 = m_2, \boldsymbol{v}_{10} \cdot \boldsymbol{v}_{20} = 0$.

对动量守恒公式(a) 和动能守恒公式(b) 的两边平方，容易得

$$\boldsymbol{v}_1 \cdot \boldsymbol{v}_2 = 0,$$

即碰撞后的速度也相互垂直.

本章提要

本章介绍了功、保守力、动能和势能等基本概念、质点和质点系的动能定理以及与它们对应的机械能守恒定律.本章还介绍了两体碰撞过程中的动能问题.

(1) 力的元功和总功

元功 $\mathrm{d}A = \boldsymbol{F} \cdot \mathrm{d}\boldsymbol{r}$.

总功 $A = \int_A^B \boldsymbol{F} \cdot \mathrm{d}\boldsymbol{r}$.

(2) 质点和质点系的动能定理

质点动能定理的微分形式 $\mathrm{d}A = \mathrm{d}\left(\frac{1}{2}mv^2\right)$.

质点动能定理的积分形式 $A = \frac{1}{2}mv^2 - \frac{1}{2}mv_0^2$.

质点系动能定理的微分形式

$$\mathrm{d}A_{外} + \mathrm{d}A_{内} = \mathrm{d}T.$$

体系合外力做功为 $\mathrm{d}A_{外} = \sum_{i=1}^{N} \boldsymbol{F}_i \cdot \mathrm{d}\boldsymbol{r}_i$,体系总内力做功为

$$\mathrm{d}A_{内} = \sum_{i=1}^{N} \sum_{j=1, j \neq i}^{N} \boldsymbol{f}_{ij} \cdot \mathrm{d}\boldsymbol{r}_i.$$

质点系动能定理的积分形式 $A_{外} + A_{内} = T - T_0$.

(3) 保守力和势能

保守力做功与路径无关,它和势能满足关系式

$$\mathrm{d}A = -\mathrm{d}V.$$

重力势能,选地面为零势能点

$$V = mgh.$$

万有引力势能,选无穷远处为零势能点

$$V = -Gm_1m_2\frac{1}{r}.$$

弹簧的弹性势能,弹簧原长为零势能点

$$V = -A = \frac{1}{2}kx^2.$$

(4) 质点系的机械能守恒定律

质点系动能定理的微分形式 $\mathrm{d}A_{外}+\mathrm{d}A_{内}=\mathrm{d}T$.

质点系动能定理的积分形式 $V+T=V_0+T_0$.

质点系的机械能守恒条件：当所有外力和内力都为保守力时或者只有保守力做功.

(5) 两体碰撞

柯尼希定理

$$T=\frac{1}{2}\sum_{i=1}^{N}m_i\boldsymbol{v}_i^2=\frac{1}{2}\sum_{i=1}^{N}m_iv_c^2+\frac{1}{2}\sum_{i=1}^{N}m_iv'^2_i$$

两体碰撞的动能表达式 $T=\frac{1}{2}mv_c^2+\frac{1}{2}\mu u^2$

两体碰撞的恢复系数 $e\equiv\frac{|\boldsymbol{u}|}{|\boldsymbol{u}_0|}=\frac{|\boldsymbol{v}_1-\boldsymbol{v}_2|}{|\boldsymbol{v}_{10}-\boldsymbol{v}_{20}|}$.

三类碰撞：

完全弹性碰撞，体系相对质心的动能没损失.

$$e\equiv\frac{|\boldsymbol{u}|}{|\boldsymbol{u}_0|}=1\text{ ，此时 }\Delta T=\frac{1}{2}\mu u^2-\frac{1}{2}\mu u_0^2=0.$$

完全非弹性碰撞，体系相对质心的动能全部损失.

$$e\equiv\frac{|\boldsymbol{u}|}{|\boldsymbol{u}_0|}=0\text{ ，此时 }\Delta T=-\frac{1}{2}\mu u_0^2.$$

非完全弹性碰撞，体系相对质心的动能部分损失.

$$0<e\equiv\frac{|\boldsymbol{u}|}{|\boldsymbol{u}_0|}<1\text{，此时 }\Delta T=-\frac{1}{2}(1-e^2)\mu u_0^2.$$

习　题

3.1 质点质量为 m，在力 $F=kt$ 作用下，其中 k 为常数，物理量单位采用国际标准. 质点从静止开始做一维运动，当运动时间为 t 时，求该力在这段时间内的做功是多少.

3.2 一个物体受到了 $F=kx^3$ 的力作用，在 x 方向做一维运动，其中 k 为常数，x 为物体距原点的距离，物理量单位采用国际标准. 求物体从距离原点为 a 的地方移动到距原点为 b 的地方时，力 F 做的功.

3.3 一个物体的质量为 m，在倾斜角为 α 的斜面顶端开始下滑至斜面底部，该斜面的高度为 h，物体与斜面之间的动摩擦因数为 μ. 求该段过程中物体克服摩擦力所做的功.

3.4 质点的质量为 m，在力 $\boldsymbol{F}=a\boldsymbol{i}+bx\boldsymbol{j}$ 作用下运动，其中 a 和 b 为常数. 质点的初始位置为 $\boldsymbol{r}_0=0$，初始速度为 $\boldsymbol{v}_0=v_0\boldsymbol{i}$. 求在开始运动的时间 t 内，该力对质点做的功.

3.5 质量为 m 的质点在保守力 $F(x)$ 作用下，沿着 x 轴运动. 已知其势能为 $V=Ax^2(B-x)$，其中 A 和 B 为正常数. 求：

(1)质点受到的保守力 $F(x)$；

(2)体系的平衡点位置.

3.6 一个物体质量为 m，将其放置于光滑的水平地面上. 现用两个同方向的外力去拉物体，使得该物体从静止开始做直线运动. 设其中一个外力与运动距离成正比，即 $F_1=kx$，其中 k 为常数，$F=kt$ 为物体距离出发点的距离. 另一个外力为恒定的力，大小为 F_2. 则物体从出发点开始运动长度为 l 时，该物体的速度为多少.

3.7 一个质点在一个固定球面的顶端从静止开始下滑，设球面光滑，半径为 R. 请问质点滑到球面的什么位置时会脱离球面？

3.8 质量为 M 的木块静止在光滑的水平面上，一个质量为 m 的子弹以速率 v_0 水平射入木块内，并与木块一起运动. 求：

(1)木块对子弹作用力的功；

(2)子弹对木块作用力的功；

(3)子弹和木块组成的体系机械能损失.

3.9 两个质量分别为 m_1 和 m_2 的物体静止在光滑的水平面上，用一个劲度系数为 k 的弹簧相连接，开始时弹簧处于自由状态. 现有一个质量为 m_0，速率为 v_0 的子弹水平射入 m_1 内，当弹簧第一次被压缩到最短距离时，此时求：

(1)两个物体和子弹的速度为多少；

(2)两个物体和子弹组成的体系机械能的损失.

3.10 设氢原子核的质量为 m，并且假设静止不动. 核外电子质量为 m_e，绕核运动的半径为 r_0，电子电量为 e. 则求：

(1)电子的动能；

(2)若规定无穷远为零势能点，求电子的电势能；

(3)若将电子电离，则至少需要多少能量.

3.11 一个质量为 m_{A} 的钢球 A 以 v_{A} 速率撞击一个静止的、质量为 m_{B} 的钢球 B，撞击后 A 钢球的速率变为 v'_{A}. 设碰撞是完全弹性的斜碰，求碰撞后 A 速度的改变方向和 B 的速率.

3.12 半径均为 R、质量均为 m 的 3 个完全相同的弹性钢球 A,B 和 C 放在光滑的水平地面上. 钢球 B 和 C 静止相互紧靠在一起, A 钢球以速度 v_0 沿着 B 和 C 两球中心连线的中垂线方向朝两球运动. 求碰撞后 3 个钢球的速度分别为多少.

第4章　角动量

本章介绍质点和质点系的角动量. 质点系的角动量规律可从单个质点的相应规律对体系的质点求和获得. §4.1介绍质点的角动量的概念和表达式、质点的角动量定理, §4.2介绍质点系的角动量和角动量定理.

§4.1　质点的角动量

力学体系的角动量通过力矩产生变化. 力矩导致物体的角动量的改变,即角动量定理. 角动量定理可通过牛顿第二定律推导获得,它实际上是牛顿第二定律经过一次积分后的结果,本节将介绍单个质点的角动量概念和角动量定理.

4.1.1　质点角动量的表示

视频 4.1.1

1. 质点角动量的引入

我们先考虑角动量的引入. 在行星的运动中,开普勒第二定律可表达为相等时间内半径扫过的面积相等,如图 4.1.1 所示.

在开普勒第二定律中,出现了面积这个守恒量. 那么,从物理角度来看的话,这个守恒量又代表了什么呢? 我们接下来考察这个问题. 如图 4.1.2 所示,设行星在 Δt 时间内,矢径从 $\boldsymbol{r}$ 变化为 $\boldsymbol{r}'$,则在该段时间内,面积可表达为

$$\Delta A=\frac{1}{2}\boldsymbol{r}\times\Delta\boldsymbol{r},$$

对时间取极限,可得

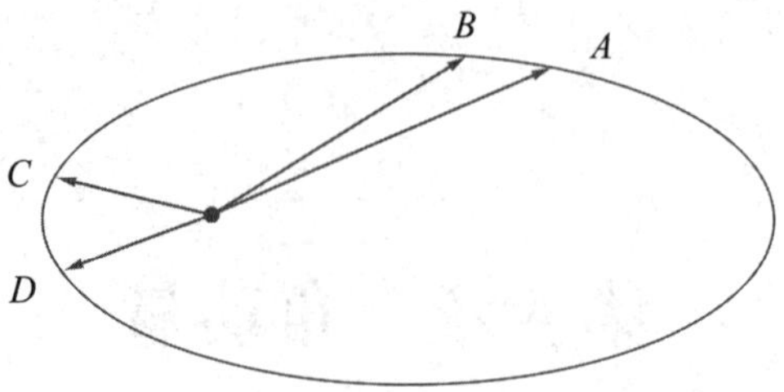

图 4.1.1　开普勒第二定律示意

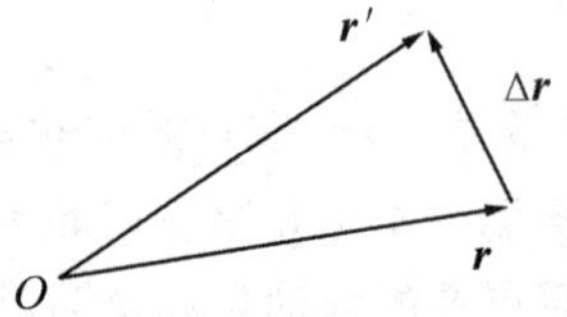

图 4.1.2　行星矢径扫过的面积

$$\lim_{\Delta t\to 0}\frac{\Delta A}{\Delta t}=\frac{1}{2}\lim_{\Delta t\to 0}\frac{\boldsymbol{r}\times\Delta\boldsymbol{r}}{\Delta t}=\frac{\boldsymbol{r}}{2}\times\lim_{\Delta t\to 0}\frac{\Delta\boldsymbol{r}}{\Delta t}=\frac{1}{2}\boldsymbol{r}\times\boldsymbol{v}.$$

根据开普勒第二定律，则 $\boldsymbol{r}\times\boldsymbol{v}$ 为一个常矢量，即

$\boldsymbol{L}=\boldsymbol{r}\times m\boldsymbol{v}=\boldsymbol{r}\times\boldsymbol{p}$ 为一个常矢量.

守恒量 $\boldsymbol{L}$ 称为角动量. 质点的角动量是矢量，它等于质点的位置矢量叉乘该质点的动量. 角动量的数学表达式为

$$\boldsymbol{L}=\boldsymbol{r}\times m\boldsymbol{v}=\boldsymbol{r}\times\boldsymbol{p}. \tag{4.1.1}$$

方向：两矢量构成平面的法向方向.

大小：满足 $rmv\sin\alpha$，角度为两矢量夹角.

质点的角动量是一个很重要的物理量，它反映了质点的转动性质. 虽然质点角动量是质点的位置矢量和动量的叉乘结果，但对于质点的平面运动而言，其角动量是垂直于这两个矢量所构成的平面，即转动平面，如图 4.1.3 所示. 此时，角动量是一维的.

2. 角动量在不同坐标系中的表示

角动量的矢量定义式可根据矢量规则进行求解. 在处理具体问题时，我们需要建立坐标系，质点的角动量可在具体坐标系中表示.

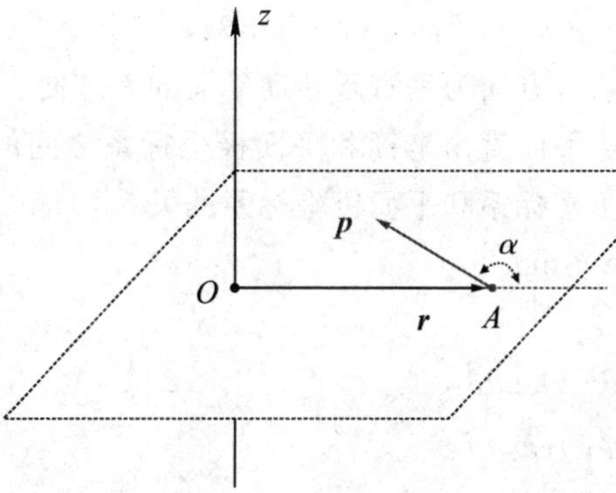

图 4.1.3　角动量的表示

直角坐标系

$$\begin{aligned} \boldsymbol{L} &= \boldsymbol{r}\times m\boldsymbol{v}=\boldsymbol{r}\times\boldsymbol{p}=(x\boldsymbol{i}+y\boldsymbol{j}+z\boldsymbol{k})\times(p_x\boldsymbol{i}+p_y\boldsymbol{j}+p_z\boldsymbol{k}) \\ &=(x\boldsymbol{i}+y\boldsymbol{j}+z\boldsymbol{k})\times p_x\boldsymbol{i}+(x\boldsymbol{i}+y\boldsymbol{j}+z\boldsymbol{k})\times p_y\boldsymbol{j}+(x\boldsymbol{i}+y\boldsymbol{j}+z\boldsymbol{k})\times p_z\boldsymbol{k} \\ &=(y\boldsymbol{j}+z\boldsymbol{k})\times p_x\boldsymbol{i}+(x\boldsymbol{i}+z\boldsymbol{k})\times p_y\boldsymbol{j}+(x\boldsymbol{i}+y\boldsymbol{j})\times p_z\boldsymbol{k} \\ &=(-yp_x\boldsymbol{k}+zp_x\boldsymbol{j})+(xp_y\boldsymbol{k}-zp_y\boldsymbol{i})+(-xp_z\boldsymbol{j}+yp_z\boldsymbol{i}) \\ &=(yp_z-zp_y)\boldsymbol{i}+(zp_x-xp_z)\boldsymbol{j}+(xp_y-yp_x)\boldsymbol{k}. \end{aligned} \tag{4.1.2}$$

一般情况下,角动量为三维矢量. 但是,如果质点的位置矢量和动量在同一平面内,则角动量为一维矢量,此时因为 $p_z=z=0$,角动量的表达式(4.1.2)可简化为

$$\boldsymbol{L}=(xp_y-yp_x)\boldsymbol{k}. \tag{4.1.3}$$

平面极坐标系

平面极坐标即属于二维情况. 在平面极坐标系中,单位矢量如图 4.1.4 所示. 则角动量可表达为

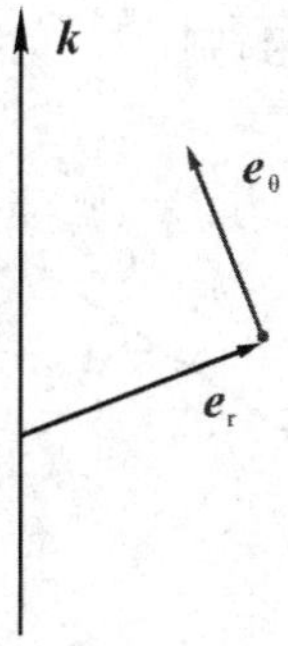

图 4.1.4　平面极坐标的单位矢量

$$\boldsymbol{L}=\boldsymbol{r}\times m\boldsymbol{v}=r\boldsymbol{e}_{\mathrm{r}}\times m(\dot{r}\,\boldsymbol{e}_{\mathrm{r}}+r\dot{\theta}\,\boldsymbol{e}_{\theta})=mr^{2}\dot{\theta}\,\boldsymbol{k}. \tag{4.1.4}$$

(4.1.4)式表明角动量方向为垂直于转动平面的 $\boldsymbol{k}$ 方向.

实际上,我们也可从平面直角坐标和平面极坐标系之间的关系来推导获得上面结果.根据平面直角坐标系和平面极坐标系的关系,如图 4.1.5 所示,则有

$$x=r\cos\theta,\ y=r\sin\theta.$$

对其求导,得

$$v_x=\dot{x}=\dot{r}\cos\theta-r\sin\theta\,\dot{\theta},$$

$$v_y=\dot{y}=\dot{r}\sin\theta+r\cos\theta\,\dot{\theta}.$$

代入角动量表达式,得

$$\boldsymbol{L}=(xp_y-yp_x)\boldsymbol{k}=m(xv_y-yv_x)\boldsymbol{k}$$

$$=mr\cos\theta(r\sin\theta+r\cos\theta\,\dot{\theta})\boldsymbol{k}-mr\sin\theta(r\cos\theta-r\sin\theta\,\dot{\theta})\boldsymbol{k}=mr^{2}\dot{\theta}\,\boldsymbol{k}.$$

此结果与平面极坐标系(4.1.4)式的结果一致.

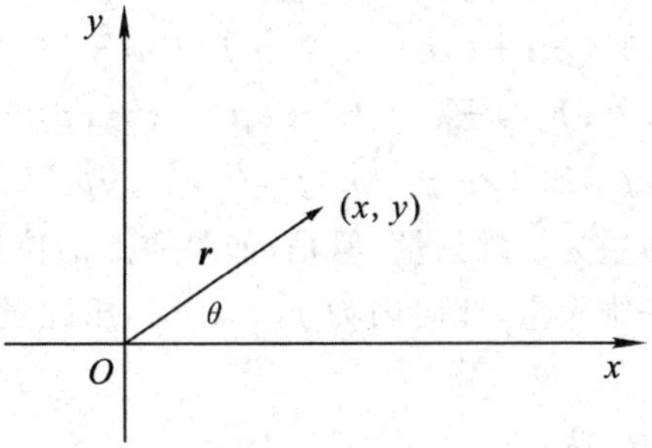

图 4.1.5　平面直角坐标和平面极坐标

自然坐标系

对于自然坐标系,我们仅限于平面情况.在自然坐标系中,若质点的位置矢量和速度之间夹角如图 4.1.6 所示,则

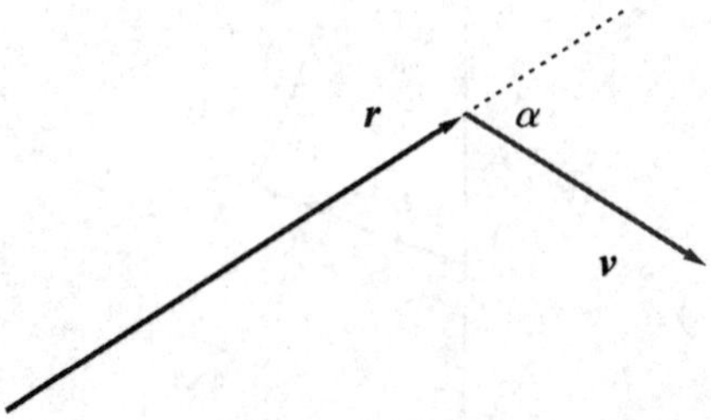

图 4.1.6　自然坐标系中的位置矢量和速度

$$\boldsymbol{L}=\boldsymbol{r}\times m\boldsymbol{v}=\boldsymbol{r}\times mv\boldsymbol{e}_{\mathrm{t}}=mrv\sin\alpha\boldsymbol{k}.$$

在具体问题的求解时，选取何种坐标系要看具体情况，请看下面的一个例题.

［**例题 4.1.1**］ 质点的质量为 m，其位矢为 $\boldsymbol{r}=a\cos\omega t\boldsymbol{i}+b\sin\omega t\boldsymbol{j}$，则该质点对原点的角动量是否守恒？如果守恒，则等于多少？

解 根据角动量定义 $\boldsymbol{L}=\boldsymbol{r}\times \mathrm{m}\boldsymbol{v}$，我们先求速度.

因为 $\boldsymbol{r}=a\cos\omega t\boldsymbol{i}+b\sin\omega t\boldsymbol{j}$，得

$$\boldsymbol{v}=\frac{\mathrm{d}\boldsymbol{r}}{\mathrm{d}t}=-a\omega\sin\omega t\boldsymbol{i}+b\omega\cos\omega t\boldsymbol{j}. \tag{a}$$

将(a)式代入角动量表达式，有

$$\begin{aligned}\boldsymbol{L}&=\boldsymbol{r}\times m\boldsymbol{v}\\&=(a\cos\omega t\boldsymbol{i}+b\sin\omega t\boldsymbol{j})\times m(-a\omega\sin\omega t\boldsymbol{i}+b\omega\cos\omega t\boldsymbol{j})\\&=mab\omega\sin^2\omega t\boldsymbol{k}+mab\omega\cos^2\omega t\boldsymbol{k}\\&=mab\omega\boldsymbol{k}.\end{aligned} \tag{b}$$

在本题条件下，质点的角动量守恒. 角动量一般可根据定义式求解，解题时要特别注意角动量与参考点的相关性.

4.1.2 质点角动量定理及其守恒律

视频 4.1.2

1. 角动量定理

质点的角动量变化规律与什么物理量相关呢？对于质点的角动量变化关系，显然应该从牛顿第二定律出发去寻找.

我们从 $\boldsymbol{L}=\boldsymbol{r}\times m\boldsymbol{v}$ 和 $\boldsymbol{F}=m\dfrac{\mathrm{d}\boldsymbol{v}}{\mathrm{d}t}$出发，对牛顿第二定律进行改写，有.

$$\boldsymbol{r}\times\boldsymbol{F}=\boldsymbol{r}\times\frac{\mathrm{d}(m\boldsymbol{v})}{\mathrm{d}t}.$$

我们希望能改写成与牛顿第二定律类似的形式，因此做如下运算：

$$\frac{\mathrm{d}(\boldsymbol{r}\times m\boldsymbol{v})}{\mathrm{d}t}=\frac{\mathrm{d}\boldsymbol{r}}{\mathrm{d}t}\times(m\boldsymbol{v})+\boldsymbol{r}\times\frac{\mathrm{d}(m\boldsymbol{v})}{\mathrm{d}t}=\boldsymbol{r}\times\frac{\mathrm{d}(m\boldsymbol{v})}{\mathrm{d}t}.$$

这里利用了$\dfrac{\mathrm{d}\boldsymbol{r}}{\mathrm{d}t}\times(m\boldsymbol{v})=0$.

因此，得

$$\boldsymbol{r}\times\boldsymbol{F}=\frac{\mathrm{d}(\boldsymbol{r}\times m\boldsymbol{v})}{\mathrm{d}t}=\frac{\mathrm{d}\boldsymbol{L}}{\mathrm{d}t}.$$

该公式的左边为质点的位置矢量和受力的叉乘，如图 4.1.7 所示.

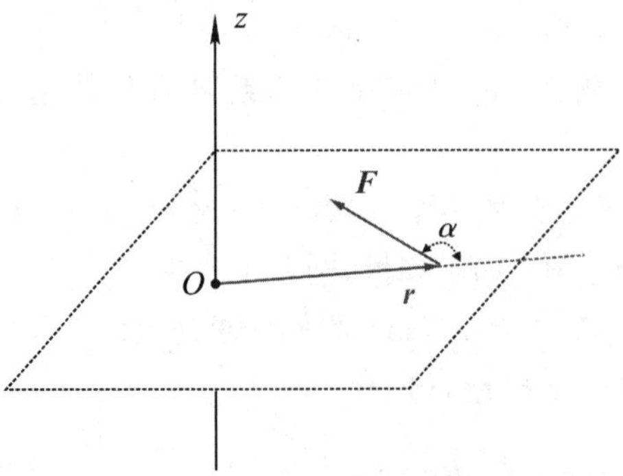

图 4.1.7　力矩的示意

定义力矩为

$$\boldsymbol{M}=\boldsymbol{r}\times\boldsymbol{F}. \tag{4.1.5}$$

力矩为矢量，它包括大小和方向，满足叉乘规则. 其中，

方向：两矢量构成平面的法向方向，满足右手螺旋关系.

大小：满足 $rF\sin\alpha$，角度 α 为两矢量夹角.

公式可改写为一个与牛顿第二定律类似的简洁形式，即角动量定理 $\boldsymbol{M}=\frac{\mathrm{d}\boldsymbol{L}}{\mathrm{d}t}$. 因此，可得角动量定理的微分形式为

$$\mathrm{d}\boldsymbol{L}=\boldsymbol{M}\mathrm{d}t. \tag{4.1.6}$$

对(4.1.6)式两边积分，得角动量定理的积分形式为

$$\boldsymbol{L}-\boldsymbol{L}_0=\int_0^t\boldsymbol{M}\mathrm{d}t. \tag{4.1.7}$$

(4.1.6)和(4.1.7)式统称为对定点的角动量定理，是矢量表达式. 下面，我们通过例题来进一步介绍角动量定理的相关情况.

[例题 4.1.2]　质点的质量为 m，位置矢量为 $\boldsymbol{r}=a\cos\omega t\boldsymbol{i}+b\sin\omega t\boldsymbol{j}$，则该质点对坐标原点的力矩为多少?

解　先求质点加速度，易知

$$\boldsymbol{v}=\frac{\mathrm{d}\boldsymbol{r}}{\mathrm{d}t}=-a\omega\sin\omega t\boldsymbol{i}+b\omega\cos\omega t\boldsymbol{j}.$$

根据牛顿第二定律，有

$$\boldsymbol{F}=m\frac{\mathrm{d}\boldsymbol{v}}{\mathrm{d}t}=-am\omega^2\cos\omega t\boldsymbol{i}-bm\omega^2\sin\omega t\boldsymbol{j}.$$

因此，得

$$\boldsymbol{r}\times\boldsymbol{F}=-\boldsymbol{r}\times m(a\omega^2\cos\omega t\boldsymbol{i}+b\omega^2\sin\omega t\boldsymbol{j})=-\boldsymbol{r}\times m\omega^2\boldsymbol{r}=0.$$

该力指向原点，与位置矢量在一条直线上，因此该力矩为零.

［**例题 4.1.3**］ 质量为 m 的质点受到两个力作用，一个是中心力 $\boldsymbol{f}_1=f(r)\boldsymbol{e}_r$，另外一个是摩擦力 $\boldsymbol{f}_2=-\lambda\boldsymbol{v}$，其中 $\boldsymbol{v}$ 是质点的速度. 如该质点初始时对 $\boldsymbol{r}=0$ 点的角动量是 $\boldsymbol{L}_0$，则求任意时刻 t 时该质点的角动量.

解 根据运动微分方程在极坐标中的表达，得

$$m(\ddot{r}-r\dot{\theta}^2)=f(r)-\lambda\dot{r}. \tag{a}$$

$$m(r\ddot{\theta}+2\dot{r}\dot{\theta})=-\lambda r\dot{\theta}. \tag{b}$$

将横向方程(b)式改写为$\dfrac{1}{r}\dfrac{\mathrm{d}(mr^2\dot{\theta})}{\mathrm{d}t}=-\lambda r\dot{\theta}$.

因为在极坐标中角动量为 $L=mr^2\dot{\theta}$，则

$$\frac{\mathrm{d}L}{\mathrm{d}t}=-\frac{\lambda}{m}L. \tag{c}$$

对(c)式进行变量分离并积分，得

$$\boldsymbol{L}=\boldsymbol{L}_0\mathrm{e}^{-\frac{\lambda}{m}t}. \tag{d}$$

讨 论

本题也可不采用具体坐标系进行求解.

因为 $\boldsymbol{M}=\boldsymbol{r}\times(\boldsymbol{f}_1+\boldsymbol{f}_2)=\boldsymbol{r}\times[f(r)\boldsymbol{e}_r-\lambda\boldsymbol{v}]=-\lambda\boldsymbol{r}\times\boldsymbol{v}$，

即 $\boldsymbol{M}=\boldsymbol{r}\times(\boldsymbol{f}_1+\boldsymbol{f}_2)=\boldsymbol{r}\times[f(r)\boldsymbol{e}_r-\lambda\boldsymbol{v}]=-\dfrac{\lambda}{m}\boldsymbol{L}$.

根据角动量定理矢量形式 $\boldsymbol{M}=\dfrac{\mathrm{d}\boldsymbol{L}}{\mathrm{d}t}$，有

$$-\frac{\lambda}{m}\boldsymbol{L}=\frac{\mathrm{d}\boldsymbol{L}}{\mathrm{d}t}.$$

分离变量后，两边做定积分，根据初始条件可得

$$\boldsymbol{L}=\boldsymbol{L}_0\mathrm{e}^{-\frac{\lambda}{m}t}.$$

由此可见，矢量解法显得更加直接和简洁.

2. 角动量守恒及其条件

根据角动量定理的微分和积分形式，即 $\mathrm{d}\boldsymbol{L}=\boldsymbol{M}\mathrm{d}t$ 和 $\boldsymbol{L}-\boldsymbol{L}_0=\int_0^t\boldsymbol{M}\mathrm{d}t$. 可知，当 $\boldsymbol{M}=0$ 时，$\boldsymbol{L}=\boldsymbol{L}_0$，即质点的角动量守恒.

下面通过一个例子来说明角动量守恒情况.

［**例题 4.1.4**］ 开普勒第二定律其实描述了角动量守恒情况，在这里力矩如何计算？

解 物体受到一个万有引力作用,以力心为原点建立极坐标系,则

$$\boldsymbol{M}=\boldsymbol{r}\times f(r)\boldsymbol{e}_{\mathrm{r}}=0.$$

因此对原点的角动量守恒.

视频 4.1.3

4.1.3 角动量定理的分量表达式

角动量定理的分量表达式即为对固定轴的角动量定理. 此时需要将角动量和力矩均分解到固定轴方向上. 我们一般选取 z 轴作为固定轴. 先考察力矩对固定轴的分量表达,如图 4.1.8 所示. 我们将位置矢量和力均分解到平行于轴的方向和垂直于轴的方向,然后根据运算规则进行计算.

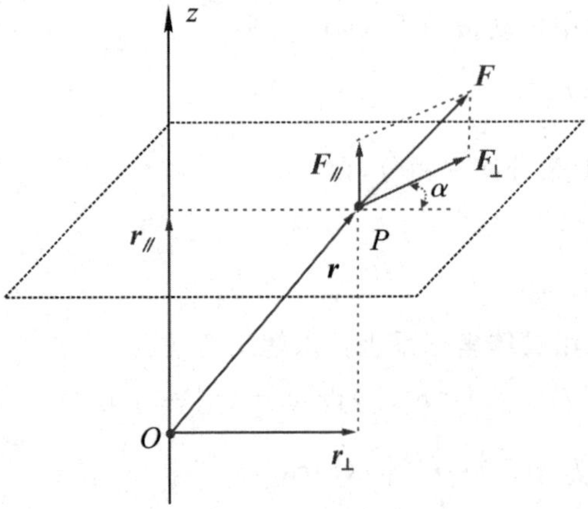

图 4.1.8 力矩的 z 轴分量

$$\begin{aligned}\boldsymbol{M}&=\boldsymbol{r}\times\boldsymbol{F}\\&=(\boldsymbol{r}_{\perp}+\boldsymbol{r}_{/\!/})\times(\boldsymbol{F}_{\perp}+\boldsymbol{F}_{/\!/})\\&=\boldsymbol{r}_{\perp}\times\boldsymbol{F}_{\perp}+\boldsymbol{r}_{\perp}\times\boldsymbol{F}_{/\!/}+\boldsymbol{r}_{/\!/}\times\boldsymbol{F}_{\perp}+\boldsymbol{r}_{/\!/}\times\boldsymbol{F}_{/\!/}\\&=\boldsymbol{r}_{\perp}\times\boldsymbol{F}_{\perp}+\boldsymbol{r}_{\perp}\times\boldsymbol{F}_{/\!/}+\boldsymbol{r}_{/\!/}\times\boldsymbol{F}_{\perp}.\end{aligned}$$

其中,$\boldsymbol{r}_{\perp}\times\boldsymbol{F}_{/\!/}$和$\boldsymbol{r}_{/\!/}\times\boldsymbol{F}_{\perp}$均与 z 轴垂直,因此 z 轴分量为

$$M_z=r_{\perp}F_{\perp}\sin\alpha. \tag{4.1.8}$$

对于定点的力矩,它与参考点 O 点选取相关. 但对该力矩在 z 轴上的分量,我们发现该分量大小与 O 点位置无关,只要 O 点在 z 轴上即可. 因此,力矩对 z 轴的分量也称为该力对固定轴的力矩.

角动量对固定轴的分量,如图 4.1.9 所示,则

$$\begin{aligned}\boldsymbol{L}&=\boldsymbol{r}\times\boldsymbol{p}\\&=(\boldsymbol{r}_{\perp}+\boldsymbol{r}_{/\!/})\times(\boldsymbol{p}_{\perp}+\boldsymbol{p}_{/\!/})\end{aligned}$$

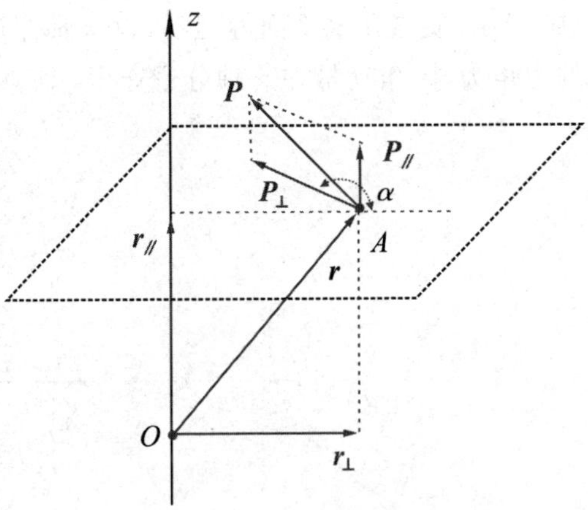

图 4.1.9　角动量的分量形式

$$=\boldsymbol{r}_\perp\times\boldsymbol{p}_\perp+\boldsymbol{r}_\perp\times\boldsymbol{p}_{/\!/}+\boldsymbol{r}_{/\!/}\times\boldsymbol{p}_\perp+\boldsymbol{r}_{/\!/}\times\boldsymbol{p}_{/\!/}$$
$$=\boldsymbol{r}_\perp\times\boldsymbol{p}_\perp+\boldsymbol{r}_\perp\times\boldsymbol{p}_{/\!/}+\boldsymbol{r}_{/\!/}\times\boldsymbol{p}_\perp.$$

其中，$\boldsymbol{r}_\perp\times\boldsymbol{p}_{/\!/}$和$\boldsymbol{r}_{/\!/}\times\boldsymbol{p}_\perp$均与 z 轴垂直，因此 z 轴分量为

$$L_z=r_\perp p_\perp\sin\alpha. \tag{4.1.9}$$

对于定点的角动量，它与参考点 O 点选取相关. 但对该角动量在 z 轴上的分量，它的大小与 O 点位置无关，只要 O 点在 z 轴上即可. 因此对 z 分量也称为质点对固定轴的角动量.

对固定轴的角动量定理的微分形式为

$$\mathrm{d}L_z=M_z\mathrm{d}t. \tag{4.1.10}$$

积分形式为

$$L_z-L_{0z}=\int_0^t M_z\mathrm{d}t. \tag{4.1.11}$$

根据(4.1.11)式可得在固定轴情况下的角动量守恒定律，即当 $M_z=0$ 时，有

$$L_z=L_{0z}. \tag{4.1.12}$$

对于质点的平面运动情况，角动量和力矩均为一维的，此时角动量定理和守恒律均等同于固定轴的情况. 下面我们通过一个例子加深对角动量定理及其守恒律的理解.

[例题 4.1.5]　质量为 m 的质点在有心斥力 $f=\dfrac{mc}{r^3}$作用下运动，r 为质点到力心 O 的距离，c 为常数. 当质点离 O 点很远时，质点的速度为 v_∞，而其渐近线与 O 点的垂直距离为 ρ，试求质点与 O 点的最近距离.

解 如图 4.1.10 所示. 质点在水平面内运动，设 z 轴穿过 O 点垂直于水平面，有心力对 z 轴的力矩为零，角动量在 z 轴分量守恒，即

$$mav = m\rho v_\infty. \tag{a}$$

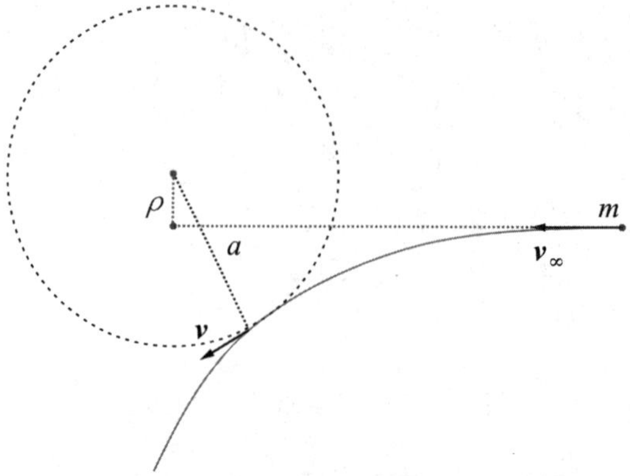

图 4.1.10 例题 4.1.5 示意

在无穷远处到最近距离这个过程中机械能守恒或者说克服保守力的做功等于动能的减少，即

$$W = \int_\infty^a \frac{mc}{r^3}\mathrm{d}r = -\frac{mc}{2r^2}\bigg|_\infty^a = -\frac{mc}{2a^2}. \tag{b}$$

根据动能定理 $T = \frac{1}{2}mv^2 - \frac{1}{2}mv_\infty^2$. 将(b)式代入，即得

$$-\frac{c}{a^2} = v^2 - v_\infty^2. \tag{c}$$

将(a)式代入(c)式，得

$$a = \sqrt{\rho^2 + \frac{c}{v_\infty^2}}. \tag{d}$$

一般情况下，角动量定理及其守恒律是三维的，但当质点做平面运动时，角动量定理及其守恒律简化为一维. 一维情况即为固定轴情况，需要根据固定轴的角动量定理及其守恒律求解. 在解题过程中，往往是能量和角动量一起考虑.

§4.2　质点系的角动量

质点系的角动量的相关规律可通过单个质点的角动量规律推导得到.本节将介绍质点系的角动量规律,特别是它与单个质点的角动量规律的共同点与区别.

4.2.1　质点系的角动量定理

视频 4.2.1

1.质点系角动量定理的推导

考虑一个力学体系,由 N 个质点组成,设第 i 个质点所受到的外力为 $\boldsymbol{F}_i$,受到第 j 个质点给它的内力为 $\boldsymbol{f}_{ij}$,第 i 个质点的坐标为 $\boldsymbol{r}_i$,速度为 $\boldsymbol{v}_i$,其质量为 m_i,如图 4.2.1 所示.则对第 i 个质点应用角动量定理,有

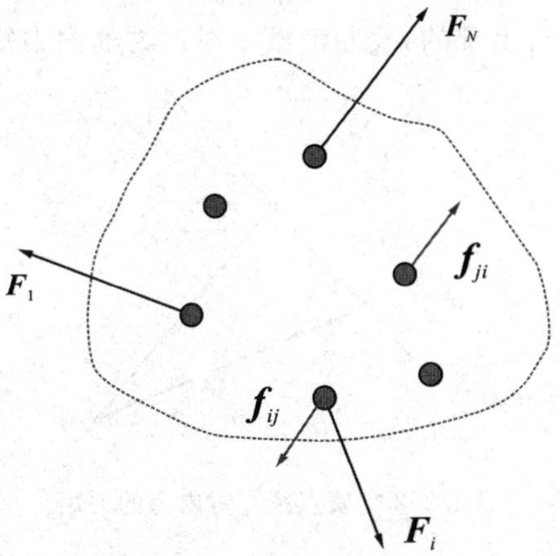

图 4.2.1　质点系示意

$$\mathrm{d}\boldsymbol{L}_i=\boldsymbol{M}_i\mathrm{d}t.$$

对所有质点求和,得

$$\sum_{i=1}^{N}\mathrm{d}\boldsymbol{L}_i=\sum_{i=1}^{N}\boldsymbol{M}_i\mathrm{d}t,$$

体系的总角动量为

$$\boldsymbol{L}=\sum_{i=1}^{N}\boldsymbol{L}_i,$$

体系的总力矩为

$$\boldsymbol{M}=\sum_{i=1}^{N}\boldsymbol{M}_i.$$

则得质点系的角动量定理的微分形式为

$$\mathrm{d}\boldsymbol{L}=\boldsymbol{M}\mathrm{d}t. \tag{4.2.1}$$

质点系的角动量定理的积分形式为

$$\boldsymbol{L}-\boldsymbol{L}_0=\int_0^t\boldsymbol{M}\mathrm{d}t. \tag{4.2.2}$$

质点系的角动量定理在形式上与单个质点的角动量定理是类似的.此时,可将质点系视为一个质点,质点系的角动量变化为体系总力矩在时间上的累积,体系的总角动量为所有质点的角动量之和.对于体系的总力矩,在原则上要考虑其所有的内力和外力的力矩,现考察如下:

$$\boldsymbol{M}=\sum_{i=1}^{N}\boldsymbol{M}_i=\sum_{i=1}^{N}\boldsymbol{r}_i\times\Big(\boldsymbol{F}_i+\sum_{j=1,j\neq i}^{N}\boldsymbol{f}_{ij}\Big).$$

体系内力总是成对出现的,我们考察一对内力的内力矩,如图 4.2.2 所示.

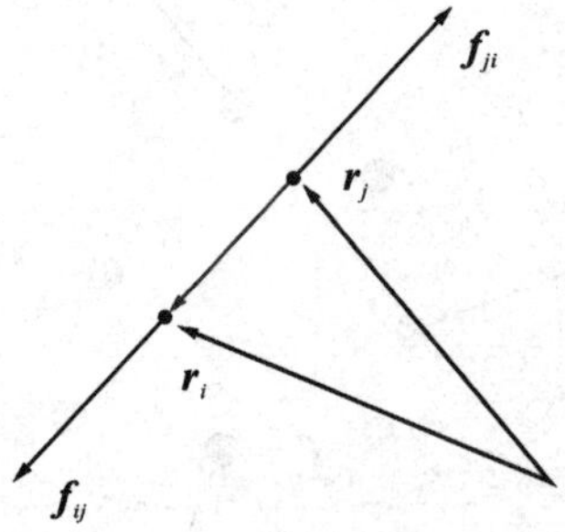

图 4.2.2　质点系一对内力的力矩

该对内力的力矩为

$$\begin{aligned}\boldsymbol{r}_i\times\boldsymbol{f}_{ij}+\boldsymbol{r}_j\times\boldsymbol{f}_{ji}&=\boldsymbol{r}_i\times\boldsymbol{f}_{ij}-\boldsymbol{r}_j\times\boldsymbol{f}_{ij}\\&=(\boldsymbol{r}_i-\boldsymbol{r}_j)\times\boldsymbol{f}_{ij}\\&=\boldsymbol{r}_{ij}\times\boldsymbol{f}_{ij}=0.\end{aligned}$$

因此质点系的所有内力的合力矩为零,则

$$\sum_{i=1}^{N}\boldsymbol{M}_i=\sum_{i=1}^{N}\boldsymbol{r}_i\times(\boldsymbol{F}_i+\sum_{j=1,j\neq i}^{N}\boldsymbol{f}_{ij})=\sum_{i=1}^{N}\boldsymbol{r}_i\times\boldsymbol{F}_i.$$

因此质点系的总力矩为

$$\boldsymbol{M} = \sum_{i=1}^{N} \boldsymbol{r}_i \times \boldsymbol{F}_i. \tag{4.2.3}$$

2.质点系对 z 轴的角动量定理和角动量守恒

与单质点情况类似,质点系对 z 轴的角动量定理可表达为

$$\mathrm{d}L_z = M_z \mathrm{d}t. \tag{4.2.4}$$

其中,M_z 是合外力的力矩在 z 轴的分量,即

$\boldsymbol{M} = \sum_{i=1}^{N} \boldsymbol{r}_i \times \boldsymbol{F}_i$ 在 z 轴的分量为

$$M_z = \sum_{i=1}^{N} \boldsymbol{r}_{\perp i} \times \boldsymbol{F}_{\perp i} = \sum_{i=1}^{N} r_{\perp i} F_{\perp i} \sin\alpha_i. \tag{4.2.5}$$

$\boldsymbol{r}_{\perp i}$ 为第 i 个质点垂直于 z 轴的位置矢量分量,$\boldsymbol{F}_{\perp i}$ 为第 i 个质点垂直于 z 轴的外力分量,α_i 为 $\boldsymbol{r}_{\perp i}$ 和 $\boldsymbol{F}_{\perp i}$ 所成的角. L_z 是角动量在 z 轴的分量.

$L = \sum_{i=1}^{N} \boldsymbol{r}_i \times \boldsymbol{p}_i$ 在 z 轴的分量为

$$L_z = \sum_{i=1}^{N} \boldsymbol{r}_{\perp i} \times \boldsymbol{p}_{\perp i} = \sum_{i=1}^{N} r_{\perp i} p_{\perp i} \sin\alpha_i. \tag{4.2.6}$$

$\boldsymbol{r}_{\perp i}$ 为第 i 个质点垂直于 z 轴的位置矢量分量,$\boldsymbol{p}_{\perp i}$ 为第 i 个质点垂直于 z 轴的外力分量,α_i 为 $\boldsymbol{r}_{\perp i}$ 和 $\boldsymbol{F}_{\perp i}$ 所成的角.

质点系在 z 轴的角动量守恒条件为

当 $M_z = 0$ 时,$L_z = L_{z0}$. (4.2.7)

某个方向的力矩为零,则该方向的角动量守恒.

4.2.2 质点系对定点的角动量定理应用

视频 4.2.2

下面我们通过一个例子来熟悉对质点系的角动量定理的理解和应用.

[例题 4.2.1] 在光滑的水平桌面上,有两个质量均为 m 的质点,用一根长度为 a 的不可伸长的轻绳连接. 两质点原先静止,$t = 0$ 时给一个质点垂直于绳方向的冲量 I_0. 求:

(1) 两个质点的动能之比;

(2) 体系的总动量、总角动量和总动能.

解 (1) 分析质点系的受力和运动. 质点绕质心做圆周运动,同时质心做平动,如图 4.2.3 所示. 质点系的动量、角动量和动能均守恒.

初始时刻质心速度为

$$2m\dot{y}_c = I_0, \quad 2m\dot{x}_c = 0. \tag{a}$$

体系初始动量为 $\boldsymbol{p}_0 = I_0 \boldsymbol{j}$

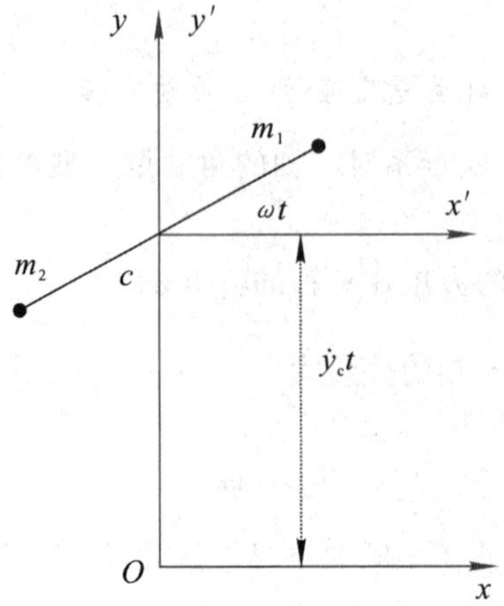

图 4.2.3　例题 4.2.1 示意

先求出质点 1 和 2 相对于质心的速度,再按照速度和角速度关系求解.

$$\dot{y}'_{10} = \dot{y}_{10} - \dot{y}_{c0} = \frac{I_0}{m} - \frac{I_0}{2m}, \tag{b}$$

$$\dot{y}'_{20} = \dot{y}_{20} - \dot{y}_{c0} = 0 - \frac{I_0}{2m}. \tag{c}$$

将(b) 和(c) 式代入角速度和线速度的关系式,得绕质心的角速度为

$$\omega = \omega_0 = \frac{\dot{y}_{10}}{r} = \frac{I_0}{ma}. \tag{d}$$

体系初始角动量为

$$\boldsymbol{L}_0 = \boldsymbol{r}_1 \times m\boldsymbol{v}_1 + \boldsymbol{r}_2 \times m\boldsymbol{v}_2 = \frac{a}{2} I_0 \boldsymbol{k}.$$

质点的运动方程为

$$x_1 = \frac{1}{2}a\cos\left(\frac{I_0 t}{ma}\right), \quad y_1 = \frac{I_0}{2m}t + \frac{1}{2}a\sin\left(\frac{I_0 t}{ma}\right), \tag{e}$$

$$x_2 = -\frac{1}{2}a\cos\left(\frac{I_0 t}{ma}\right), \quad y_2 = \frac{I_0}{2m}t - \frac{1}{2}a\sin\left(\frac{I_0 t}{ma}\right). \tag{f}$$

质点做旋轮线运动,根据运动方程(e) 和(f) 式,得它们的速度为

$$\dot{x}_1 = -\frac{I_0}{2m}\sin\left(\frac{I_0 t}{ma}\right), \quad \dot{y}_1 = \frac{I_0}{2m} + \frac{I_0}{2m}\cos\left(\frac{I_0 t}{ma}\right), \tag{g}$$

$$\dot{x}_2 = \frac{I_0}{2m}\sin\left(\frac{I_0 t}{ma}\right), \quad \dot{y}_2 = \frac{I_0}{2m} - \frac{I_0}{2m}\cos\left(\frac{I_0 t}{ma}\right). \tag{h}$$

因此,能量之比

$$\frac{T_1}{T_2}=\frac{\dot{x}_1^2+\dot{y}_1^2}{\dot{x}_2^2+\dot{y}_2^2}=\cot^2\left(\frac{I_0 t}{2ma}\right). \tag{i}$$

(2) 考察质点系的总动量. 根据速度表达式(g) 和(h),易得质点系的总动量为

$$\boldsymbol{p}=m\boldsymbol{v}_1+m\boldsymbol{v}_2=m(\dot{x}_1\boldsymbol{i}+\dot{y}_1\boldsymbol{j})+m(\dot{x}_2\boldsymbol{i}+\dot{y}_2\boldsymbol{j})=I_0\boldsymbol{j}=\boldsymbol{p}_0. \tag{j}$$

因此在这个过程中,体系的动量守恒.

再考察质点系的总角动量,根据速度表达式(g) 和(h) 以及位置矢量表达式(e) 和(f),则在直角坐标系对原点的角动量为

$$\begin{aligned}\boldsymbol{L}&=\boldsymbol{r}_1\times(m\boldsymbol{v}_1)+\boldsymbol{r}_2\times(m\boldsymbol{v}_2)\\&=(x_1\boldsymbol{i}+y_1\boldsymbol{j})\times(m\dot{x}_1\boldsymbol{i}+m\dot{y}_1\boldsymbol{j})+(x_2\boldsymbol{i}+y_2\boldsymbol{j})\times(m\dot{x}_2\boldsymbol{i}+m\dot{y}_2\boldsymbol{j})\\&=(mx_1\dot{y}_1-my_1\dot{x}_1)\boldsymbol{k}+(mx_2\dot{y}_2-my_2\dot{x}_2)\boldsymbol{k}\\&=\frac{I_0 a}{2}\cos^2\left(\frac{I_0 t}{ma}\right)\boldsymbol{k}+\frac{I_0 a}{2}\sin^2\left(\frac{I_0 t}{ma}\right)\boldsymbol{k}\\&=\frac{I_0 a}{2}\boldsymbol{k}=\boldsymbol{L}_0.\end{aligned} \tag{k}$$

因此,体系的总角动量守恒.

质点系总动能为

$$\begin{aligned}T&=\frac{1}{2}m\dot{x}_1^2+\frac{1}{2}m\dot{y}_1^2+\frac{1}{2}m\dot{x}_2^2+\frac{1}{2}m\dot{y}_2^2\\&=m\left(\frac{I_0}{2m}\right)^2+m\left(\frac{I_0}{2m}\right)^2\cos^2\left(\frac{I_0 t}{ma}\right)+m\left(\frac{I_0}{2m}\right)^2-m\left(\frac{I_0}{2m}\right)^2\cos^2\left(\frac{I_0 t}{ma}\right)\\&=\frac{I_0^2}{2m}=\frac{1}{2}m\left(\frac{I_0}{m}\right)^2\\&=T_0.\end{aligned} \tag{l}$$

因此,体系的总动能守恒.

实际上,对体系进行受力分析,根据动量定理、角动量定理和动能定理,可知它们的动量、角动量和动能均守恒.本题从运动学方程直接出发推导获得了守恒量,从另一方面验证了守恒律.

§4.3 质心坐标系中的动力学

质心是质点系的质量中心，它在质点系力学中有重要的作用. 本节将介绍以质心为参考点建立的坐标系以及在质心坐标系中的相关动力学规律.

视频 4.3.1

4.3.1 质心坐标系

能否找一个特殊的坐标系，使得不需要引入惯性力，或者说在该坐标系中，惯性力的作用可忽略呢？这个参照点是存在的，它就是质点系的质量中心. 现在我们来考察质点系的质心位置.

体系的质心如前面章节所述为 $\boldsymbol{r}_{\mathrm{c}}=\sum_{i=1}^{N}\frac{m_i\boldsymbol{r}_i}{m}$，其中总质量 $m=\sum_{i=1}^{N}m_i$，则对于力学体系的牛顿定律可写成质心的运动定律：

$$\boldsymbol{F}=m\frac{\mathrm{d}^2\boldsymbol{r}_{\mathrm{c}}}{\mathrm{d}t^2}.$$

质心坐标系是指以质心为参考点的坐标系，如图 4.3.1 所示，它可以是惯性系也可以是非惯性系. 质心坐标系主要用来处理质点系的运动情况，对于单个质点而言，并无实际的参考意义.

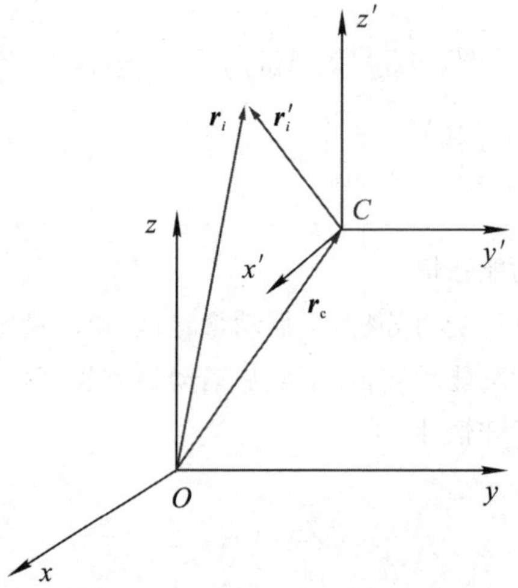

图 4.3.1　固定坐标系和质心坐标系

4.3.2　物理量按质心参考点分解

视频 4.3.2

质点系的动量、角动量和动能等物理量可按照质心作为中间参考点进行分解.

1. 动量分解

在固定坐标系中，质心的动量 $\boldsymbol{p}_c = m\boldsymbol{v}_c$，

相对质心坐标系的动量为 $\boldsymbol{p}' = \sum_{i=1}^{i=N} m_i \boldsymbol{v}_i' = \sum_{i=1}^{i=N} m_i(\boldsymbol{v}_i - \boldsymbol{v}_c) = 0$.

因此，固定坐标系中的总动量为 $\boldsymbol{p} = \sum_{i=1}^{i=N} m_i \boldsymbol{v}_i = m\boldsymbol{v}_c$，满足

$$\boldsymbol{p} = \boldsymbol{p}_c + \boldsymbol{p}'. \tag{4.3.1}$$

(4.3.1) 式说明，质点系的总动量可以分解为质心动量和质点相对于质心的动量之和，类似于速度叠加规律.

2. 动能分解

质点系的动能分解满足柯尼希定理，即体系总动能等于质心动能与相对质心动能之和，

$$T = \frac{1}{2}\sum_{i=1}^{N} m_i \boldsymbol{v}_i^2 = \frac{1}{2}\sum_{i=1}^{N} m_i v_c^2 + \frac{1}{2}\sum_{i=1}^{N} m_i v_i'^2. \tag{4.3.2}$$

其中，$T_c = \frac{1}{2}\sum_{i=1}^{N} m_i v_c^2$ 为在固定坐标系中的质心的动能.

$T' = \frac{1}{2}\sum_{i=1}^{N} m_i v_i'^2$ 为相对于质心的动能. 即柯尼希定理为

$$T = T_c + T'.$$

下面我们来证明这个定理.

因为 $\boldsymbol{v}_i = \boldsymbol{v}_c + \boldsymbol{v}_i'$，其中，$\boldsymbol{v}_i'$ 为第 i 个质点相对于质心的速度，则体系的总动能为

$$\begin{aligned} T &= \frac{1}{2}\sum_{i=1}^{N} m_i \boldsymbol{v}_i^2 = \frac{1}{2}\sum_{i=1}^{N} m_i (\boldsymbol{v}_c + \boldsymbol{v}_i')^2 \\ &= \frac{1}{2}\sum_{i=1}^{N} m_i v_c^2 + \frac{1}{2}\sum_{i=1}^{N} m_i v_i'^2 + \left(\sum_{i=1}^{N} m_i \boldsymbol{v}_i'\right)\boldsymbol{v}_c. \end{aligned}$$

其中交叉项等于零. 推导如下：

$$\sum_{i=1}^{N} m_i \boldsymbol{v}_i' = \sum_{i=1}^{N} m_i(\boldsymbol{v}_i - \boldsymbol{v}_c) = \sum_{i=1}^{N} m_i \boldsymbol{v}_i - m\boldsymbol{v}_c = \sum_{i=1}^{N} m_i \frac{\mathrm{d}\boldsymbol{r}_i}{\mathrm{d}t} - m\boldsymbol{v}_c$$

$$= \frac{\mathrm{d}\left(\sum_{i=1}^{N} m_i \boldsymbol{r}_i\right)}{\mathrm{d}t} - m\boldsymbol{v}_\mathrm{c} = \frac{\mathrm{d}(m\boldsymbol{r}_\mathrm{c})}{\mathrm{d}t} - m\boldsymbol{v}_\mathrm{c} = 0.$$

柯尼希定理说明质点系的总动能等于质心动能和质点相对于质心动能之和. 虽然速度可以线性叠加，但动能是速度的平方，一般情况下是要考虑交叉项的. 但是如果选择质心作为参考点的话，则体系的总动能可按照质心的分解进行叠加.

3. 角动量分解

在固定坐标系中，质心的角动量为 $\boldsymbol{L}_\mathrm{c} = \boldsymbol{r}_\mathrm{c} \times m\boldsymbol{v}_\mathrm{c}$.

相对质心坐标系的角动量为 $\boldsymbol{L}' = \sum_{i=1}^{i=N} \boldsymbol{r}'_i \times m_i \boldsymbol{v}'_i$，

在固定坐标系的总角动量为 $\boldsymbol{L} = \sum_{i=1}^{i=N} \boldsymbol{r}_i \times m_i \boldsymbol{v}_i$，

质点系的总角动量满足：

$$\boldsymbol{L} = \boldsymbol{L}_\mathrm{c} + \boldsymbol{L}'. \tag{4.3.3}$$

下面我们来证明这个结果.

$$\begin{aligned}\boldsymbol{L} &= \sum_{i=1}^{N} (\boldsymbol{r}_i \times m_i \boldsymbol{v}_i) = \sum_{i=1}^{N} (\boldsymbol{r}'_i + \boldsymbol{r}_\mathrm{c}) \times m_i (\boldsymbol{v}'_i + \boldsymbol{v}_\mathrm{c}) \\ &= \sum_{i=1}^{N} \boldsymbol{r}'_i \times m_i \boldsymbol{v}'_i + \boldsymbol{r}_\mathrm{c} \times \left(\sum_{i=1}^{N} m_i \boldsymbol{v}'_i\right) + \left(\sum_{i=1}^{N} m_i \boldsymbol{r}'_i\right) \times \boldsymbol{v}_\mathrm{c} + \left(\sum_{i=1}^{N} m_i \boldsymbol{r}_\mathrm{c}\right) \times \boldsymbol{v}_\mathrm{c}\end{aligned}$$

因为有关系式：

$$\sum_{i=1}^{N} m_i \boldsymbol{r}'_i = \sum_{i=1}^{N} m_i (\boldsymbol{r}_i - \boldsymbol{r}_\mathrm{c}) = m\boldsymbol{r}_\mathrm{c} - \sum_{i=1}^{N} m_i \boldsymbol{r}_\mathrm{c} = 0,$$

所以有 $$\sum_{i=1}^{N} \boldsymbol{r}_i \times m_i \boldsymbol{v}_i = \sum_{i=1}^{N} \boldsymbol{r}'_i \times m_i \boldsymbol{v}'_i + \boldsymbol{r}_\mathrm{c} \times m\boldsymbol{v}_\mathrm{c}.$$

(4.3.3) 式说明，质点系的总角动量等于质心角动量和质点相对于质心的角动量之和，即质点系总角动量可以按照质心进行分解并线性叠加.

4.3.3 质心坐标系中的动力学规律

视频 4.3.3

1. 质心坐标系中的动能定理

在质心坐标系中，质点系的动能定理为

$$\mathrm{d}\left(\sum_{i=1}^{N} \frac{1}{2} m_i v_i'^2\right) = \sum_{i=1}^{N} \boldsymbol{F}_i \cdot \mathrm{d}\boldsymbol{r}'_i + \sum_{i=1}^{N} \sum_{j=1, j\neq i}^{N} \boldsymbol{f}_{ij} \cdot \mathrm{d}\boldsymbol{r}'_i. \tag{4.3.4}$$

令 $T' = \sum_{i=1}^{N} \frac{1}{2} m_i v'^2_i$，$\mathrm{d}A' = \sum_{i=1}^{N} \boldsymbol{F}_i \cdot \mathrm{d}\boldsymbol{r}'_i + \sum_{i=1}^{N} \sum_{j=1, j\neq i}^{N} \boldsymbol{f}_{ij} \cdot \mathrm{d}\boldsymbol{r}'_i$，则 $\mathrm{d}A' = \mathrm{d}T'$.

质心坐标系下的动能定理证明如下.

设一个力学体系由 N 个质点组成.第 i 个质点所受到的外力为 $\boldsymbol{F}_i$，受到第 j 个质点给它的内力为 $\boldsymbol{f}_{ij}$，第 i 个质点的坐标为 $\boldsymbol{r}_i$，速度为 $\boldsymbol{v}_i$，其质量为 m_i. 则对第 i 个质点应用牛顿定律，有

$$\boldsymbol{F}_i + \sum_{j=1, j\neq i}^{N} \boldsymbol{f}_{ij} = m_i \frac{\mathrm{d}(\boldsymbol{v}'_i + \boldsymbol{v}_\mathrm{c})}{\mathrm{d}t}.$$

移项，得

$$\boldsymbol{F}_i + \sum_{j=1, j\neq i}^{N} \boldsymbol{f}_{ij} - m_i \frac{\mathrm{d}\boldsymbol{v}_\mathrm{c}}{\mathrm{d}t} = m_i \frac{\mathrm{d}\boldsymbol{v}'_i}{\mathrm{d}t}.$$

对第 i 个质点点乘一个位移 $\mathrm{d}\boldsymbol{r}'_i$，则

$$\begin{aligned}\mathrm{d}A' &= \boldsymbol{F}_i \cdot \mathrm{d}\boldsymbol{r}'_i + \sum_{j=1, j\neq i}^{N} \boldsymbol{f}_{ij} \cdot \mathrm{d}\boldsymbol{r}'_i - m_i \frac{\mathrm{d}\boldsymbol{v}_\mathrm{c}}{\mathrm{d}t} \cdot \mathrm{d}\boldsymbol{r}'_i \\ &= m_i \frac{\mathrm{d}\boldsymbol{v}'_i}{\mathrm{d}t} \cdot \mathrm{d}\boldsymbol{r}'_i.\end{aligned}$$

即得

$$\boldsymbol{F}_i \cdot \mathrm{d}\boldsymbol{r}'_i + \sum_{j=1, j\neq i}^{N} \boldsymbol{f}_{ij} \cdot \mathrm{d}\boldsymbol{r}'_i - m_i \frac{\mathrm{d}\boldsymbol{v}_\mathrm{c}}{\mathrm{d}t} \cdot \mathrm{d}\boldsymbol{r}'_i = \mathrm{d}\left(\frac{1}{2} m_i v'^2_i\right).$$

对所有质点求和，得对质心的动能定理：

$$\sum_{i=1}^{N} \boldsymbol{F}_i \cdot \mathrm{d}\boldsymbol{r}'_i + \sum_{i=1}^{N} \sum_{j=1, j\neq i}^{N} \boldsymbol{f}_{ij} \cdot \mathrm{d}\boldsymbol{r}'_i = \sum_{i=1}^{N} \mathrm{d}\left(\frac{1}{2} m_i v'^2_i\right).$$

过程中用到了等式 $\sum_{i=1}^{N} m_i \frac{\mathrm{d}\boldsymbol{v}_c}{\mathrm{d}t} \cdot \mathrm{d}\boldsymbol{r}'_i = \frac{\mathrm{d}\boldsymbol{v}_c}{\mathrm{d}t} \sum_{i=1}^{N} m_i \cdot \mathrm{d}\boldsymbol{r}'_i = \frac{\mathrm{d}\boldsymbol{v}_c}{\mathrm{d}t} \mathrm{d}\left(\sum_{i=1}^{N} m_i \cdot \boldsymbol{r}'_i\right) = 0$.

质心坐标系中的质点系动能定理(4.3.4)表达形式与固定坐标系中的质点系动能定理完全类似，只不过物理量都是相对于质心坐标系的物理量，例如位置矢量是指相对于质心的位置矢量，速度是相对于质心的速度.

2. 质心坐标系中的角动量定理

在质心坐标系中，质点系的角动量定理为

$$\mathrm{d}\left(\sum_{i=1}^{N} \boldsymbol{r}'_i \times \boldsymbol{p}'_i\right) = \left(\sum_{i=1}^{N} \boldsymbol{r}'_i \times \boldsymbol{F}_i\right)\mathrm{d}t. \tag{4.3.5}$$

令 $\boldsymbol{M}' = \sum_{i=1}^{N} \boldsymbol{r}'_i \times \boldsymbol{F}_i$，$\boldsymbol{L}' = \sum_{i=1}^{N} \boldsymbol{r}'_i \times \boldsymbol{p}'_i$，则质心坐标系下的角动量定理为

$$\mathrm{d}\boldsymbol{L}' = \boldsymbol{M}' \mathrm{d}t.$$

质心坐标系下的角动量定理证明如下.

设一个力学体系由 N 个质点组成. 第 i 个质点所受到的外力为 $\boldsymbol{F}_i$，受到第 j 个质点给它的内力为 $\boldsymbol{f}_{ij}$，第 i 个质点的坐标为 $\boldsymbol{r}_i$，速度为 $\boldsymbol{v}_i$，其质量为 m_i. 则对第 i 个质点应用牛顿定律，有：

$$\boldsymbol{F}_i+\sum_{j=1,j\neq i}^{N}\boldsymbol{f}_{ij}-m_i\frac{\mathrm{d}\boldsymbol{v}_c}{\mathrm{d}t}=m_i\frac{\mathrm{d}\boldsymbol{v}_i'}{\mathrm{d}t}.$$

对第 i 个质点左叉乘一个位矢 $\boldsymbol{r}_i'$

$$\boldsymbol{r}_i\times\boldsymbol{F}_i+\boldsymbol{r}_i'\times\sum_{j=1,j\neq i}^{N}\boldsymbol{f}_{ij}-m_i\boldsymbol{r}_i'\times\frac{\mathrm{d}\boldsymbol{v}_c}{\mathrm{d}t}=m_i\boldsymbol{r}_i'\times\frac{\mathrm{d}\boldsymbol{v}_i'}{\mathrm{d}t}.$$

对所有质点求和，则

$$\sum_{i=1}^{N}\boldsymbol{r}_i'\times\boldsymbol{F}_i+\sum_{i=1}^{N}\boldsymbol{r}_i'\times\sum_{j=1,j\neq i}^{N}\boldsymbol{f}_{ij}-\sum_{i=1}^{N}m_i\boldsymbol{r}_i'\times\frac{\mathrm{d}\boldsymbol{v}_c}{\mathrm{d}t}=\sum_{i=1}^{N}m_i\boldsymbol{r}_i'\times\frac{\mathrm{d}\boldsymbol{v}_i'}{\mathrm{d}t}.$$

因为 $\sum\limits_{i=1}^{N}\boldsymbol{r}_i'\times\sum\limits_{j=1,j\neq i}^{N}\boldsymbol{f}_{ij}=0$， $\sum\limits_{i=1}^{N}m_i\boldsymbol{r}_i'\times\dfrac{\mathrm{d}\boldsymbol{v}_c}{\mathrm{d}t}=0$.

因此，$\sum\limits_{i=1}^{N}\boldsymbol{r}_i'\times\boldsymbol{F}_i=\sum\limits_{i=1}^{N}m_i\boldsymbol{r}_i'\times\dfrac{\mathrm{d}\boldsymbol{v}_i'}{\mathrm{d}t}=\sum\limits_{i=1}^{N}\dfrac{\mathrm{d}(\boldsymbol{r}_i'\times m_i\boldsymbol{v}_i')}{\mathrm{d}t}=\dfrac{\mathrm{d}\left(\sum\limits_{i=1}^{N}\boldsymbol{r}_i'\times m_i\boldsymbol{v}_i'\right)}{\mathrm{d}t}$.

令 $\boldsymbol{M}'=\sum\limits_{i=1}^{N}\boldsymbol{r}_i'\times\boldsymbol{F}_i$，则对质心的角动量定理为

$$\mathrm{d}\boldsymbol{L}'=\boldsymbol{M}'\mathrm{d}t.$$

质心坐标系中的动能定理和角动量形式与固定系中的形式一样，但是这个参考点只能选质心才可以，其他固定点不行. 下面我们通过例题来进行说明.

[**例题 4.3.1**]　在光滑的水平桌面上，有两个质量均为 m 的质点，用一根长度为 a 的不可伸长的轻绳连接，如图 4.3.2 所示. 两质点原先静止，$t=0$ 时给一个质点垂直于绳方向的冲量 I_0. 请在质心系中写出动能定理和角动量定理.

解　(1) 设两质点的质心为 C，相对质心系的动能定理为

$$\mathrm{d}\left(\sum_{i=1}^{N}\frac{1}{2}m_iv_i'^2\right)=\sum_{i=1}^{N}\boldsymbol{F}_i\cdot\mathrm{d}\boldsymbol{r}_i'+\sum_{i=1}^{N}\sum_{j=1,j\neq i}^{N}\boldsymbol{f}_{ij}\cdot\mathrm{d}\boldsymbol{r}_i',$$

因为两个质点没有受到外力作用，则

$$\sum_{i=1}^{N}\boldsymbol{F}_i\cdot\mathrm{d}\boldsymbol{r}_i'=0.$$

在质心系中两个质点的一对内力不做功，即

$$\sum_{i=1}^{N}\sum_{j=1,j\neq i}^{N}\boldsymbol{f}_{ij}\cdot\mathrm{d}\boldsymbol{r}_i'=0,$$

因此在质心系中，有　$\mathrm{d}\left(\sum\limits_{i=1}^{N}\dfrac{1}{2}m_iv_i'^2\right)=0$，

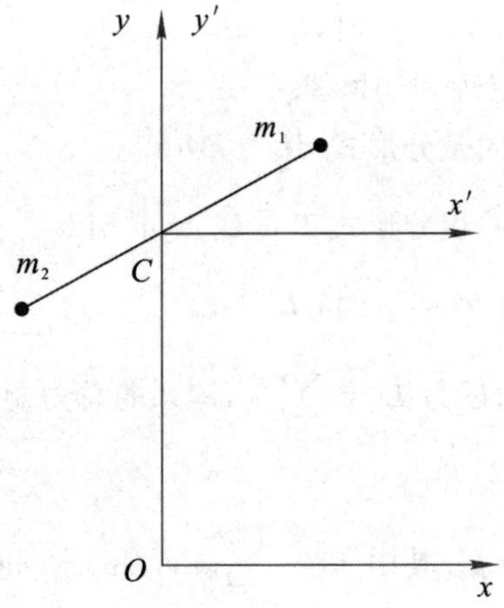

图 4.3.2　例题 4.3.1 示意

即两质点相对于质心的动能不变.

(2) 相对质心系的角动量定理为

$$\boldsymbol{M}' = \sum_{i=1}^{N} \boldsymbol{r}'_i \times \boldsymbol{F}_i,\ \boldsymbol{L}' = \sum_{i=1}^{N} \boldsymbol{r}'_i \times m_i \boldsymbol{v}'_i,\ \boldsymbol{M}' = \frac{\mathrm{d}\boldsymbol{L}'}{\mathrm{d}t}.$$

相对于质心的合外力矩为零,即 $\boldsymbol{M}' = 0$,因此

$$\sum_{i=1}^{N} \boldsymbol{r}'_i \times m_i \boldsymbol{v}'_i = \boldsymbol{L}'_0.$$

本章提要

本章介绍了力矩、角动量和质心坐标系等基本概念.质点和质点系的力矩和角动量满足一定的关系式,即角动量定理,并且在一定条件下它们的角动量守恒.质点系的总角动量、动能和动量可按照质心进行线性叠加,质点系的角动量定理和动能定理在质心坐标系中的形式与它们在固定坐标系中的形式完全类似.

(1) 力矩和角动量

角动量 $\boldsymbol{L} = \boldsymbol{r} \times m\boldsymbol{v} = \boldsymbol{r} \times \boldsymbol{p}$.

力矩 $\boldsymbol{M} = \boldsymbol{r} \times \boldsymbol{F}$.

(2) 质点角动量定理和守恒律

质点角动量定理微分形式 $\mathrm{d}\boldsymbol{L} = \boldsymbol{M}\mathrm{d}t$.

质点角动量定理的积分形式 $\boldsymbol{L} - \boldsymbol{L}_0 = \int_0^t \boldsymbol{M}\mathrm{d}t$.

质点角动量守恒：当 $\boldsymbol{M}=0$ 时，$\boldsymbol{L}=\boldsymbol{L}_0$.

(3) 质点系角动量定理和守恒律

质点系角动量定理的微分形式 $\mathrm{d}\boldsymbol{L}=\boldsymbol{M}\mathrm{d}t$.

质点系角动量定理的积分形式 $\boldsymbol{L}-\boldsymbol{L}_0=\int_0^t M\mathrm{d}t$.

质点角动量守恒：当 $\boldsymbol{M}=0$ 时，$\boldsymbol{L}=\boldsymbol{L}_0$.

其中，体系的总角动量为 $\boldsymbol{L}=\sum_{i=1}^{N}\boldsymbol{L}_i$，体系的总力矩为 $\boldsymbol{M}=\sum_{i=1}^{N}\boldsymbol{M}_i$.

(4) 质心坐标系

动量分解 $\boldsymbol{p}=\boldsymbol{p}_c+\boldsymbol{p}'$. 其中 $\boldsymbol{p}=\sum_{i=1}^{i=N}m_i\boldsymbol{v}_i$，$\boldsymbol{p}_c=m\boldsymbol{v}_c$，$\boldsymbol{p}'=0$.

动能分解 $T=T_c+T'$，其中

$$T=\frac{1}{2}\sum_{i=1}^{N}m_i\boldsymbol{v}_i^2,\ T_c=\frac{1}{2}\sum_{i=1}^{N}m_iv_c^2,\ T'=\frac{1}{2}\sum_{i=1}^{N}m_iv_i'^2.$$

角动量分解 $\boldsymbol{L}=\boldsymbol{L}_c+\boldsymbol{L}'$，其中

$$\boldsymbol{L}=\sum_{i=1}^{i=N}r_i\times m_i\boldsymbol{v}_i,\boldsymbol{L}_c=\boldsymbol{r}_c\times m\boldsymbol{v}_c,\boldsymbol{L}'=\sum_{i=1}^{i=N}\boldsymbol{r}_i'\times m_i\boldsymbol{v}_i'.$$

质心坐标系中的质点系动能定理：

$$\mathrm{d}\left(\sum_{i=1}^{N}\frac{1}{2}m_iv_i'^2\right)=\sum_{i=1}^{N}\boldsymbol{F}_i\cdot\mathrm{d}\boldsymbol{r}'_i+\sum_{i=1}^{N}\sum_{j=1,j\neq i}^{N}\boldsymbol{f}_{ij}\cdot\mathrm{d}\boldsymbol{r}_i'.$$

质心坐标系中的质点系角动量定理：

$$\mathrm{d}\left(\sum_{i=1}^{N}\boldsymbol{r}_i'\times\boldsymbol{p}_i'\right)=\left(\sum_{i=1}^{N}\boldsymbol{r}_i'\times\boldsymbol{F}_i\right)\mathrm{d}t.$$

习　题

4.1 已知质点的位置矢量为 $\boldsymbol{r}=4\boldsymbol{i}+2\boldsymbol{j}$，受到力为 $\boldsymbol{F}=5\boldsymbol{i}+7\boldsymbol{j}$，式子中物理量单位均为国际标准. 求该质点对坐标原点的力矩大小和方向.

4.2 一个质量为 $\boldsymbol{m}$ 的粒子位于 $\boldsymbol{r}_0=x_0\boldsymbol{i}+y_0\boldsymbol{j}$ 处，速度为 $\boldsymbol{v}_0=\boldsymbol{v}_x\boldsymbol{i}+v_y\boldsymbol{j}$，求它相对于坐标原点的角动量.

4.3 已知质点位置的质量为 m，位置矢量为 $\boldsymbol{r}=r_0\cos\omega t\boldsymbol{i}+r_0\sin\omega t\boldsymbol{j}$，其中 r_0，ω 为常数. 求：

(1)对坐标原点的角动量；

(2)对坐标原点的力矩.

4.4 发射一宇宙飞船去考察一质量为 M、半径为 R 的行星. 当飞船静止于离行星中心为 l 的空间时，以速度 v_0 发射一个仪器包，如图所示. 仪器包的质量远小于飞船质量，要使这仪器包恰好掠擦行星表面着陆，问发射角 α 应是多少？

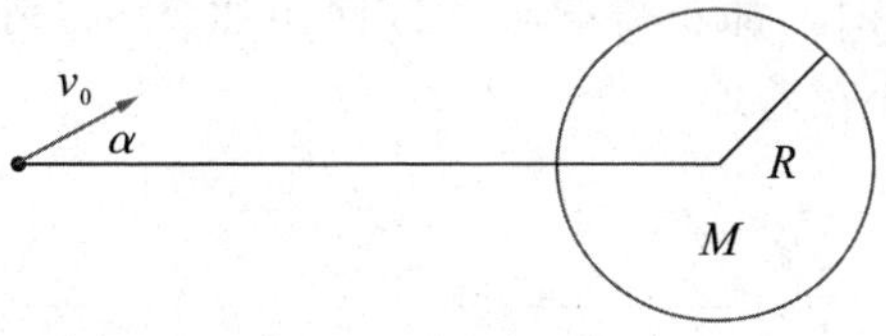

习题 4.4 示意图

4.5 质量可忽略、长度为 l 的绳子，其中一端系着一个质量为 m 的质点，另外一端固定在光滑水平地面上的一个固定 O 点. 开始时，绳子是松弛的，质点以恒定速率 v_0 沿着一条直线运动，该直线与固定 O 点的距离为 a，当此质点与 O 点的距离达到 l 时，绳子绷紧，进入一个以 O 点为中心的圆形轨道. 求：

(1) 质点进入圆轨道做圆周运动的速率；

(2) 质点在进入圆轨道时的能量损失.

4.6 半径为 R，质量均匀分布的圆环，总质量为 m. 现将它平放到水平地面上，使得整个圆环平面与水平地面紧贴着，已知圆环与水平地面的动摩擦因数为 μ，圆环开始时以角速度 ω_0 绕其圆心转动，求圆环的角速度随时间变化的关系式.

4.7 质量同为 m 的两个小球系于一个轻弹簧两端后，放在光滑的水平面上，弹簧处于自由状态，弹簧原长为 l_0，劲度系数为 k. 现两球同时受到一个水平冲量作用，各自获得与连线垂直的大小均为 v_0、但方向相反的初速度. 在后来的运动中，弹簧可达到的最长长度为 l. 求两球的初速度 v_0.

4.8 两个滑冰运动员，质量均为 m，在两条相距为 a 的平行平直轨道上以同样的速率 v_0 相向地匀速滑行. 当他们之间的距离恰好为 a 时，他们分别抓住一个长度为 a 的绳子的两端（运动员可视为质点，绳子质量可忽略），则

(1) 求他们抓住绳子前后相对于绳子中点的角动量；

(2) 他们每人都用力拉自己一边的绳子，当他们之间的距离为 $\frac{1}{2}a$ 时，各自的速率为多少？

(3) 计算每个运动员在减小他们之间的距离时所做的功；

(4) 如果两个运动员之间相距为 $\frac{1}{2}a$ 时，绳子正好断了，此时绳子张力是多少？

4.9 质量可忽略，长为 $2l$ 的跷跷板对称地架在高度为 $h<l$ 的固定水平轴上，可无摩擦地转动. 开始时板的左端着地，上面静坐着质量为 m_1 的小孩，板的右端静坐着质量为 $m_2<m_1$ 的另一个小孩，如图所示. 而后左端小孩用脚蹬地，使得两个小孩在图平面上都获得顺时针方向角速度 ω_0，请问该初始角速度 ω_0 多大时，方可使右端小孩着地.

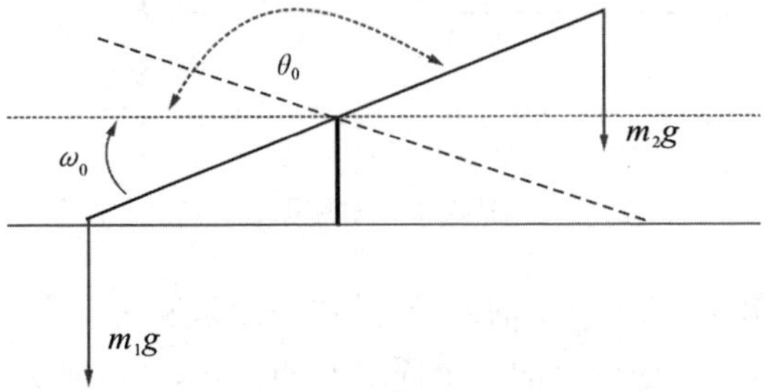

习题 4.9 示意图

4.10 质量可忽略，长为 $2a$ 的杆两端链接质量 m_1 和 m_2 的小球. 该系统被 O 点固定在水平面上，可绕 O 点在水平面内自由地转动. O 点为杆的中点，如图所示. 开始时，杆和两小球静止，现有一质量为 m_3 的小球以初速度 v_3 与杆成角度 α 与小球 m_1 发生完全弹性碰撞（正面碰撞），重力不予考虑. 求碰撞后小球的运动速度和系统的角速度.

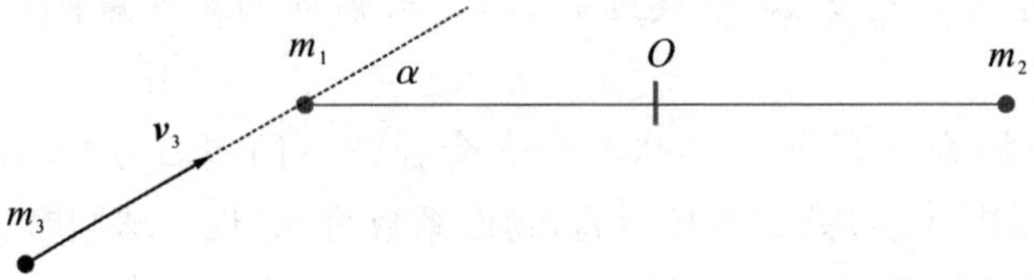

习题图 4.10 示意图

第5章　万有引力

本章介绍单质点在特殊类型的力——万有引力作用下的运动. §5.1介绍万有引力规律的概念和特点，§5.2介绍万有引力作用下行星轨道的求解，§5.3介绍万有引力的综合应用. 本章内容涉及质点力学的牛顿定律、动量、动能和角动量定理的综合应用.

§5.1　万有引力定律

万有引力定律描述了物体之间相互作用的普遍规律. 它首次将天上和地上的规律联系起来，是一个普遍的规律. 万有引力相互作用是自然界中目前已知的四种相互作用之一. 本节将介绍万有引力规律的特点和应用，并结合前面牛顿动力学规律加以应用.

视频 5.1.1

5.1.1　行星的开普勒三定律

开普勒通过观测的数据总结了关于行星运动的三大定律. 开普勒第一定律是关于行星运动轨道的定律，第二定律是关于行星运动速度的定律，第三定律是关于行星运动周期的定律.

1. 行星的开普勒第一定律

开普勒第一定律是指所有行星在以太阳为中心沿着椭圆轨道运动，太阳在椭圆的焦点上，如图 5.1.1 所示.

实际上，各个行星椭圆轨道的偏向率很小，在某些情况下可视为圆形轨道，

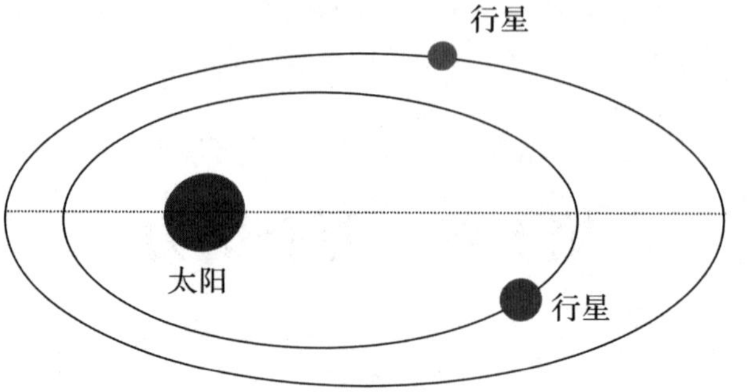

图 5.1.1　开普勒第一定律示意

图 5.1.1 只是示意图.

2. 行星的开普勒第二定律

开普勒第二定律是指在相等时间内，太阳和运动着的行星的连线所扫过的面积都是相等的.

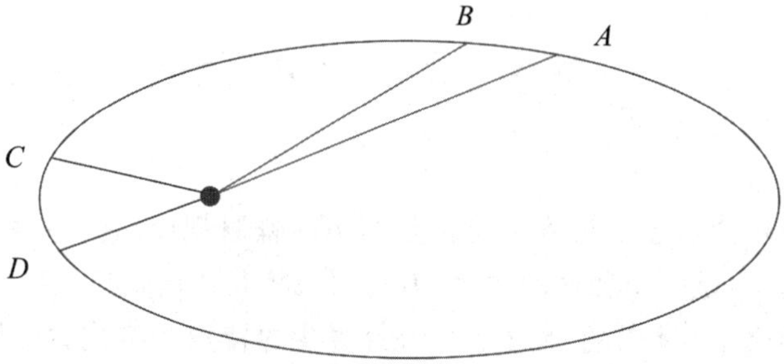

图 5.1.2　开普勒第二定律示意

第二定律预示着行星对太阳的角动量守恒.

3. 行星的开普勒第三定律

开普勒第三定律是指各个行星绕太阳公转周期的平方和它们的椭圆轨道的半长轴的立方成正比，即

$$\frac{a^3}{T^2}=k.$$

其中，k 为开普勒常数，对于所有的行星均近似相等，具体数据请见表5.1.1.

表 5.1.1. 开普勒第三定律相关数据

行星	半长轴/m	周期/s	$k/(\mathrm{m}^3\cdot\mathrm{s}^{-2})$
水星	5.79×10^{10}	7.60×10^{6}	3.36×10^{18}
金星	1.08×10^{11}	1.94×10^{7}	3.35×10^{18}
地球	1.49×10^{11}	3.16×10^{7}	3.31×10^{18}
火星	2.28×10^{11}	5.94×10^{7}	3.36×10^{18}
木星	7.78×10^{11}	3.74×10^{8}	3.37×10^{18}
土星	1.43×10^{12}	9.30×10^{8}	3.38×10^{18}
天王星	2.87×10^{12}	2.66×10^{9}	3.34×10^{18}
海王星	4.50×10^{12}	5.20×10^{9}	3.37×10^{18}

第三定律意味着行星轨道的半长轴越长，周期就越长.

视频 5.1.2

5.1.2 万有引力定律

牛顿发现了万有引力定律. 我们在中学阶段已经接触过万有引力，这里我们进一步介绍万有引力定律.

1. 万有引力定律概念

任何两质点之间存在相互吸引作用，其大小与它们之间的距离平方成反比，与质点的质量成正比，如图 5.1.3 所示.

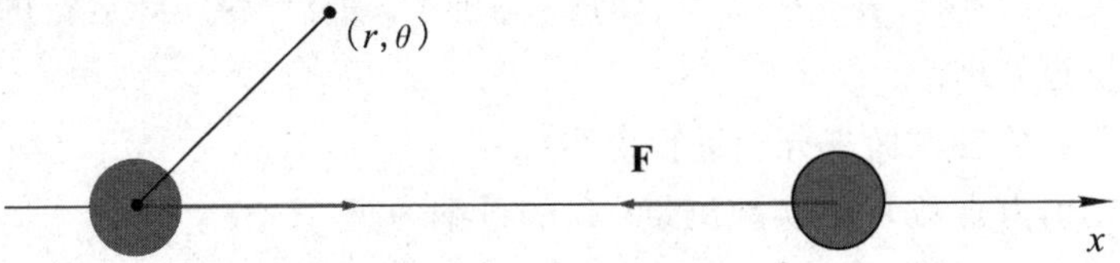

图 5.1.3 开普勒第三定律示意

图 5.1.3 所示的极坐标系中，万有引力可表示为

$$\boldsymbol{F}=-G\frac{m_1m_2}{r^2}\boldsymbol{e}_{\mathrm{r}}. \tag{5.1.1}$$

2. 万有引力定律理解

学习万有引力定律应注意下面几点. 首先，该力是一种径向的有心力，如图

5.1.3 所示，在两个质点的连线上. 其次，该公式只适用于质点，有质量分布的物体需要对质点进行求和. 如图 5.1.4 所示，该体系并不能应用万有引力定律. 最后，r 为质点的距离，m 与质点本身性质相关.

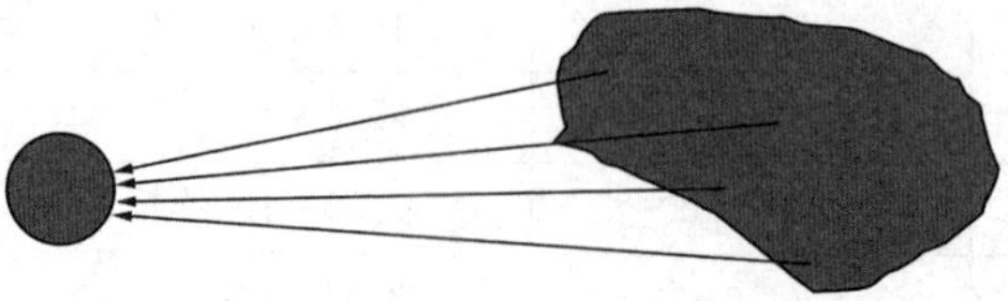

图 5.1.4　开普勒第三定律示意

一个简单的猜测是我们可根据开普勒第三定律和向心力公式对万有引力定律进行简单的验证. 下面，我们来进行验证.

根据开普勒第三定律有

$$\frac{R^3}{T^2}=k,$$

同时根据向心力公式有

$$F=m\omega^2 R.$$

由上面两个公式可知，$F=m\dfrac{4\pi^2 k}{R^2}$. 再根据牛顿第三定律可知

$$F=G\frac{mM}{R^2}.$$

当然这种推测具有局限性. 首先，引力常数的具体数值并没给出. 其次，将表征惯性大小的 m 与表征引力大小的 m 等价了. 最后，将实际运行的椭圆轨道作为圆形轨道处理.

下面我们从三方面来分别进行说明.

首先是引力常数 G 的实验测量. G 的量纲为

$$[G]=\left[\frac{FR^2}{mM}\right]=\mathrm{MLT^{-2}L^2M^{-2}}=\mathrm{M^{-1}L^3T^{-2}}.$$

G 的数值为 $6.754\times10^{-11}\,\mathrm{m^3\cdot kg^{-1}\cdot s^{-2}}$，此数值为 1798 年卡文迪许扭秤实验结果. 值得指出的是，我国华中理工大学罗俊在 2009 年获得了 $G=6.669\times10^{-11}\,\mathrm{m^3\cdot kg^{-1}\cdot s^{-2}}$，精度为 26 ppm(26 百万分之一). 现代理论认为 G 的数值随时间和距离缓慢地发生变化.

其次是引力质量和惯性质量等价的实验测量.

我们通常认为物体的质量在万有引力表达式为 $F=G\dfrac{Mm}{r^2}$，而牛顿第二定

律表达式中为 $F=ma$. 在推导过程中,默认了这两个公式中的质量是等价的. 实际上,这两个质量的定义不一样,伽利略最早开始认识到这个问题,后来经过牛顿、厄缶等进一步实验验证,其精度越来越精确. 爱因斯坦直接承认两个引力质量和惯性质量等价,从而建立广义相对论. 目前实验上,这两个质量的精确度已经达到了10^{-8},因此可以认为引力质量和惯性质量相等.

最后是在推导过程中,用圆周运动代替了椭圆轨道. 虽然这个偏差比较小,不是严格意义上的推导,因为天体在万有引力作用下它的运行轨道一般为椭圆轨道而不是圆形轨道. 实际上,可以从椭圆轨道严格推导出向心力,这部分问题将在下面章节中再介绍.

§5.2 行星运动规律

万有引力定律可应用于天体运动,获得其运动轨道. 本节将根据前面章节介绍的动力学规律结合万有引力规律对这方面知识进行介绍.

视频 5.2.1

5.2.1 有心力作用下的轨道微分方程

有心力是指物体受力指向一个中心物体,例如地球受到太阳的万有引力就是一个有心力,氢原子核外电子受到原子核的库仑相互作用力也是一个有心力. 有心力的方向在两个物体的连线方向上,是径向力. 对于有心力,采用原点建立力心上的极坐标系比较方便处理问题. 根据在极坐标系中的牛顿第二定律:

$$m(\ddot{r}-r\dot{\theta}^2)=F_r,$$

$$m(r\ddot{\theta}+2\dot{r}\dot{\theta})=F_\theta.$$

设万有引力等有心力为 $f(r)$,则方程改写为

$m(r\ddot{\theta}+2\dot{r}\dot{\theta})=0$,即横向方程:

$$r^2\dot{\theta}=h. \tag{5.2.1}$$

径向方程:

$$m(\ddot{r}-r\dot{\theta}^2)=f(r). \tag{5.2.2}$$

横向方程(5.2.1)式给出了质点运动的角动量守恒. 因为有心力对力心的力矩为零,因此角动量守恒. 径向方程(5.2.2)式给出了在极坐标中物体满足的坐标系关系的微分方程. 下面我们通过一个例题来获得物体在有心力作用下的轨

道方程.

[**例题 5.2.1**] 考虑质量为 m 的粒子在有心力 $f(r)$作用下运动，请在平面极坐标系中写出粒子的半径 r 和极角 θ 的关系.

解 根据质点在极坐标系中的横向方程，有

$$r^2\dot{\theta}=h.$$

将其代入径向方程 $m(\ddot{r}-r\dot{\theta}^2)=f(r)$，得

$$m\left(\ddot{r}-r\frac{h^2}{r^4}\right)=f(r). \tag{a}$$

此时需将(a)式左边第一项进一步转化.

因为 $\dot{r}=\frac{\mathrm{d}r}{\mathrm{d}t}=\frac{\mathrm{d}r}{\mathrm{d}\theta}\dot{\theta}$.

根据横向方程 $r^2\dot{\theta}=h$，得

$$\dot{r}=\frac{\mathrm{d}r}{\mathrm{d}t}=h\frac{1}{r^2}\frac{\mathrm{d}r}{\mathrm{d}\theta}. \tag{b}$$

将(b)式改写得

$$\dot{r}=-h\frac{\mathrm{d}}{\mathrm{d}\theta}\left(\frac{1}{r}\right). \tag{c}$$

此时还需要对$\dot{r}$做进一步处理，获得$\ddot{r}$. 因此对(c)式进一步求导得

$$\begin{aligned}\ddot{r}=\frac{\mathrm{d}\dot{r}}{\mathrm{d}t}&=-h\,\frac{\mathrm{d}}{\mathrm{d}t}\left[\frac{\mathrm{d}}{\mathrm{d}\theta}\left(\frac{1}{r}\right)\right]\\&=-h\,\frac{\mathrm{d}}{\mathrm{d}t}\left[\frac{\mathrm{d}}{\mathrm{d}\theta}\left(\frac{1}{r}\right)\right]\frac{\mathrm{d}\theta}{\mathrm{d}\theta}\\&=-\frac{h^2}{r^2}\frac{\mathrm{d}}{\mathrm{d}\theta}\left[\frac{\mathrm{d}}{\mathrm{d}\theta}\left(\frac{1}{r}\right)\right].\end{aligned} \tag{d}$$

令 $u=\frac{1}{r}$，代入径向方程，便可得物体受有心力作用下的轨道微分方程，即

$$h^2u^2\left(\frac{\mathrm{d}^2u}{\mathrm{d}\theta^2}+u\right)=-\frac{f}{m}. \tag{e}$$

公式(e)被称为比耐公式，它是质点在有心力作用下的公式，其中 f 为有心力. 若已知有心力的形式便可获得轨道方程. 反之，若已知轨道方程，则代入比耐公式便可得有心力的表达式.

5.2.2　行星的轨道方程

视频 5.2.2

这里利用比耐公式，从行星轨道的微分方程和牛顿运动定律出发，推导开普勒关于行星运动的三个定律.

1. 开普勒第一定律的推导

设万有引力形式为

$$F(r)=-G\frac{Mm}{r^2}=-\frac{k^2m}{r^2},$$

其中，$GM=k^2$ 为太阳高斯常数.

代入比耐公式 $h^2u^2\left(\frac{\mathrm{d}^2u}{\mathrm{d}\theta^2}+u\right)=-\frac{F}{m}$，得轨道微分方程

$$\frac{\mathrm{d}^2u}{\mathrm{d}\theta^2}+u=\frac{k^2}{h^2}.$$

这个微分方程具有余弦函数形式的通解，该解的一般形式为

$$u=A\cos(\theta-\theta_0)+\frac{k^2}{h^2}.$$

其中，A,θ_0,h 由初始条件给出.

将 $u=\frac{1}{r}$ 代入，则行星轨道方程为

$$r=\frac{h^2/k^2}{1+(Ah^2/k^2)\cos\theta}=\frac{p}{1+e\cos\theta}.$$

这个轨道方程为极坐标系中标准的圆锥曲线方程. 其中，$p=h^2/k^2$，$e=Ah^2/k^2$. 离心率 $0<e<1$，则为焦点在力心上的椭圆，因此开普勒第一定律得证. 实际上，当一个物体运动轨迹为椭圆时，其受到的有心力与距离平方成反比，从而可在更加普遍的条件下推导出万有引力定律，大家可自行证明.

为了更好地了解极坐标系下的椭圆方程，我们给出了图 5.2.1 的极坐标系和直角坐标系的示意图. 在极坐标系中，焦点作为极坐标系的原点 F_1，圆锥曲线表述为一类点的集合，即这些点到 F_1 的距离和它到直线 L 的距离的比值为 e. 另一方面，在直角坐标系中的椭圆标准方程为

$$\frac{x^2}{a^2}+\frac{y^2}{b^2}=1.$$

其中，离心率定义为 $e=\frac{c}{a}$.

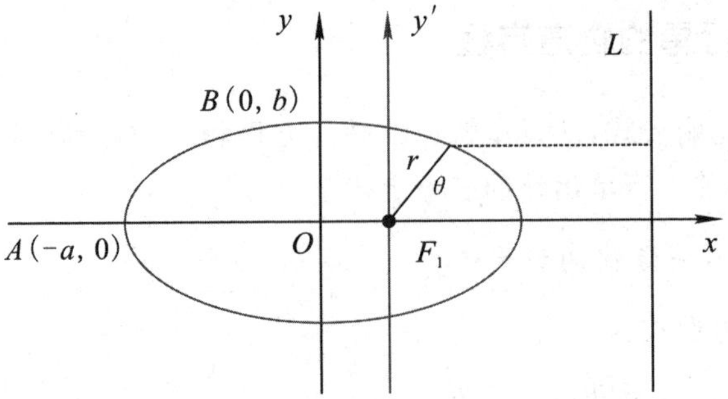

图 5.2.1 极坐标系下的椭圆轨道示意

2. 开普勒第二定律的推导

开普勒第二定律是与行星运动速度相关的一个规律，这里我们直接从牛顿运动定律出发推导开普勒第二定律.

[例题 5.2.2] 请从牛顿万有引力定律出发证明开普勒第二定律.

解 开普勒第二定律是关于单位时间内行星矢径扫过的面积问题. 设 A 为行星矢径扫过的面积，则

$$\frac{\mathrm{d}A}{\mathrm{d}t}=\lim_{\Delta t\to 0}\frac{\Delta A}{\Delta t}=\frac{1}{2}\lim_{\Delta t\to 0}\frac{\boldsymbol{r}\times\Delta\boldsymbol{r}}{\Delta t}$$
$$=\frac{\boldsymbol{r}}{2}\times\lim_{\Delta t\to 0}\frac{\Delta\boldsymbol{r}}{\Delta t}=\frac{1}{2}\boldsymbol{r}\times\boldsymbol{v}.$$

同时，在极坐标系中，万有引力表达为

$$f=-G\frac{mM}{r^2}\boldsymbol{e}_{\mathrm{r}}.$$

根据角动量定理，有

$$\boldsymbol{r}\times\boldsymbol{f}=-r\boldsymbol{e}_{\mathrm{r}}\times G\frac{mM}{r^2}\boldsymbol{e}_{\mathrm{r}}=0=\frac{\mathrm{d}(\boldsymbol{r}\times m\boldsymbol{v})}{\mathrm{d}t}.$$

即有 $\frac{\mathrm{d}A}{\mathrm{d}t}=\frac{1}{2}\boldsymbol{r}\times\boldsymbol{v}$ 为一常数.

在极坐标系中，有

$$\boldsymbol{r}\times\boldsymbol{v}=r\boldsymbol{e}_{\mathrm{r}}\times(\dot{r}\boldsymbol{e}_{\mathrm{r}}+r\dot{\theta}\,\boldsymbol{e}_{\theta})=r^2\,\dot{\theta}\,\boldsymbol{k}=h\boldsymbol{k}.$$

因此，$\frac{\mathrm{d}A}{\mathrm{d}t}=\frac{1}{2}h.$

即单位时间内，行星矢径扫过的面积相等，开普勒第二定律得证.

3. 开普勒第三定律的推导

开普勒第三定律涉及行星运动周期和轨道半长轴的关系问题. 下面,我们从行星运动的轨道方程出发推导开普勒第三定律.

[例题 5.2.3] 请从行星运动的轨道方程出发推导开普勒第三定律.

解 根据行星运动轨道,即开普勒第一定律,有 $\frac{\mathrm{d}A}{\mathrm{d}t}=\frac{1}{2}h$.

对上面公式两边积分,得

$$A=\frac{1}{2}h(t-t_0).$$

设行星运动一周需要一个周期 T,则扫过面积为一个椭圆面积,即

$2\pi ab=hT$,即 $T=\frac{2\pi ab}{h}$.

因此有

$$\frac{T^2}{a^3}=\frac{4\pi^2b^2}{h^2a}.$$

根据椭圆方程参数关系,有

$$\frac{b^2}{a}=\frac{(a^2-c^2)}{a}=a\left(1-\frac{c^2}{a^2}\right)=a(1-e^2)=p.$$

因此,$\frac{T^2}{a^3}=\frac{4\pi^2p}{h^2}$.

因为行星轨道方程

$$r=\frac{h^2/k^2}{1+(Ah^2/k^2)\cos\theta}=\frac{p}{1+e\cos\theta}.$$

其中,$p=h^2/k^2$,$e=Ah^2/k^2$. 则有,

$$\frac{T^2}{a^3}=\frac{4\pi^2p}{h^2}=\frac{4\pi^2}{k^2}.$$

代入太阳高斯常数 $GM=k^2$,得

$$\frac{T^2}{a^3}=\frac{4\pi^2}{GM}.$$

开普勒第三定律得证.

本节先在极坐标系下推导了行星受到万有引力作用的运动轨道方程,然后利用轨道方程和牛顿运动定律推导了开普勒关于行星运动的三个定律,从而加深了我们对行星运动轨道的理解.

§5.3 万有引力定律的应用

我们将介绍万有引力定律结合动量、角动量和能量求解质点的运动情况.本节将根据前面章节介绍的动力学规律结合万有引力定律对这方面知识进行阐述.

5.3.1 万有引力定律求解质点受力

视频 5.3.1

万有引力适用于两个质点之间,但是我们遇到的物体一般会涉及一定形状.此时,应该采用积分的观点进行求解.下面通过几个例子进行介绍.

[**例题 5.3.1**] 设均匀直棒长度为 L, 线密度为 λ. 求在中垂线 b 处,质点 m 受到的万有引力.

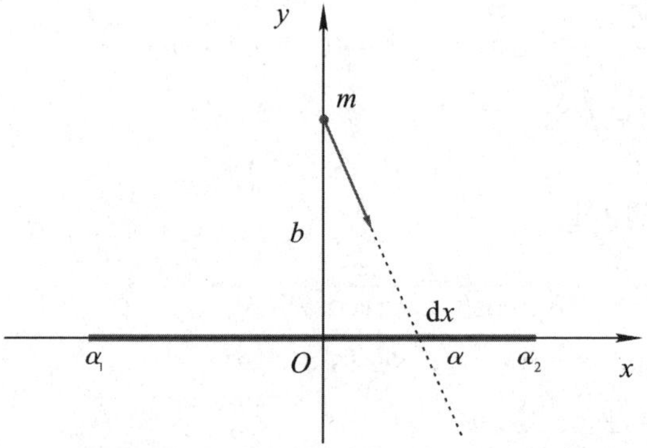

图 5.3.1 例题 5.3.1 示意

解 根据对称性分析,如图 5.3.1 所示. 可知万有引力只有 y 方向的分量. 则长度为 $\mathrm{d}x$ 的质元施加给 m 的万有引力 y 分量为

$$\mathrm{d}f_y = -G\frac{m\lambda\,\mathrm{d}x}{r^2}\sin\alpha. \tag{a}$$

对(a) 式进行积分得

$$f_y = -Gm\int_{\alpha_1}^{\alpha_2}\frac{\lambda\mathrm{d}x}{r^2}\sin\alpha. \tag{b}$$

(b) 式的积分涉及三个自变量,需要统一多个积分变量到一个变量,即

$$f_y = -Gm\int_{\alpha_1}^{\alpha_2} \frac{\lambda \mathrm{d}x}{r^2}\sin\alpha. \tag{c}$$

根据几何关系 $r = b/\sin\alpha, x = b\cot\alpha$. 选取角度 α 作为一个统一变量,则

$$\mathrm{d}x = b\frac{\mathrm{d}}{\mathrm{d}\alpha}(\cot\alpha) = -b\frac{\mathrm{d}\alpha}{\sin^2\alpha}.$$

代入(c) 式得

$$f_y = \frac{Gm\lambda}{b}\int_{\alpha_1}^{\alpha_2} \sin\alpha \mathrm{d}\alpha = -\frac{Gm\lambda}{b}(\cos\alpha_2 - \cos\alpha_1). \tag{d}$$

讨 论

根据结果(d)式 $f_y = -\frac{Gm\lambda}{b}(\cos\alpha_2 - \cos\alpha_1)$进行讨论.

当 $b \to \infty$时,$2\cos\alpha_2 = L/r$.

则 $f_y = -\frac{2Gm\lambda}{b}\cos\alpha_2$代入得

$$f_y = -\frac{GmM}{br} = -\frac{GmM}{r^2}.$$

此时,可将均匀棒视为一个质点,棒和质点之间的万有引力可直接用万有引力定律获得.

当 $b \to 0$ 时,$\alpha_2 \to 0, \alpha_1 \to \pi$. 则

$$f_y = -2\frac{Gm\lambda}{b}.$$

此时,均匀棒可视为无限长均匀棒.

[例题 5.3.2] 设地球半径为 R, 自转周期为 T, 求物体在极地和赤道的重力加速度.

解 物体受力情况如图 5.3.2 所示,则在极地时,有

$$mg_1 = \frac{GmM}{R^2}, \text{因此 } g_1 = \frac{GM}{R^2}.$$

在赤道时,有

$$\frac{GmM}{R^2} - mg_2 = m\left(\frac{2\pi}{T}\right)^2 R.$$

因此 $g_2 = \frac{GM}{R^2} - \frac{4\pi^2}{T^2}R.$

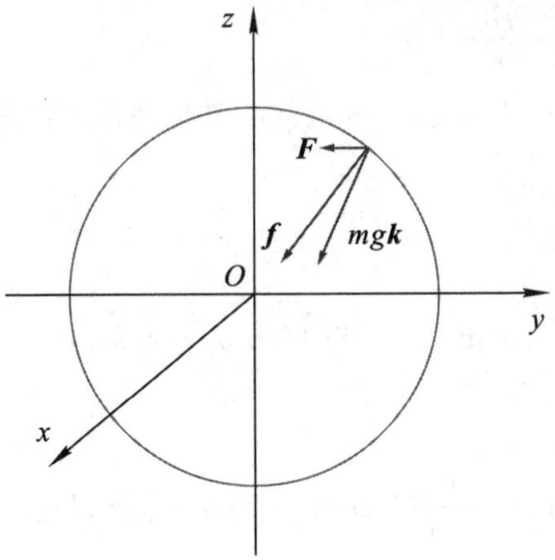

图 5.3.2　例题 5.3.2 示意

5.3.2　角动量和能量观点

视频 5.3.2

物体在有心力作用下，如图 5.3.4 所示. 有心力对力心的力矩为零，根据前面章节知识可知，物体对力心的角动量守恒. 即

$\boldsymbol{M}=\boldsymbol{r}\times\boldsymbol{f}=r\boldsymbol{e}_{\mathrm{r}}\times f(r)\boldsymbol{e}_{\mathrm{r}}=0$. 因此，根据角动量定理

$\boldsymbol{M}=\dfrac{\mathrm{d}\boldsymbol{L}}{\mathrm{d}t}$,

则角动量 $\boldsymbol{L}=\boldsymbol{r}\times m\boldsymbol{v}$ 等于一个常数. 具体地说，在极坐标系中，

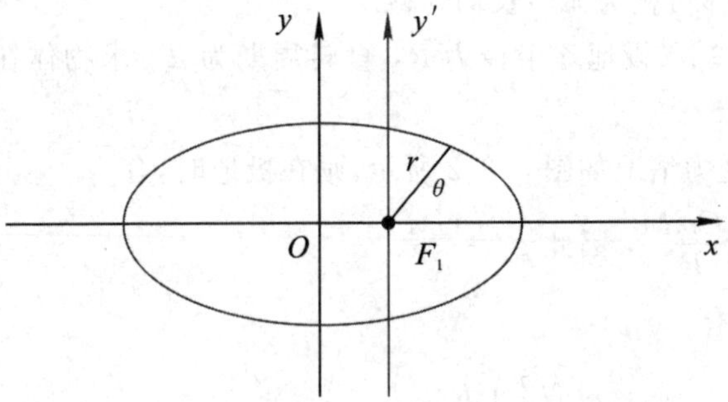

图 5.3.4　直角坐标和极坐标

$$\boldsymbol{L}=r\boldsymbol{e}_{\mathrm{r}}\times m(\dot{r}\,\boldsymbol{e}_{\mathrm{r}}+r\dot{\theta}\,\boldsymbol{e}_{\theta})=mr^{2}\dot{\theta}\,\boldsymbol{k}=mh\boldsymbol{k}. \tag{5.3.1}$$

关于能量，物体受有心力作用下的机械能守恒. 若规定无穷远处势能为零，则可写出势能为

$$V=-\frac{GmM}{r}.$$

机械能守恒，即

$$T+V=\frac{1}{2}mv^2-\frac{GmM}{r}=T_0+V_0. \tag{5.3.2}$$

下面我们应用角动量和能量的观点来求解问题.

［**例题 5.3.3**］ 证明做椭圆轨道运动的最大与最小速率乘积为 $\left(\frac{2\pi a}{T}\right)^2$，其中 T 为运动周期，a 为半长轴.

解 因为角动量守恒，则有 $\boldsymbol{L}_1=\boldsymbol{L}_2$，即

$$\boldsymbol{L}_1=r_{\max}mv_{\min}\boldsymbol{k}=mh\boldsymbol{k},\boldsymbol{L}_2=r_{\min}mv_{\max}\boldsymbol{k}=mh\boldsymbol{k}$$

因此，有

$$v_{\max}v_{\min}=\frac{h^2}{(a+c)(a-c)}=\frac{h^2}{a^2-c^2}=\frac{h^2}{b^2}.$$

又因为 $2\pi ab=Th$.

得
$$v_{\max}v_{\min}=h^2/\left(\frac{Th}{2\pi a}\right)^2=\left(\frac{2\pi a}{T}\right)^2.$$

［**例题 5.3.4**］ 设质量为 m 的行星绕质量为 M 的恒星做椭圆轨道运动，其半长轴为 a，求行星的机械能.

解 先计算某点的机械能. 对于半长轴处的 A 和 B 点，有角动量守恒

$$L=mh=m(a+c)v_{\mathrm{B}}=m(a-c)v_{\mathrm{A}}. \tag{a}$$

同时，机械能守恒，有

$$E=\frac{1}{2}mv_{\mathrm{A}}^2-\frac{GmM}{a-c}=\frac{1}{2}mv_{\mathrm{B}}^2-\frac{GmM}{a+c}. \tag{b}$$

由角动量守恒式(a)式得

$$v_{\mathrm{A}}=\frac{a+c}{a-c}v_{\mathrm{B}}. \tag{c}$$

将(c)式代入机械能守恒(b)式，经过整理后，得

$$\frac{1}{2}mv_{\mathrm{B}}^2=\frac{GmM}{2a}\cdot\frac{a-c}{a+c}. \tag{d}$$

将(d)式代入机械能 (b)式，则机械能为

$$\begin{aligned}E&=\frac{1}{2}mv_{\mathrm{B}}^2-\frac{GmM}{a+c}=\frac{GmM}{2a}\cdot\frac{a-c}{a+c}-\frac{GmM}{a+c}\\&=\frac{GmM}{a+c}\left(\frac{a-c}{2a}-1\right)=\frac{GmM}{a+c}\left(\frac{-a-c}{2a}\right)\end{aligned}$$

$$=-\frac{GmM}{2a}.\tag{e}$$

注意 这里不能直接根据$\frac{GmM}{r_B^2}=\frac{mv_B^2}{r_B}$的动力学公式求解 B 点动能，因为在椭圆中，$\rho_B \neq r_B$.

［**例题 5.3.5**］ 宇宙飞船绕一行星沿圆心为 O 的圆形轨道飞行，轨道半径为 R，要把轨道改为经过 B 点的椭圆轨道，如图 5.3.5 所示，B 点位于以 O 为圆心、半径为 $3R$ 的圆周上，则当飞船在 A 点进入上述椭圆轨道时，它的速率应该增加多少？

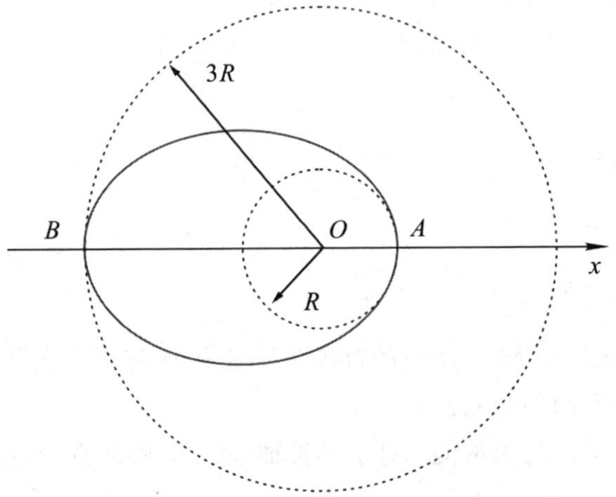

图 5.3.5 例题 5.3.5 示意

解 设飞船和行星质量分别为 m 和 M，飞船做圆周运动时的速率为 v_0，则

$$E=\frac{1}{2}mv_0^2-\frac{GmM}{R}.\tag{a}$$

根据牛顿第二定律，得

$$\frac{mv_0^2}{R}=\frac{GmM}{R^2}.\tag{b}$$

根据(a)和(b)式易得

$$mv_0^2=\frac{GmM}{R},\tag{c}$$

$$E=-\frac{1}{2}mv_0^2.\tag{d}$$

行星做椭圆运动的机械能为

$$E'=-\frac{GmM}{2a}. \tag{e}$$

其中 $a=2R$ 为轨道的半长轴，代入(e)式得

$$E'=-\frac{GmM}{4R}=-\frac{1}{4}mv_0^2. \tag{f}$$

设进入椭圆轨道后，在 A 点处的速率为 v_A，则根据(f)式有

$$E'=-\frac{1}{4}mv_0^2=\frac{1}{2}mv_A^2-\frac{GmM}{R}. \tag{g}$$

又根据(c)式，即 $mv_0^2=\frac{GmM}{R}$，代入(g)式得

$$v_A^2=\frac{3}{2}v_0^2. \tag{h}$$

根据(h)式，得速率增量为

$$\frac{v_A-v_0}{v_0}=\frac{\sqrt{6}-2}{2}. \tag{i}$$

本章提要

本章介绍了万有引力定律和行星运动的轨道方程，以及运用牛顿运动规律、角动量和能量知识求解有心力作用下的运动.

(1)开普勒三定律和万有引力定律

开普勒第一定律：所有行星在以太阳为中心沿着椭圆轨道运动，太阳在椭圆的焦点上.

开普勒第二定律：在相等时间内，太阳和运动着的行星的连线所扫过的面积都是相等的.

开普勒第三定律：各个行星绕太阳公转周期的平方和它们的椭圆轨道的半长轴的立方成正比.

牛顿万有引力定律　$\boldsymbol{F}=-G\frac{m_1m_2}{r^2}\boldsymbol{e}_r$.

(2)比耐公式和行星轨道方程

比耐公式　$h^2u^2\left(\frac{d^2u}{d\theta^2}+u\right)=-\frac{f}{m}$

行星轨道方程　$r=\frac{h^2/k^2}{1+(Ah^2/k^2)\cos\theta}=\frac{p}{1+e\cos\theta}$

习 题

5.1 两个质量均为 m 的质点 A 和 B 相距为 l，现将质量为 m_0 的质点 C 放在该两个质点连线方向上，若质点 C 在质点 B 外侧，距离质点 B 为 l_0. 求质点 C 受到质点 A 和 B 的万有引力大小和方向.

5.2 质量为 m 的两个质点 A 和 B 相距为 l，现将质量为 m_0 的质点 C 放在该两个质点连线中垂线方向，质点 C 距离质点 B 为 l_0. 求质点 C 受到这两个质点 A 和 B 的万有引力大小和方向.

习题 5.3 示意图

5.3 质量为 m 的均匀细杆 AB，长度为 l，现将质量为 m_0 的质点 C 放在细杆方向上，质点 C 距离细杆 B 端为 l_0，如图所示. 求质点 C 受到均匀细杆的万有引力的大小和方向.

5.4 质量为 m 的均匀半圆形细绳 AB，半径为 R，现将质量为 m_0 的质点 C 放在半圆的圆心处. 求质点 C 受到这均匀半圆形细绳的万有引力的大小和方向.

5.5 氢原子核外电子质量为 m_e，电量为 e，氢原子核质量为 m_p，它们相距为 r_0. 请写出它们之间受到的万有引力和静电力之比.

5.6 两质量分别为 m_1 和 m_2 的行星由于相互间的引力吸引使得它们保持在一起，并绕它们的不动质心在一圆形轨道上运动，它们的中心之间的距离为 l，则

(1)该轨道运动的周期为多少？

(2)它们的动能比值为多少？

5.7 如图所示，质点在力 $\boldsymbol{F}$ 作用下做平面圆周运动，运动轨迹为 $r=2b\cos\theta$，其中 b 为正常数，且 $h=r^2\dot{\theta}$ 为常数，求该力 $\boldsymbol{F}$.

5.8 从地球表面以第一宇宙速度朝着与竖直方向成 α 角的方向发射一物体，忽略空气阻力和地球自转的影响，求物体能上升多高.

5.9 宇宙飞船在距离火星表面高度 H 处做匀速圆周运动，火星半径为 R. 设飞船在极短时间内向外侧点火喷气，使其获得一个径向速度，大小为 α 倍，飞船新轨道不会与火星表面交会. 飞船喷气质量可忽略.

(1)计算飞船新轨道近火星点高度和远火星点高度；

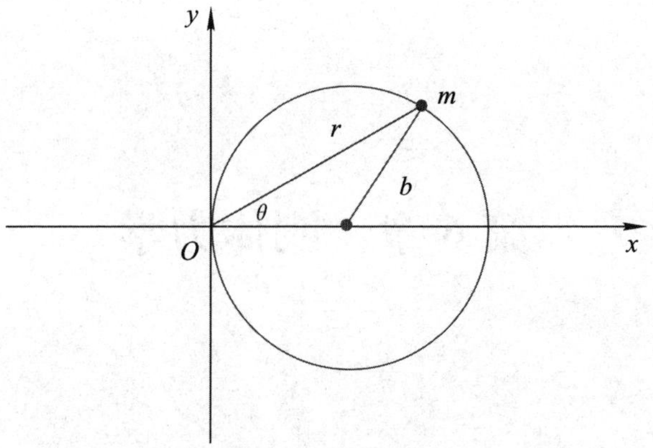

习题 5.7 示意图

(2)设飞船原来的运行速度大小为 v_0，计算新轨道的运行周期.

5.10 在一个半径为 R_0 行星表面，以速率 v_0 水平抛出一物体，使得该物体正好在行星表面绕它做圆周运动.

(1)用 R_0 和 v_0 表示该行星上的逃逸速度；

(2)若在该小行星表面上将一物体竖直上抛，达到的最大高度恰好等于该小行星的半径 R_0，求物体的上抛速度.

第6章　刚体力学

本章介绍刚体这一特殊质点系的运动学和动力学问题. §6.1 介绍刚体的运动学和动力学的基本概念,§6.2 介绍刚体的定轴转动情况,§6.3 介绍刚体的平面平行运动. 本章是前面章节中的质点系力学在特殊情况下的综合应用,在描述方式上我们先从质点系的一般性质再到刚体的特殊性质.

§6.1　刚体运动特征和角速度

刚体是特殊的质点系,根据刚体的运动特征本节先对刚体运动进行分类,再介绍刚体的角速度这个特殊物理量.

视频 6.1.1

6.1.1　刚体运动分类与独立变量

1. 描述刚体运动的独立变量

如图 6.1.1 所示,质点组成一个特殊的质点系,这些质点之间的相对位置固定不变. 这种类型的质点属于理想情况,在现实中均属于近似情况,例如生活中的铁锤、坚硬的石块等在一定条件下均可认为是刚体. 因此刚体的定义:任何两点的相对位置固定的质点系. 显然,刚体是一种理想模型.

刚体中的各个质点之间具有相关性,并不相互独立,因此刚体整体的独立性比一般质点系的独立性大大降低. 通常,在描述刚体运动时,我们需要给出描述该刚体的独立变量个数,并根据独立变量和运动特征对刚体的运动进行分类.

平动: 如图 6.1.2 所示,刚体在三维空间中做平动时,组成刚体的各个质点

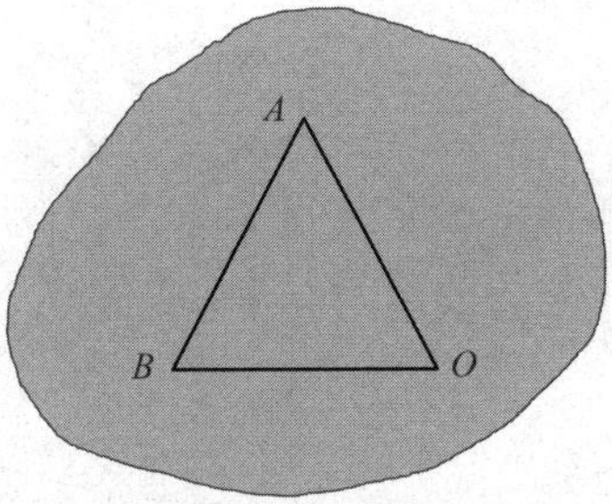

图 6.1.1　刚体示意

的运动情况完全相同,刚体可以被认为是一个质点.实际上,任何物体均有大小,我们将其质心作为一个质点来处理它们的运动,就是将它作为一个理想化的刚体.描述刚体在三维空间中的平动,只需要刚体质心的三个空间坐标位置就足够了.因此,描述刚体平动需要 3 个独立变量.前面章节有关质点平动的运动学和动力学规律可完全照搬过来应用在刚体的平动上,本章不再具体去描述刚体的平动.

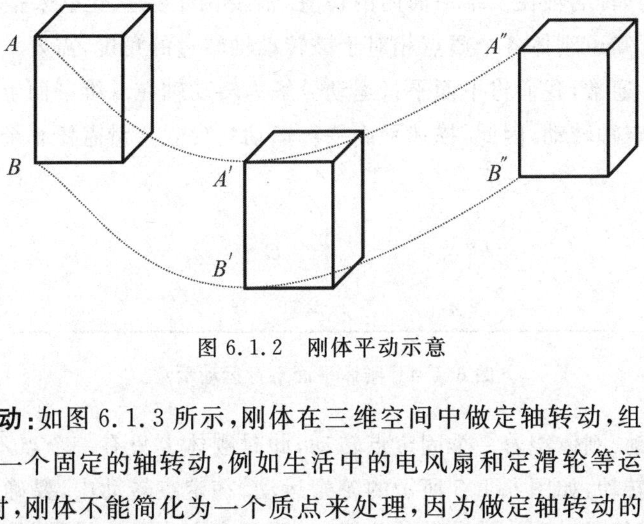

图 6.1.2　刚体平动示意

定轴转动:如图 6.1.3 所示,刚体在三维空间中做定轴转动,组成刚体的各个质点绕着一个固定的轴转动,例如生活中的电风扇和定滑轮等运动就属于定轴转动.此时,刚体不能简化为一个质点来处理,因为做定轴转动的刚体上各个质点运动情况是不一样的.由于刚体上各个质点的相对位置固定,只需要知道定轴转动刚体上的某个质点转过的角度,就可以完全确定刚体整体的位置.因此,描述刚体的定轴转动,只需要绕轴转动的角度这一个独立变量.

平面平行运动:刚体在转动时,如果其转动轴不固定,在二维平面上也发生了平动,则称为刚体的平面平行运动.日常生活中,刚体的各种滚动即属于平面

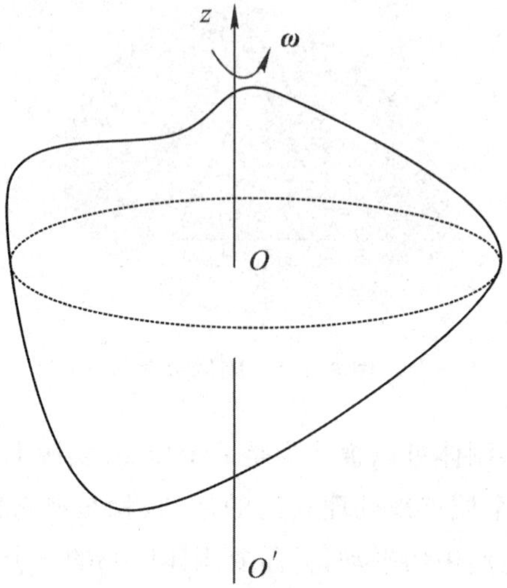

图 6.1.3　刚体定轴转动示意

平行运动，如图 6.1.4 所示的汽车轮胎的滚动. 为了描述刚体平面平行运动，首先要先描述其转动轴在二维平面内的位置，需要两个独立变量来描述转动轴的位置. 然后要知道刚体各个质点相对于该转动轴转过的角度，需要一个独立变量来描述转动. 通常，我们将平面平行运动分解为转动轴在二维平面上的平动和绕该转动轴的定轴转动. 因此，描述平面平行运动的独立变量需要 3 个.

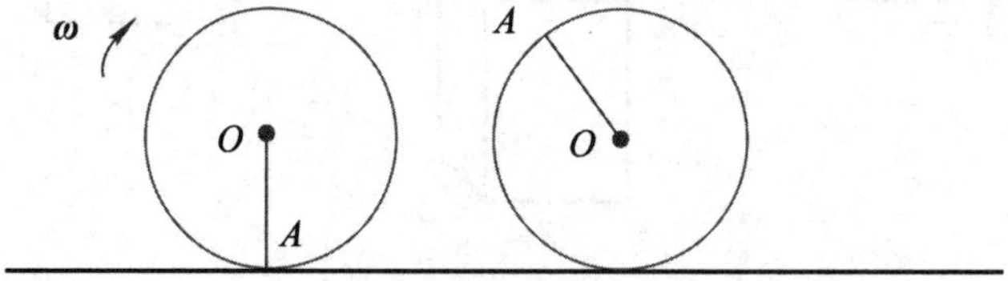

图 6.1.4　刚体平面平行运动示意

定点转动：刚体绕着一个固定点转动，此时刚体上只有一个点不动，称之为刚体的定点转动，如图 6.1.5 所示的陀螺运动. 在定点转动中，要确定刚体的位置，应先确定某瞬时刚体转动轴的位置，需要两个方位角来描述，然后再确定刚体各个质点绕该瞬时轴转过的角度，需要第三个角度来确定位置. 一般来说，描述刚体的定点转动，我们将其分解为绕瞬时轴的转动和瞬时轴绕固定轴的转动，因此需要 3 个独立变量来描述刚体的定点转动.

一般运动：刚体的一般运动可分解为绕某点的定点转动和该点的平动，此时描述定点转动需要 3 个独立变量，描述该点的平动也需要 3 个独立变量，因此描

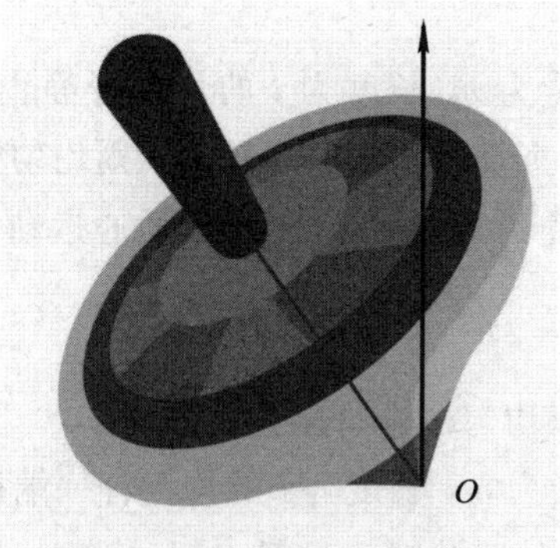

图 6.1.5　刚体定点转动的示意

述刚体的一般运动需要 6 个独立变量. 一般情况下,我们会选取刚体的质心,该定点的平动规律就可以用质心的运动定律进行描述. 本教程主要侧重于刚体的定轴转动和平面平行运动,后续理论力学课程将对定点转动等复杂情况进行分析. 下面先简单列出刚体质心做平动所涉及的一些规律.

2. 刚体质心的平动规律

刚体的质心位置可根据质心定义进行求解,即

$$\boldsymbol{r}_{\mathrm{c}} = \sum_{i=1}^{N} \frac{m_i \boldsymbol{r}_i}{m},$$

由于刚体大多数为连续的质点系,质心位置可改写为积分形式

$$\boldsymbol{r}_{\mathrm{c}} = \frac{1}{m} \iiint_V \boldsymbol{r} \, \mathrm{d}m.$$

其中,m 为质点系的总质量,$\boldsymbol{r}$ 为质量元 $\mathrm{d}m$ 的位置矢量. 对于规则的、质量均匀分布的刚体,其质心位置为该刚体的几何中心.

当然,刚体的质心满足质点系的质心运动定律如下:

$$\boldsymbol{F} = m \frac{\mathrm{d}^2 \boldsymbol{r}_{\mathrm{c}}}{\mathrm{d}t^2} = m \frac{\mathrm{d}\boldsymbol{v}_{\mathrm{c}}}{\mathrm{d}t}.$$

同时,质点系的其他规律,如质点系的总动量,也就是刚体的总动量可表达为

$$\boldsymbol{p} = \sum_{i=1}^{N} m_i \boldsymbol{v}_i = \int_V \boldsymbol{v} \, \mathrm{d}m = m \boldsymbol{v}_{\mathrm{c}}.$$

若将坐标系建立在刚体质心上,则质心坐标系的动力学规律在刚体这类特殊的质点系中也成立,如角动量定理和动能定理等. 下面通过例题来加深对该知

识的理解.

[**例题 6.1.1**] 质量为 m,长度为 l 的均匀杆静止放置在光滑的水平桌面上.现给均匀棒的一端一个垂直于棒的冲量 $\boldsymbol{I}_0$,则均匀棒中点的运动情况如何?

解 因为均匀棒所受的合外力为零,根据质心运动定律:

$$\boldsymbol{F}=m\frac{\mathrm{d}\boldsymbol{v}_c}{\mathrm{d}t},$$

可知 $\boldsymbol{v}_c$ 为常数,所以均匀棒做匀速直线运动.

[**例题 6.1.2**] 质量为 m,长度为 l 的均匀杆一端被固定在 O 点,并在竖直平面内绕定轴转动,当均匀棒转动到最低点时,突然从固定点脱离,如图 6.1.6 所示.请问均匀杆的中点 A 接下来做什么运动?

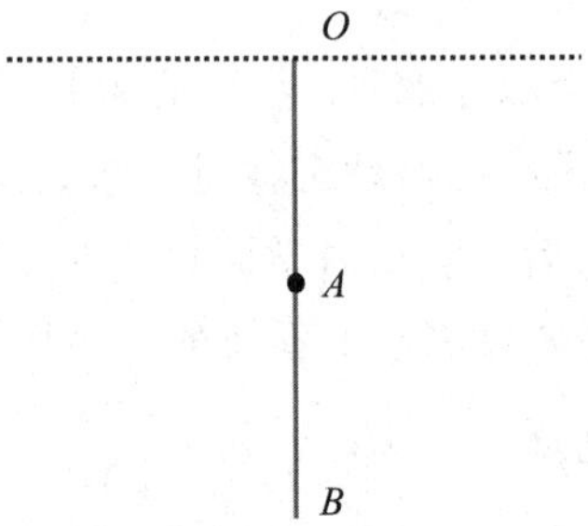

图 6.1.6 例题 6.1.2 示意

解 因为均匀杆只受重力作用,根据质点系的质心运动定律,可知质心(中点)A 做平抛运动.

[**例题 6.1.3**] 均匀圆柱体半径为 R,从光滑的斜面上滚下来,如图 6.1.7 所示,则圆柱体轴线做什么运动?

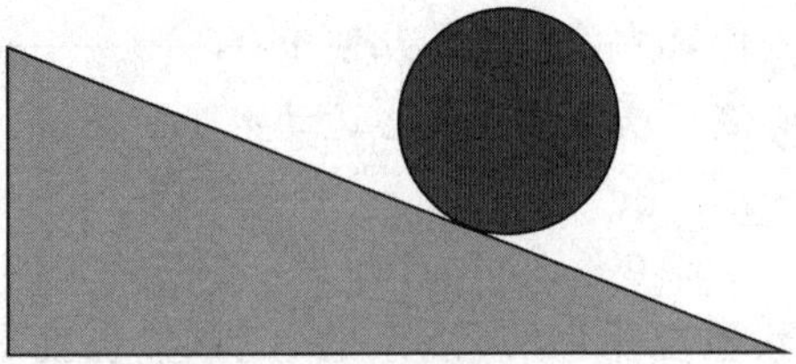

图 6.1.7 例题 6.1.3 示意

解 分析受力,根据质点系的质心运动定律,可知圆柱体轴线(质心位置)做匀加速直线运动.

6.1.2 角速度

视频 6.1.2

1. 有限转动与无限小转动

矢量的特征

矢量有大小和方向，且满足平行四边形加法所遵循的交换律：$\boldsymbol{A}+\boldsymbol{B}=\boldsymbol{B}+\boldsymbol{A}$.

有限转动就不是一个矢量，一个例子如图 6.1.8 所示.

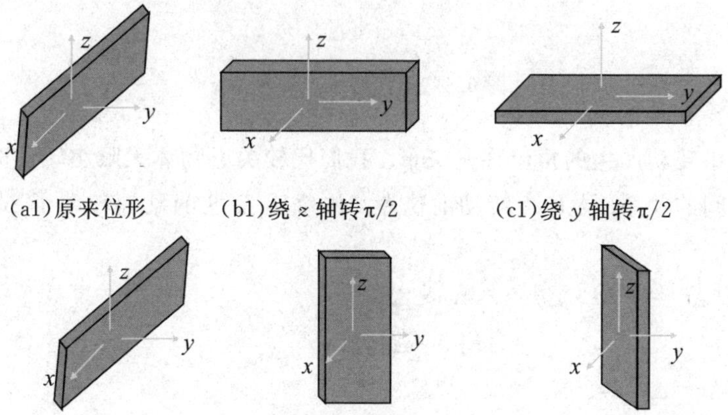

(a1)原来位形　(b1)绕 z 轴转$\pi/2$　(c1)绕 y 轴转$\pi/2$

(a2)原来位形　(b2)绕 y 轴转$\pi/2$　(c2) 绕 z 轴转$\pi/2$

图 6.1.8　两种不同的有限大小转动的组合

设物体绕 z 轴转$\pi/2$ 为 $\boldsymbol{A}$ 操作，绕 y 轴转$\pi/2$ 为 $\boldsymbol{B}$ 操作. 第一种操作组合的结果为 $\boldsymbol{A}+\boldsymbol{B}$，而第二种操作组合的结果为 $\boldsymbol{B}+\boldsymbol{A}$，显然这两种操作组合的结果是不一样的，即它们不满足加法的交换律($\boldsymbol{A}+\boldsymbol{B}\neq\boldsymbol{B}+\boldsymbol{A}$). 因此，有限大小转动的角位移不是矢量.

无限小转动

无限小的转动是矢量. 我们可以用无限小转动来定义角位移矢量. 物体无限小转动时，绕定点 O 的某轴转动了 $\Delta\theta$，其方向和大小用转轴上的有向线段 $\Delta\boldsymbol{n}$ 来表示，被称为角位移，如图 6.1.9 所示.

角位移矢量 $\Delta\boldsymbol{n}$：大小为转过的角度 $\Delta\theta$，方向为转动轴方向，与转动方向满足右手螺旋.

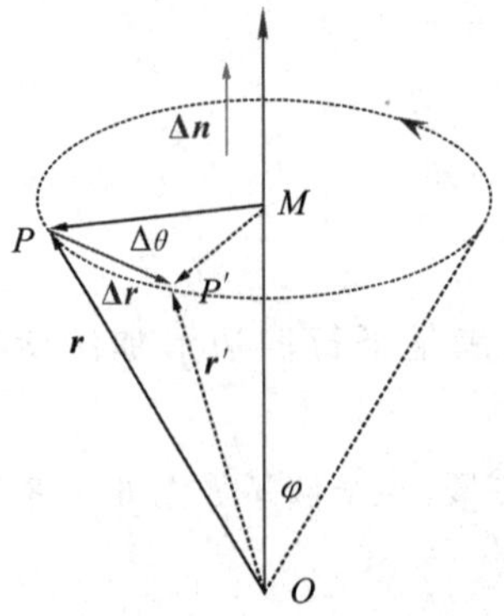

图 6.1.9　无限小转动示意

无限小转动产生的角位移是矢量. 我们比较关心物体无限小转动时的角量和线量之间的关系. 设 P 为转动前位置，P'绕定点 O 的某轴转动了 $\Delta\theta$ 后的位置,则有

$$|\Delta \boldsymbol{r}| = \overline{PM} \cdot \Delta\theta = r\sin\varphi \cdot \Delta\theta$$
$$= |\boldsymbol{r}| \cdot |\Delta \boldsymbol{n}| \sin\varphi,$$

即　　$\Delta \boldsymbol{r} = \Delta \boldsymbol{n} \times \boldsymbol{r}.$

这个结果只有在无限小转动的情况下才成立.

下面我们证明无限小转动确实满足交换律.

设刚体先后绕过 O 点的轴线做了两次无限小转动 $\Delta \boldsymbol{n}$ 和 $\Delta \boldsymbol{n}'$,则 P 点的位矢经历了如下过程的改变:

(1)转动前 $\boldsymbol{r}$,

(2)转动了 $\Delta \boldsymbol{n}$ 后,变为 $\boldsymbol{r} + \Delta \boldsymbol{n} \times \boldsymbol{r}$,

(3)再转动了 $\Delta \boldsymbol{n}'$后,变为 $\boldsymbol{r} + \Delta \boldsymbol{n} \times \boldsymbol{r} + \Delta \boldsymbol{n}' \times (\boldsymbol{r} + \Delta \boldsymbol{n} \times \boldsymbol{r})$.

略去二阶项，则得 P 点的线位移为

$\Delta \boldsymbol{n} \times \boldsymbol{r} + \Delta \boldsymbol{n}' \times \boldsymbol{r} = \Delta \boldsymbol{r} + \Delta \boldsymbol{r}'$

将上面两次的转动次序对易,按照类似的操作,易得 P 点线位移为

$\Delta \boldsymbol{n}' \times \boldsymbol{r} + \Delta \boldsymbol{n} \times \boldsymbol{r} = \Delta \boldsymbol{r}' + \Delta \boldsymbol{r}.$

因此,$\Delta \boldsymbol{n}' + \Delta \boldsymbol{n} = \Delta \boldsymbol{n} + \Delta \boldsymbol{n}'$,满足加法交换律. 因此,无限小转动产生的角位移是矢量.

2. 角速度矢量

无限小转动的角位移是矢量,那么我们就可以定义无限小转动时的角速度

为某个时刻的瞬时角速度.我们定义角速度为某个时刻角位移的变化快慢为

$$\boldsymbol{\omega}=\lim_{\Delta t\to 0}\frac{\Delta \boldsymbol{n}}{\Delta t}=\frac{\mathrm{d}\boldsymbol{n}}{\mathrm{d}t}. \tag{6.1.1}$$

角速度的大小为 $\omega=\frac{\mathrm{d}\theta}{\mathrm{d}t}$,方向为瞬时转动轴的方向,与转动方向构成右手螺旋.我们将瞬时轴方向的单位矢量记为 $\boldsymbol{n}_0$,则过 O 点的瞬时轴转动的角速度可写为

$$\boldsymbol{\omega}=\frac{\mathrm{d}\theta}{\mathrm{d}t}\boldsymbol{n}_0. \tag{6.1.2}$$

然后我们考虑角速度和线速度的关系.当 O 点不动时,根据前面分析,可知线位移和角位移关系式为

$$\Delta \boldsymbol{r}=\Delta \boldsymbol{n}\times \boldsymbol{r},$$

上式两边对时间求导,易得角速度和线速度之间的关系式为

$$\boldsymbol{v}=\boldsymbol{\omega}\times \boldsymbol{r}. \tag{6.1.3}$$

一般情况下,转动点 O 点也可相对于固定点做速度为 $\boldsymbol{v}_0$ 的平动,则此时速度表达式可拓展为

$$\boldsymbol{v}=\boldsymbol{v}_0+\omega\times \boldsymbol{r}'. \tag{6.1.4}$$

其中,$\boldsymbol{v}$ 称为绝对速度,$\boldsymbol{v}'=\boldsymbol{\omega}\times \boldsymbol{r}'$ 为相对速度,$\boldsymbol{v}_0$ 为牵连速度.

在刚体的转动中,角速度和线速度的关系比较重要,下面我们通过例题来进一步加深理解.

[例题 6.1.4] 如图 6.1.10 所示,半径为 R 的圆柱体在水平面上做角速度为 ω 的纯滚动,即 D 点相对地面没有滑动,则分别求圆柱体中心点和边缘 A、B 和 C 点的运动速度.

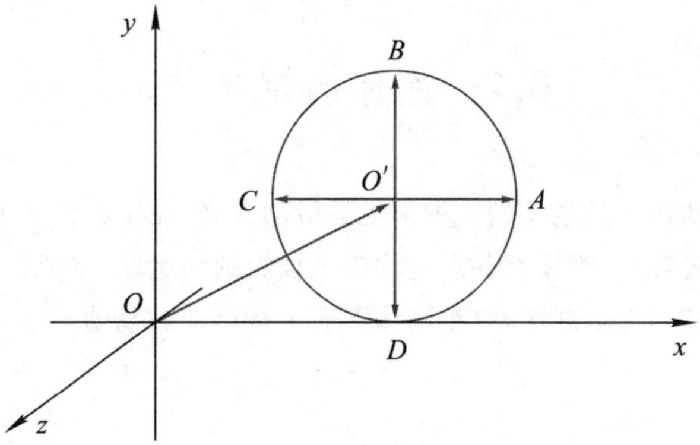

图 6.1.10 例题 6.1.4 示意

解 根据速度关系式 $\boldsymbol{v}=\boldsymbol{v}_0+\boldsymbol{\omega}\times\boldsymbol{r}'$,

设圆柱体向右滚动,则

$$\boldsymbol{\omega}=-\omega\boldsymbol{k}.$$

因此对于 D 点,有

$$\boldsymbol{v}_D=\boldsymbol{v}_0+\boldsymbol{\omega}\times\boldsymbol{r}'_D,$$

又因为 $\boldsymbol{r}_D=-R\boldsymbol{j}$,得

$$\boldsymbol{v}_D=\boldsymbol{v}_0-\omega R\boldsymbol{i}=0,$$

即纯滚动条件为 $\boldsymbol{v}_0=\omega R\boldsymbol{i}$.

类似对于 B、A 和 C 点分别有:

$$\begin{aligned}\boldsymbol{v}_B&=\boldsymbol{v}_0+\boldsymbol{\omega}\times\boldsymbol{r}'_B\\&=\omega R\boldsymbol{i}-\omega\boldsymbol{k}\times R\boldsymbol{j}\\&=\omega R\boldsymbol{i}+\omega R\boldsymbol{i}\\&=2\omega R\boldsymbol{i},\end{aligned}$$

$$\begin{aligned}\boldsymbol{v}_A&=\boldsymbol{v}_0+\boldsymbol{\omega}\times\boldsymbol{r}'_A\\&=\omega R\boldsymbol{i}-\omega\boldsymbol{k}\times R\boldsymbol{i}\\&=\omega R\boldsymbol{i}-\omega R\boldsymbol{j},\end{aligned}$$

$$\begin{aligned}\boldsymbol{v}_C&=\boldsymbol{v}_0+\boldsymbol{\omega}\times\boldsymbol{r}'_C\\&=\omega R\boldsymbol{i}-\omega\boldsymbol{k}\times(-R\boldsymbol{i})\\&=\omega R\boldsymbol{i}+\omega R\boldsymbol{j}.\end{aligned}$$

在本题的求解过程中,我们先建立坐标系,然后根据坐标系写出各个矢量的直角坐标分量,再代入线速度和角速度的关系式得到最后结果.

§6.2 刚体的定轴转动

刚体的定轴转动是刚体的一种常见的转动方式.在定轴转动中,刚体整体上绕一个固定轴线转动,刚体上各个点均绕该轴做圆周运动.本节将介绍刚体定轴转动的运动学和动力学规律,它是刚体平面平行运动的基础.

6.2.1 定轴转动的角动量和动能

视频 6.2.1

刚体绕固定轴做定轴转动时，刚体上各个质点的角速度是相同的，因此角速度是描述刚体转动特征的物理量. 刚体定轴时，各个质点均具有动量、角动量和动能，那么刚体整体的动量、角动量和动能该如何表达呢？对于定轴转动，通常情况下，转动轴过质心，则质心速度为零，根据质点系的动量表达式可知此时刚体的动量等于零. 因此，刚体定轴转动的动量一般不需要考虑. 那么，刚体定轴转动时的角动量和动能又如何表达呢？下面我们介绍刚体定轴转动的角动量和动能.

1. 刚体定轴转动的角动量

刚体绕 z 轴做定轴转动时，如图 6.2.1 所示，刚体中的各个质点 m_i 均做圆周运动. 设刚体的角速度为 $\omega\boldsymbol{k}$，沿 z 轴方向，以 O 为参考点，质点 m_i 的位置矢量为 $\boldsymbol{r}_i$. 由于 m_i 在如图虚线所示的转动平面内做圆周运动，速度 $\boldsymbol{v}_i$ 和位置矢量 $\boldsymbol{r}_i$ 在转动平面内的投影分别为 $\boldsymbol{v}_{\perp i}$ 和 $\boldsymbol{r}_{\perp i}$，如图 6.2.1 所示. 实际上，定轴转动时，$\boldsymbol{v}_i$ 只有 $\boldsymbol{v}_{\perp i}$ 分量. 对于第 i 个质点的角动量，根据角动量定义，有

$$\boldsymbol{L}_i=\boldsymbol{r}_i\times m_i\boldsymbol{v}_i=\boldsymbol{r}_i\times m_i\boldsymbol{v}_{\perp i}.$$

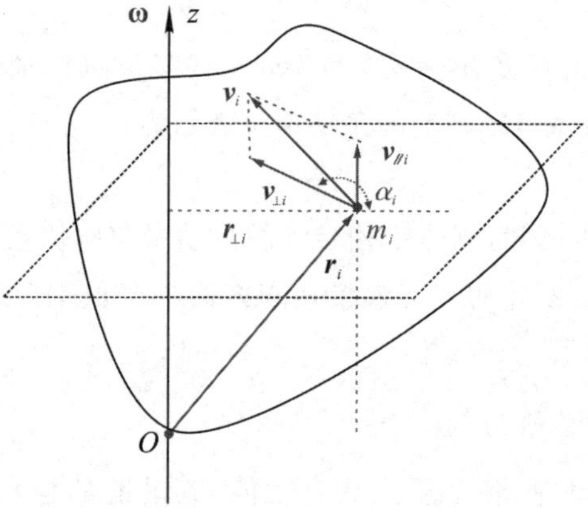

图 6.2.1 刚体定轴转动的角动量示意

对于绕固定轴 Oz 转动的整个刚体而言，每个质点均围绕转动轴做角速度为 ω 的圆周运动，根据线速度和角速度关系式有

$$\boldsymbol{v}_{\perp i}=\boldsymbol{\omega}\times\boldsymbol{r}_{\perp i}.$$

设 α_i 为 $\boldsymbol{r}_{\perp i}$ 和 $\boldsymbol{v}_{\perp i}$ 所成的角，因为质点绕轴做圆周运动，所以 $\sin\alpha_i=1$，即线

速度大小为 $v_{\perp i}=\omega r_{\perp i}$，方向是沿着圆周运动的切向方向.

因此，对于定轴转动而言，

$$\begin{aligned}\boldsymbol{L}_i &= \boldsymbol{r}_i \times m_i \boldsymbol{v}_i = (\boldsymbol{r}_{\parallel i} + \boldsymbol{r}_{\perp i}) \times m_i \boldsymbol{v}_i \\ &= (\boldsymbol{r}_{\parallel i} + \boldsymbol{r}_{\perp i}) \times m_i \boldsymbol{v}_{\perp i}.\end{aligned}$$

在上式中，$\boldsymbol{r}_{\parallel i}\times\boldsymbol{v}_{\perp i}$ 的结果为垂直于转动轴方向，所以不考虑. 因为定轴转动的角动量为 z 轴方向，我们只考虑质点沿着 z 轴的角动量，则

$$L_{zi}=m_i r_{\perp i}^2 \omega \boldsymbol{k}.$$

为方便起见，我们将垂直的标记取消，将 $r_{\perp i}$ 直接记为 r_i，则 r_i 表示质点到转动轴的距离.

对于整个刚体，它的角动量为所有质点的角动量求和，即

$$\boldsymbol{L} = \left(\sum_i^N \Delta m_i r_i^2\right)\omega \boldsymbol{k}. \tag{6.2.1}$$

定义刚体定轴转动的转动惯量为

$$I = \sum_i^N \Delta m_i r_i^2. \tag{6.2.2}$$

若构成刚体的质点是连续的，则绕转动轴的转动惯量可表示为

$$I = \int_V r^2 \rho \mathrm{d}V. \tag{6.2.3}$$

其中，ρ 为刚体的密度，r 为质量元 $\mathrm{d}m=\rho\mathrm{d}V$ 到固定轴的距离.

因此，对于刚体做定轴转动的角动量可表示为

$$\boldsymbol{L} = I\omega \boldsymbol{k}. \tag{6.2.4}$$

从公式(6.2.4)可知，刚体定轴转动的角动量与刚体角速度成正比，并与刚体的转动惯量相关. 刚体的转动惯量是刚体的一个很重要的物理量，我们将在下面章节中具体介绍.

2. 刚体定轴转动的动能

刚体做定轴转动时，各个质点具有动能，其动能的总和称为定轴转动的动能. 为了表达刚体定轴转动的动能，根据质点系的动能定义，得

$$T = \frac{1}{2}\sum_{i=1}^n m_i \boldsymbol{v}_i \cdot \boldsymbol{v}_i = \frac{1}{2}\sum_{i=1}^n m_i \boldsymbol{v}_{\perp i} \cdot \boldsymbol{v}_{\perp i}$$

将 $v_{\perp i}=\omega r_{\perp i}=\omega r_i$ 代入，根据定轴转动惯量定义 $I=\sum_i^N m_i r_i^2$，得刚体的定轴转动动能

$$T = \frac{1}{2} I\omega^2. \tag{6.2.5}$$

动能可按照质心分解，即总动能表达式：

$$T = \frac{1}{2}\sum_{i=1}^{N} m_i v_c^2 + \frac{1}{2}\sum_{i=1}^{N} m_i v_i'^2.$$

对于过质心的定轴转动时，质心速度为零，因此我们也将定轴转动的总动能视为相对于质心的总动能

$$T = \frac{1}{2}\sum_{i=1}^{N} m_i v_i'^2.$$

刚体做定轴转动时，体现出转动效果，因此刚体定轴转动的总动能也称为转动动能.

6.2.2 定轴转动的转动惯量

视频 6.2.2

根据定义，刚体定轴转动的转动惯量为

$$I = \sum_{i}^{N} m_i r_i^2,$$

与刚体中各个质点的空间分布直接相关. 对于具有固定形状的刚体，例如棒、柱和球等，它们的转动惯量有相应的公式.

1. 转动惯量的求解

刚体定轴转动的转动惯量求解分为离散和连续两种情况，我们分别举例如下.

[例题 6.2.1] 如图 6.2.2 所示，四个质量均为 m 的质点位于 xy 平面上，坐标分别为 $(a,\ 0)$，$(-a,\ 0)$，$(0,\ 2a)$，$(0,\ -2a)$. 它们被不计质量的杆连成一刚体，求刚体对 z 轴和 y 轴的转动惯量.

解 根据定义，对 z 轴和 y 轴的转动惯量分别为

$$I_z = \sum_{i=1}^{N} r_i^2 m_i = m(-a)^2 + ma^2 + m(2a)^2 + m(-2a)^2 = 10ma^2.$$

$$I_y = \sum_{i=1}^{N} r_i^2 m_i = m(-a)^2 + ma^2 + m0^2 + m0^2 = 2ma^2.$$

对于连续系统的情况，我们举几个最常见的刚体例子.

[例题 6.2.2] 求过中点转动轴的均匀棒的转动惯量，棒长为 l，质量为 m.

解 如图 6.2.3 所示，建立直角坐标系，对于定轴转动的转动惯量为一个标量. 根据定义：

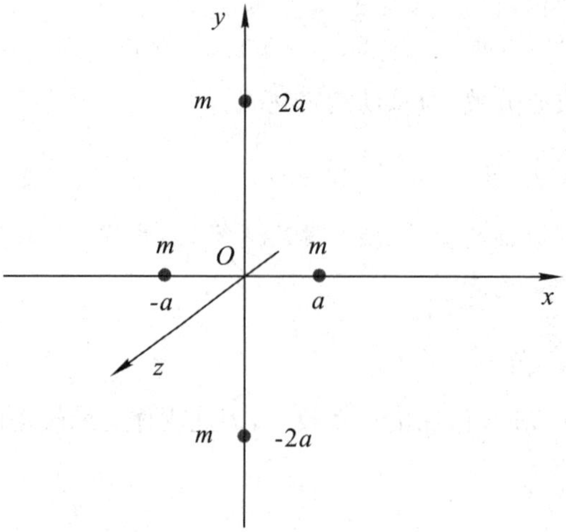

图 6.2.2　例题 6.2.1 示意

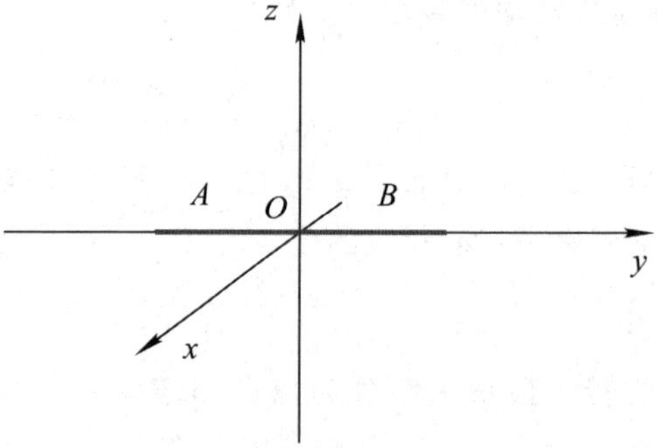

图 6.2.3　例题 6.2.2 示意

$$I_0 = I_z = \int_V \mathrm{d}m_i(x_i^2 + y_i^2).$$

对于本题,则

$$I_0 = \int_A^B y^2 \mathrm{d}m = \int_{-l/2}^{l/2} y^2 \frac{m}{l}\mathrm{d}y$$

$$= \frac{1}{3}\frac{m}{l}y^3\Big|_{-l/2}^{l/2} = \frac{1}{3}\cdot\frac{m}{l}y^3\Big|_{-l/2}^{l/2} = \frac{1}{12}ml^2.$$

[例题6.2.3]　求过端点转动轴的均匀棒的转动惯量,棒长为l,质量为m.

解　如图 6.2.4 所示建立直角坐标系.对于定轴转动的转动惯量为一个标量.

根据定义,有

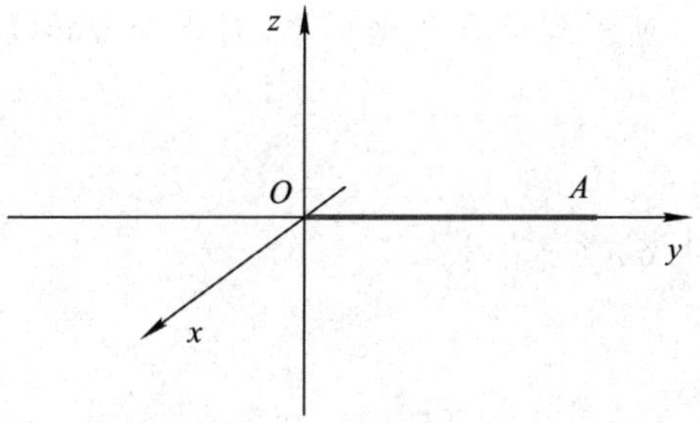

图 6.2.4　例题 6.2.3 示意

$$I_0 = I_{zz} = \int_V \mathrm{d}m_i(x_i^2 + y_i^2).$$

对于本题，则

$$I_0 = \int_A^B y^2 \mathrm{d}m = \int_0^l y^2 \frac{m}{l}\mathrm{d}y$$

$$= \frac{1}{3} \cdot \frac{m}{l} y^3 \Big|_0^l = \frac{1}{3}ml^2.$$

[例题 6.2.4]　求圆心转动轴的圆环的转动惯量，圆环半径为 R，质量为 m.

解　如图 6.2.5 所示，建立直角坐标系. 对于定轴转动的转动惯量为一个标量. 根据定义，有

$$I_0 = I_{zz} = \int_V \mathrm{d}m_i(x_i^2 + y_i^2).$$

对于本题，则

$$I_0 = \int_A^B R^2 \mathrm{d}m = \int_0^{2\pi} R^2 \frac{m}{2\pi}\mathrm{d}\theta = R^2 \frac{m}{2\pi}\theta \Big|_0^{2\pi} = mR^2.$$

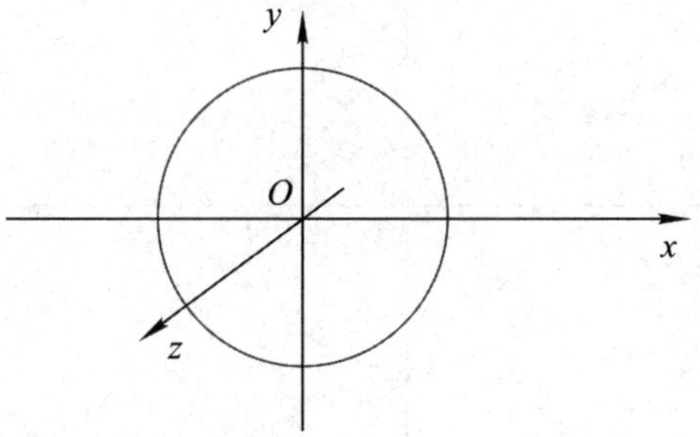

图 6.2.5　例题 6.2.4 示意

[例题 6.2.5]　求过圆心转动轴的圆盘转动惯量，圆盘半径为 R，质量为 m.

解 如图 6.2.6 所示建立直角坐标系，对于定轴转动的转动惯量为一个标量.

根据定义，有

$$I_0 = I_z = \int_V \mathrm{d}m_i (x_i^2 + y_i^2).$$

对于本题，则

$$I_0 = \int_A^B r^2 \mathrm{d}m = \int_0^R r^2 \frac{2\pi r \mathrm{d}r}{\pi R^2} m = \frac{m}{2R^2} r^4 \Big|_0^R = \frac{1}{2} mR^2.$$

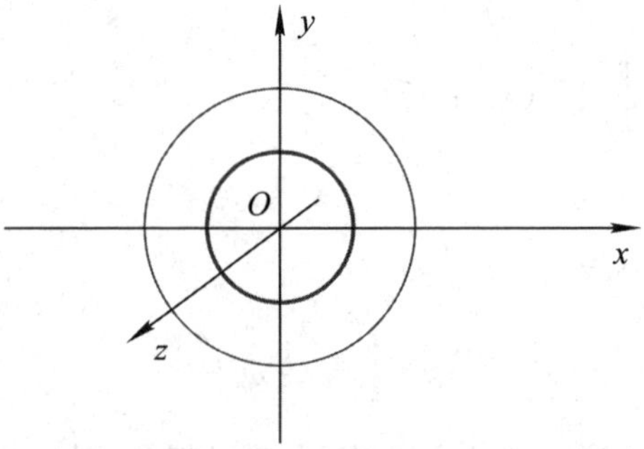

图 6.2.6 例题 6.2.5 示意

[例题 6.2.6] 求过圆心的转动轴的实心圆球转动惯量，已知圆球半径为 R，质量为 m.

解 如图 6.2.7 所示建立球坐标系，对于定轴转动的转动惯量为一个标量.

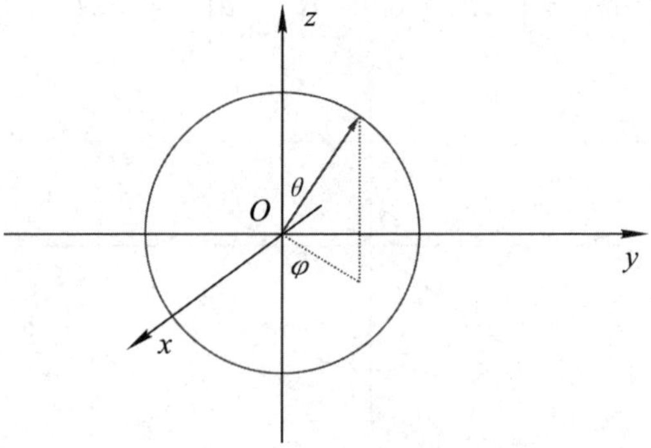

图 6.2.7 例题 6.2.6 示意

根据定义，有

$$I_0 = I_{zz} = \int_V \mathrm{d}m_i (x_i^2 + y_i^2).$$

对于本题，则

$$I_0 = \int_V (r\sin\theta)^2 \rho \mathrm{d}V.$$

对于球坐标系的体积元有

$$\mathrm{d}V = r^2 \sin\theta \mathrm{d}r \mathrm{d}\theta \mathrm{d}\varphi,$$

因此，转动惯量可改写为

$$\begin{aligned} I_0 &= \int_V (r\sin\theta)^2 r^2 \sin\theta \rho \mathrm{d}r \mathrm{d}\theta \mathrm{d}\varphi \\ &= \rho \int_0^R \mathrm{d}r \int_0^\pi \mathrm{d}\theta \int_0^{2\pi} \mathrm{d}\varphi r^4 \sin^3\theta \\ &= 2\pi\rho \int_0^R r^4 \mathrm{d}r \int_0^\pi \sin^3\theta \mathrm{d}\theta \\ &= \frac{2}{5}\pi R^5 \rho \int_0^\pi (\cos^2\theta - 1) \mathrm{d}(\cos\theta) \\ &= \frac{2}{5}\pi R^5 \rho \int_1^{-1} (x^2 - 1) \mathrm{d}x \\ &= \frac{2}{5} \times \frac{4}{3}\pi R^5 \rho. \end{aligned}$$

因为 $\rho = \dfrac{m}{\frac{4}{3}\pi R^3}$，得

$$I_0 = \frac{2}{5} m R^2.$$

2. 转动惯量的平行轴定理

刚体定轴转动的转动惯量满足平行轴定理，这对我们求解转动惯量有帮助.

平行轴定理：若有两个转动轴相互平行，其中一轴过质心，这两个平行轴的转动惯量之间，存在关系 $I_0 = I_C + md^2$.

证明　如图 6.2.8 所示，根据定义，过 O 点的固定轴 z 轴的转动惯量为

$$\begin{aligned} I_0 = I_z &= \sum_i m_i (x_i^2 + y_i^2) \\ &= \sum_i m_i [(x_C + x'_i)^2 + (y_C + y'_i)^2] \\ &= \sum_i m_i (x_i'^2 + y_i'^2) + 2x_C \sum_i m_i x'_i + 2y_C \sum_i m_i y'_i + (x_C^2 + y_C^2) \sum_i m_i \end{aligned}$$

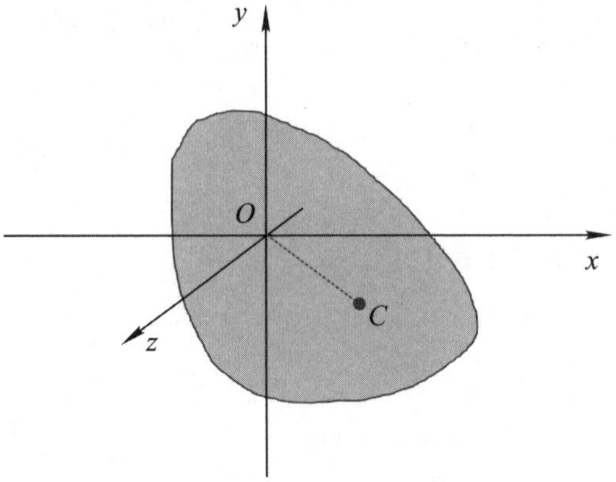

图 6.2.8　平行轴定理示意

$$= I_C + md^2.$$

这里，我们利用了质心的特点，即 $\sum_i m_i x_i' = \sum_i m_i y_i' = 0$. 对于平行轴定理中的两个平行的转动轴，其中有一个必须过质心.

视频 6.2.3-1

6.2.3　定轴转动的动力学规律

前面章节，我们介绍了刚体的角动量和动能表达式，这里我们进一步从角动量表达式出发，推导刚体定轴转动的动力学规律.

1. 定轴转动的基本公式

设刚体绕 z 轴转动. 根据刚体的定轴转动角动量表达式，有 $L_z = I_z\omega$，对该式两边求导，得 $\frac{\mathrm{d}L_z}{\mathrm{d}t} = I_z \frac{\mathrm{d}\omega}{\mathrm{d}t}$. 刚体属于特殊的质点系，根据质点系的角动量定理 $M_z = \frac{\mathrm{d}L_z}{\mathrm{d}t}$，得刚体定轴转动的转动定律：

$$M_z = I_z \frac{\mathrm{d}\omega}{\mathrm{d}t}. \tag{6.2.6}$$

角速度对时间的求导即为刚体定轴转动的角加速度 α，即

$$\alpha = \frac{\mathrm{d}\omega}{\mathrm{d}t}.$$

将下标 z 取消，刚体定轴转动的转动定律简化为

$$M = I\alpha. \tag{6.2.7}$$

该表达式与单质点的牛顿第二定律类似，它在刚体定轴转动中处于关键的地位.

刚体定轴转动中，也有类似的动能定理，只不过此时的动能为刚体的转动动

能，其积分表达式如下：

$$A = \frac{1}{2}I\omega_2^2 - \frac{1}{2}I\omega_1^2. \tag{6.2.8}$$

公式(6.2.8) 表明外力对刚体所做的功等于刚体转动动能的改变量.

刚体定轴转动还涉及运动学公式，根据前面角速度和角加速度的定义，可得定轴转动的运动学公式如下：

$$\omega = \omega_0 + \int_0^t \alpha \mathrm{d}t, \ \theta = \theta_0 + \int_0^t \omega \mathrm{d}t. \tag{6.2.9}$$

下面我们将应用定轴转动的动力学规律并结合相应的运动学公式来求解刚体的定轴转动问题.

视频 6.2.3-2

2. 定轴转动的求解

[例题6.2.7] 如图6.2.9所示，均匀杆长度为l，质量为m，从水平位置绕其端点O从水平位置在竖直平面内转到最低点，求此时均匀杆的角速度.

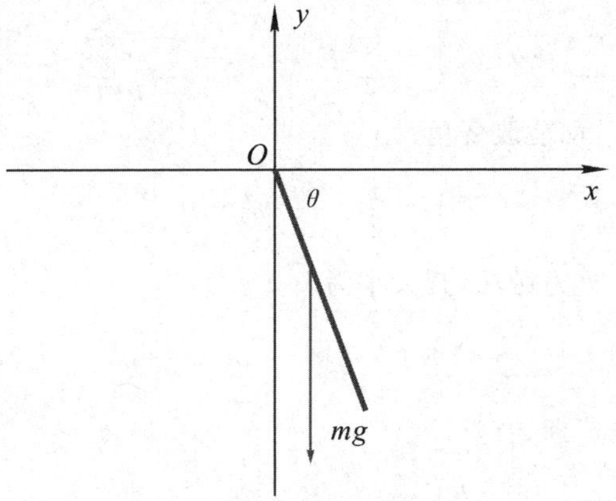

图 6.2.9 例题 6.2.7 示意

解 本题可分别采用转动定律和动能定理来求解.

解法一 根据转动定律求解.

对均匀杆进行受力分析和运动分析，有

$$M = I\alpha，同时有 \ I = \frac{1}{3}ml^2.$$

在本题中，过端点O的力矩只有重力矩，因此

$$M = \frac{1}{2}mgl\cos\theta. \tag{a}$$

将(a)式代入转动定律,得

$$\frac{1}{2}mgl\cos\theta=\frac{1}{3}ml^2\frac{\mathrm{d}\omega}{\mathrm{d}t}. \tag{b}$$

对(b)式整理,得

$$\frac{1}{2}mgl\cos\theta\mathrm{d}\theta=\frac{ml^2}{3}\frac{\mathrm{d}\theta}{\mathrm{d}t}\mathrm{d}\omega. \tag{c}$$

对公式(c)两边积分

$$\int_0^\theta\frac{1}{2}lmg\cos\theta\mathrm{d}\theta=\int_0^\omega\frac{ml^2}{3}\omega\mathrm{d}\omega.$$

即

$$\frac{1}{2}lmg\sin\theta=\frac{1}{2}\frac{ml^2}{3}\omega^2. \tag{d}$$

得

$$\omega=\sqrt{\frac{3g\sin\theta}{l}}. \tag{e}$$

解法二 根据质点系的动能定理,有

$$\mathrm{d}T=\mathrm{d}\left(\sum_{i=1}^N\frac{1}{2}m_iv_i^2\right)=\sum_{i=1}^N\boldsymbol{F}_i\cdot\mathrm{d}\boldsymbol{r}_i+\sum_{i=1}^N\sum_{j=1,j\neq i}^N\boldsymbol{f}_{ij}\cdot\mathrm{d}\boldsymbol{r}_i.$$

对于本题而言,动能改变量为

$$\mathrm{d}T=\mathrm{d}\left(\sum_{i=1}^N\frac{1}{2}m_iv_i^2\right)=\frac{1}{2}\cdot\frac{ml^2}{3}\omega^2-0. \tag{f}$$

外力做功只有重力做功,其大小为

$$\sum_{i=1}^N\boldsymbol{F}_i\cdot\mathrm{d}\boldsymbol{r}_i+\sum_{i=1}^N\sum_{j=1,j\neq i}^N\boldsymbol{f}_{ij}\cdot\mathrm{d}\boldsymbol{r}_i=mg\frac{l}{2}\sin\theta. \tag{g}$$

因此根据动能定理,有:

$$\frac{1}{2}lmg\sin\theta=\frac{1}{2}\cdot\frac{ml^2}{3}\omega^2. \tag{h}$$

化简后,得 $\omega=\sqrt{\dfrac{3g\sin\theta}{l}}$.

[例题 6.2.8] 如图 6.2.10 所示,光滑的定滑轮半径为 R,质量为 M,物体质量为 m,轻绳连接定滑轮和物体. 现物体从静止开始下落,当下落高度为 h 时,求物体的速度.

解 本题可分别采用转动定律和动能求解.

解法一 采用转动定律,分析物体的受力和运动可知

对于 M,设 T 为轻绳拉力,则

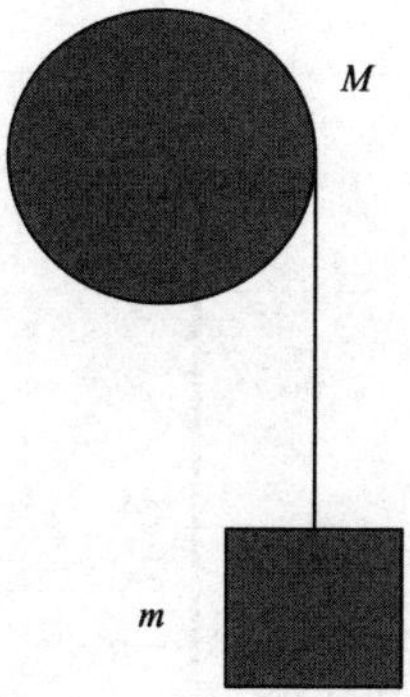

图 6.2.10　例题 6.2.8 示意

$$RT=\frac{1}{2}MR^2\alpha. \tag{a}$$

对于 m，有

$$mg-T=ma, a=R\alpha. \tag{b}$$

同时 $v^2-v_0^2=2ah.$ (c)

联立(a)(b)(c) 三式，解得

$$v=\sqrt{\frac{2mgh}{(m+\frac{M}{2})}}. \tag{d}$$

解法二 采用动能定理求解.

根据动能定理，有：

$$mgh=\frac{1}{2}I\omega^2+\frac{1}{2}mv^2, \tag{e}$$

$$v=R\omega. \tag{f}$$

联立(e) 和(f) 式，可解得

$$v=\sqrt{\frac{2mgh}{\left(m+\frac{M}{2}\right)}}. \tag{g}$$

显然，这两种解法结果相同，但是用动能定理求解比较简单，其原因在于动能定理已经对牛顿运动定律进行过一次积分. 解题时采用哪种方法则应根据题给条件灵活选取.

[例题 6.2.9]　长度为 l，质量为 M 的均匀杆一端固定，可在竖直平面内自由转动. 子弹质量 m，以速度 v_0 撞击均匀杆的 A 点后随杆一起运动，A 点离杆末端 B 点 $0.25l$，如图 6.2.11 所示. 求杆上升的最大角度.

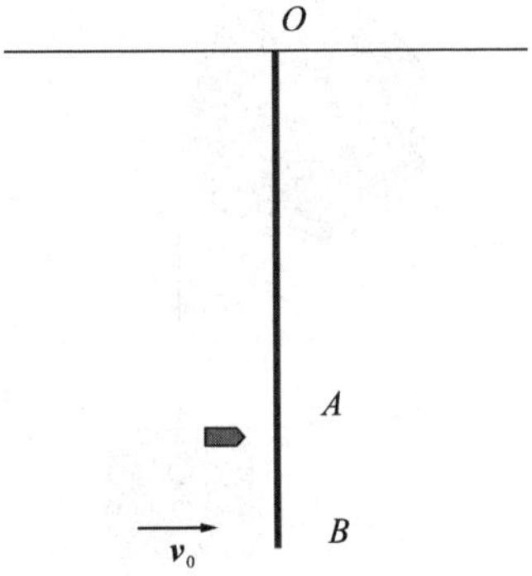

图 6.2.11　例题 6.2.9 示意

解　对体系进行受力分析和运动分析. 体系可分为两个过程：

第一过程为碰撞过程，时间极短，该过程中子弹和杆的角动量守恒. 第二个过程为子弹和杆一起向上摆动过程，该过程中体系的机械能守恒.

在第一过程中，角动量守恒，有

$$\frac{3}{4}mlv_0 = \left(m\frac{9}{16}l^2 + \frac{1}{3}Ml^2\right)\omega. \tag{a}$$

上升过程中，体系的机械能守恒，则：

$$\frac{1}{2}\left(m\frac{9}{16}l^2 + \frac{1}{3}Ml^2\right)\omega^2 = \left(\frac{1}{2}Mgl + \frac{3}{4}mgl\right)(1-\cos\theta). \tag{b}$$

联立(a) 和(b) 式，得结果为

$$(1-\cos\theta) = \frac{1}{2}\cdot\frac{\left((\frac{3}{4}mlv_0\right)^2}{\left(m\frac{9}{16}l^2 + \frac{1}{3}Ml^2\right)\left(\frac{1}{2}Mgl + \frac{3}{4}mgl\right)}. \tag{c}$$

本题应用了角动量守恒和动能定理，对于角动量守恒和机械能守恒的应用，要注重守恒条件的判断和初末状态.

§6.3　刚体的平面平行运动

刚体的平面平行运动可分解为质心的平面运动和绕质心轴的转动，它是质心运动定律和定轴转动定律的综合应用. 本节将介绍刚体的平面平行运动的基本规律和基本求解方法.

6.3.1 平面平行运动的基本公式

视频 6.3.1

刚体的平面平行运动可分解为刚体质心的平动和绕过质心的轴的转动.因此,刚体的平面平行运动的运动学可分为质心的平动和绕质心轴的转动.同理,在动力学方面,刚体的平面平行运动也分为质心的平动和绕质心轴的转动两部分.

1.运动学公式

圆柱体在斜面上的滚动是典型的平面平行运动.如图 6.3.1 所示,平面平行运动学公式可分解为绕质心 C 点的转动和 C 点平动.

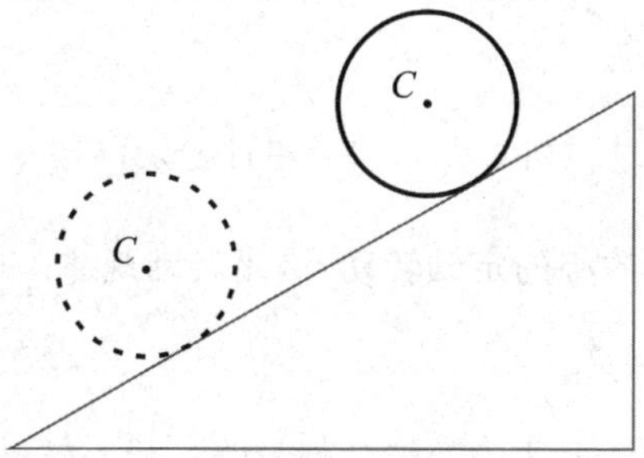

图 6.3.1 平面平行运动示意

刚体上某点的速度表达式为

$$\boldsymbol{v} = \boldsymbol{v}_c + \boldsymbol{\omega} \times \boldsymbol{r}'.$$

速度矢量的分量为

$$v_x = v_{cx} + \omega(y - y_c), v_y = v_{cy} + \omega(x - x_c).$$

其中,$\boldsymbol{r}'$ 为刚体上某点相对于质心的位置矢量,x 和 y 为刚体上某点的绝对坐标,x_c 和 y_c 为刚体质心的坐标.

2.平面平行运动的动力学公式

刚体的平面平行运动的动力学规律也可以分解为绕质心 C 点的转动规律和质心 C 点的平动规律,如图 6.3.2 所示.

对于刚体质心,满足二维平面运动的平动微分方程,即

$$m\ddot{x}_c = F_x, m\ddot{y}_c = F_y.$$

这个公式采用了直角坐标系.当然,可以根据问题条件,利用不同的坐标系求解刚体质心的平动动力学规律.

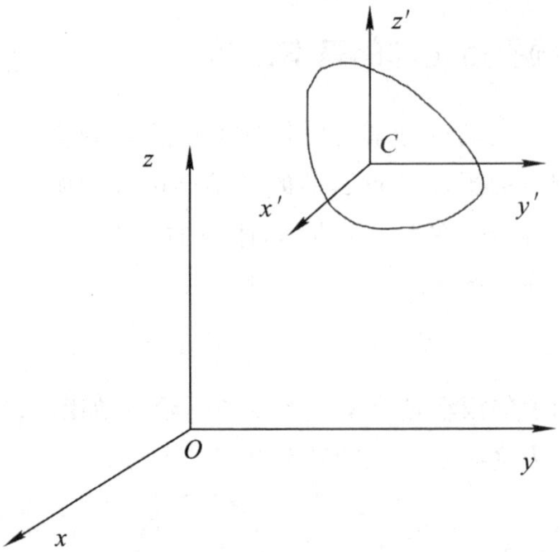

图 6.3.2　平面平行运动分解

另一方面，刚体绕质心的定轴转动，满足转动规律

$$M = I_c \frac{d\omega}{dt} = I_c \alpha.$$

我们需要注意的是，上式中的转动惯量为过质心转动轴的转动惯量. 有时候采用动能定理求解平面平行运动比较方便. 但要注意的是，刚体做平面平行运动时，根据柯尼希定理，它的动能分为两部分之和，即质心平动动能和绕质心转动的转动动能之和.

$$E = \frac{1}{2}mv_c^2 + \frac{1}{2}I_c\omega^2.$$

6.3.2　平面平行运动的求解

我们通过几个例子来分析刚体的平面平行运动.

[**例题 6.3.1**]　用一水平台球棒打击一个半径为 R，质量为 M 的台球，击球点在台球桌面上方高 h 处，如图 6.3.3 所示. 求使台球做无滑动滚动的 h 值等于多少？

视频 6.3.2-1

解　设作用于台球上的冲力为 f，作用时间为 Δt，则在打击前后应用质心的动量定理和角动量定理，有：

$$M\Delta v = f\Delta t, \tag{a}$$

$$I\Delta\omega = f(h-R)\Delta t. \tag{b}$$

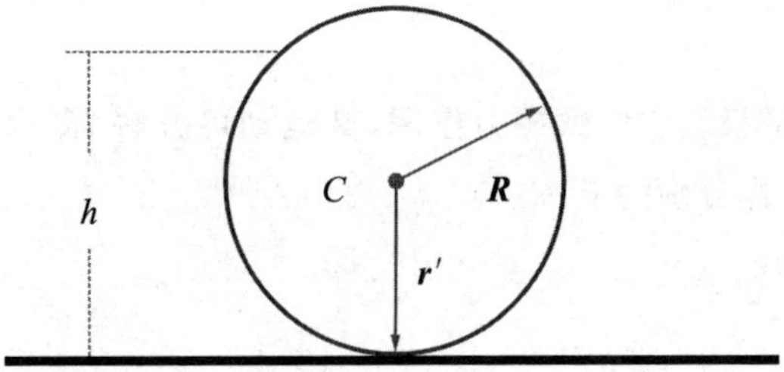

图 6.3.3　例题 6.3.1 示意

联立(a) 和(b) 式易得

$$\Delta v = \frac{2}{5} \cdot \frac{R^2}{h-R} \Delta\omega. \tag{c}$$

因为台球开始为静止状态，则根据初始条件，可得

$$v = \frac{2}{5} \cdot \frac{R^2}{h-R} \omega. \tag{d}$$

由无滑动滚动条件知：

$$v - R\omega = 0. \tag{e}$$

将(e) 代入(d) 得

$$h = \frac{7}{5}R.$$

［**例题 6.3.2**］　一面粗糙另一面光滑的平板，其质量为 M. 将光滑的一面放在水平桌面上，木板上放一质量为 m 的球. 若板沿着其长度方向突然获得一速度 V，问经过多少时间后，球开始滚动而不滑动？

视频 6.3.2 - 2

解　小球和平板的受力和运动情况如图 6.3.4 所示.

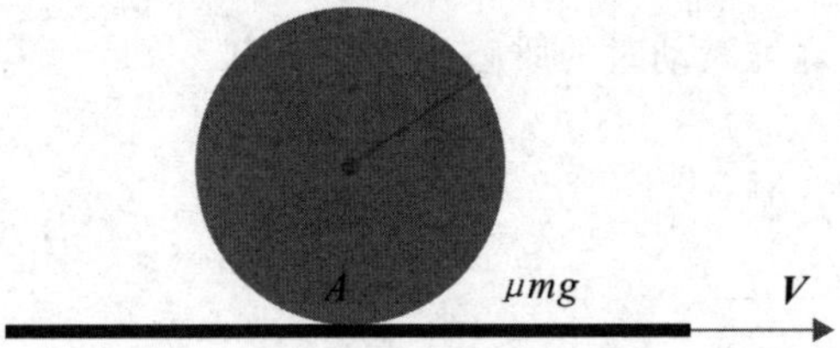

图 6.3.4　例题 6.3.2 示意

平板只受到小球给它的摩擦力作用，是阻力，因此它做减速运动.

$$V' = V - \frac{\mu m g}{M}t. \tag{a}$$

小球只受到平板给它的摩擦力作用,其运动可分解为质心的平动和绕质心的转动,其运动方程分别为

$$v_c = \frac{\mu m g}{m}t, \tag{b}$$

$$\omega = \frac{\mu m g r}{2mr^2/5}t = \frac{5}{2}\cdot\frac{\mu g}{r}t. \tag{c}$$

接触点 A 点的速度满足如下公式:

$$\boldsymbol{v}_A = \boldsymbol{v}_c + \boldsymbol{\omega}\times\boldsymbol{r}'.$$

因此,A 点的速度为

$$v_A = v_c + \omega r = \mu g t + r\frac{5}{2r}\mu g t = \frac{7}{2}\mu g t. \tag{d}$$

小球在平板上做纯滚动,则表明接触点 A 相对于木板没有滑动,则 A 点对地面的速度和平板对地面的速度应该相等.

据(a) 和(d) 式,可求得达到纯滚动的条件为

$$V - \frac{\mu m g}{M}t = \frac{7}{2}\mu g t. \tag{e}$$

因此,达到纯滚动的时间为

$$t = \frac{V}{\mu g\left(\frac{7}{2} + \frac{m}{M}\right)}. \tag{f}$$

讨 论

那么接下来小球和平板受力情况如何呢?此时,平板和小球的 A 点没相对滑动,没有滑动摩擦力,因此平板做匀速运动,而小球则做纯滚动.此时,平板匀速运动的速度和小球纯滚动时的质心速度分别为

$$V' = V - \frac{\mu m g}{M}t,\quad v_c = \frac{\mu m g}{m}t.$$

因为 $t = \dfrac{V}{\mu g\left(\frac{7}{2} + \frac{m}{M}\right)}$,

得 $V' = \dfrac{7M}{7M + 2m}V,\ v_c = \dfrac{2M}{7M + 2m}V.$

此时,平板和球构成的体系总动量:

$$P' = MV' + mv_c = M\frac{7M}{7M+2m}V + m\frac{2M}{7M+2m}V = MV.$$

小球和平板组成的体系初动量和末动量相等,实际上该体系在整个过程中因为不受外力作用,体系的动量守恒.

视频 6.3.2-3

[**例题 6.3.3**] 一绕其对称轴以角速度 ω 旋转的硬币被放置在一个水平面上,如图 6.3.5 所示,当它停止滑动后,求滚离的速度.

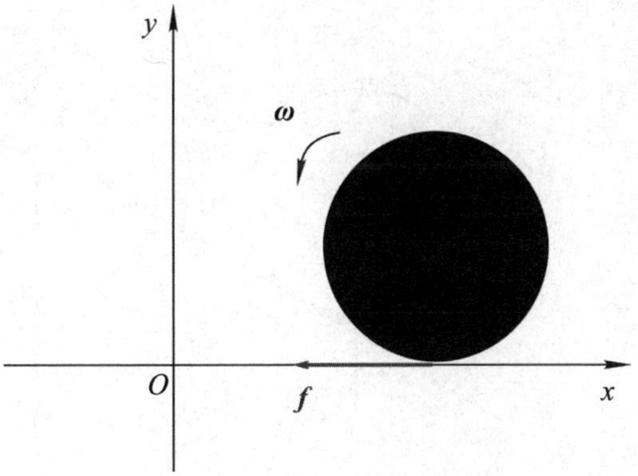

图 6.3.5 例题 6.3.3 示意

解 建立坐标如图 6.3.5 所示,则对质心的牛顿第二定律和转动定律分别为

$$m\ddot{x}_c = -\mu mg,$$

$$I_C\ddot{\theta} = -\mu mgR.$$

初始条件为

$$\dot{x}_c(0) = 0,\ \dot{\theta}(0) = \omega.$$

求解运动微分方程,可得:

$$\dot{x}_c = -\mu gt, \quad \dot{\theta} = \omega - \frac{2\mu g}{R}t.$$

不发生滑动的约束条件为

$$\dot{x}_c = -\dot{\theta}R.$$

因此,$-\mu gt + \omega R - 2\mu gt = 0$.

求得 $t = \dfrac{\omega R}{3\mu g}$.

此时,质心的速度为

$$\dot{x}_c = -\mu g \frac{\omega R}{3\mu g} = -\frac{1}{3}\omega R.$$

[例题 6.3.4] 半径为 r 的均质实心圆柱，放在倾斜角为 θ 的粗糙斜面上，动摩擦因数为 μ. 设运动不是纯滚动，试求圆柱的质心加速度和圆柱绕质心转动的角加速度.

解 圆柱的受力情况如图 6.3.6 所示，则质心的运动采用质心运动规律求解.

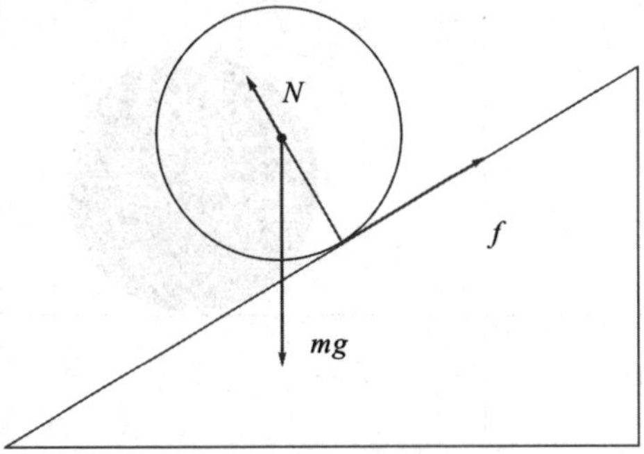

图 6.3.6 例题 6.3.4 示意

$$ma = mg\sin\theta - \mu mg\cos\theta. \tag{a}$$

因此，$a = g\sin\theta - \mu g\cos\theta$.

绕质心转动的角加速度采用转动定律求解

$$\frac{1}{2}mr^2\beta = \mu mg\cos\theta r, \tag{b}$$

即 $$\beta = \frac{2\mu\cos\theta}{r}g.$$

如果圆柱做纯滚动，则它的受力情况如图 6.3.7 所示，少了滑动摩擦力，多了静摩擦力 F'.

此时，质心加速度和绕质心的角加速度满足

$$m\ddot{x}_c = mg\sin\theta - F', \frac{1}{2}mr^2\ddot{\theta} = F'r. \tag{c}$$

同时须满足纯滚动条件 $r\theta = x_c$.

根据(a) (b) 和(c) 式，得

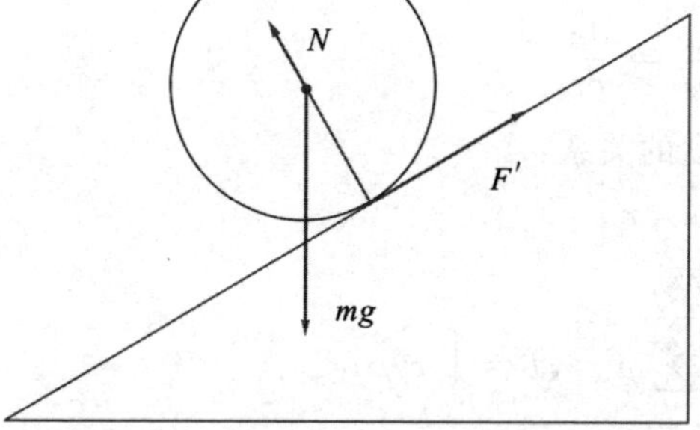

图 6.3.7　例题 6.3.4 示意

$$\begin{cases} \ddot{x}_c = \dfrac{2}{3} g\sin\theta, \\ \ddot{\theta} = \dfrac{2g\sin\theta}{3r}. \end{cases} \tag{d}$$

此时求出静摩擦力为

$$F' = mg\sin\theta - \frac{2}{3}mg\sin\theta = \frac{1}{3}mg\sin\theta. \tag{e}$$

因为静摩擦力总是小于滑动摩擦力，则根据(e)式得

$$\frac{1}{3}mg\sin\theta < \mu mg\cos\theta. \tag{f}$$

这就要求若能发生纯滚动，须满足条件为

$$\tan\theta < 3\mu.$$

如果圆柱换成实心球，则类似满足纯滚动的条件为

$$\tan\theta < \frac{7}{2}\mu.$$

通过以上几个例题的分析，我们进行解题小结. 首先，要特别注意区分又滚又滑情况和纯滚动情况以及它们的主要标志. 其次，要特别注意平面平行运动的特点，它可分为质心的平动和绕质心的转动. 最后，要熟悉球体和圆柱体在水平面上的平面平行运动和它们在斜面上的平面平行运动.

本章提要

(1) 刚体运动分类和角速度

运动分类：

平动，定轴转动，平面平行运动，定点转动，一般运动.

角速度定义：

$$\boldsymbol{\omega} = \lim_{\Delta t \to 0} \frac{\Delta \boldsymbol{n}}{\Delta t} = \frac{\mathrm{d}\boldsymbol{n}}{\mathrm{d}t}.$$

线速度和角速度的关系：

$$\boldsymbol{v} = \boldsymbol{v}_0 + \boldsymbol{\omega} \times \boldsymbol{r}'.$$

(2) 刚体定轴转动

转动惯量 $I = \sum_i^N m_i r_i^2, I = \int_V r^2 \rho \mathrm{d}V.$

平行轴定理：若有两个转动轴相互平行，其中一轴过质心，这两个平行轴的转动惯量之间存在关系为：$I_0 = I_C + md^2$.

角动量 $\boldsymbol{L} = I\omega \boldsymbol{k}$

动能 $T = \frac{1}{2} I\omega^2$

刚体定轴转动的转动定律　$M_z = I_z \frac{\mathrm{d}\omega}{\mathrm{d}t}.$

动能定理　$A = \frac{1}{2} I\omega_2^2 - \frac{1}{2} I\omega_1^2.$

定轴转动的运动学公式

$$\omega = \omega_0 + \int_0^t \alpha \mathrm{d}t,\ \theta = \theta_0 + \int_0^t \omega \mathrm{d}t$$

(3) 刚体平面平行运动

运动学公式：$\boldsymbol{v} = \boldsymbol{v}_c + \boldsymbol{\omega} \times \boldsymbol{r}'$

平面平行运动可分解为质心平动和绕质心转动.

对于刚体质心，满足二维平面运动的平动微分方程，即

$$m\ddot{x}_c = F_x,\quad m\ddot{y}_c = F_y.$$

对于刚体绕质心的定轴转动，满足转动规律：

$$M = I_c \frac{\mathrm{d}\omega}{\mathrm{d}t} = I_c \alpha.$$

习　题

6.1 一个半径为 R 的匀质圆盘，其质量为 m，可绕过其圆心的竖直轴转动，现受到一个与时间成正比的力矩 $M = \mu mgRt$ 作用，从静止开始转动，公式中 μ 为常数. 求该圆盘的角速度随时间变化的关系式.

6.2 一个均匀细棒质量为 m，长度为 l，平放在动摩擦因数为 μ 的水平地面

上. 棒的一端固定，在外力 F 作用下，绕此固定端在水平地面上以角速度 ω_0 做匀速转动. 求：

(1) 外力 F 的力矩为多少？

(2) 现撤去外力 F，经过多长时间细棒会停止转动？

6.3 一个半径为 R 的匀质圆盘，其质量为 m，可绕过其圆心的竖直轴转动. 现将其以初速度 ω_0 放置到水平地面上，整个圆盘底面与水平地面产生摩擦绕过圆心的竖直轴转动，设圆盘的底面和地面的动摩擦因数为 μ. 求：

(1) 该圆盘底面受到的摩擦力对圆心的力矩；

(2) 该圆盘的角速度随时间变化的关系式.

6.4 如图所示，定滑轮质量为 m，半径为 R. 两个质量分别为 m 和 $2m$ 的物体通过一不可伸长的轻质绳子连接后挂在定滑轮上，假设定滑轮转动时绳子不打滑. 开始时，定滑轮和物体静止，系统能在竖直平面内运动，则求：

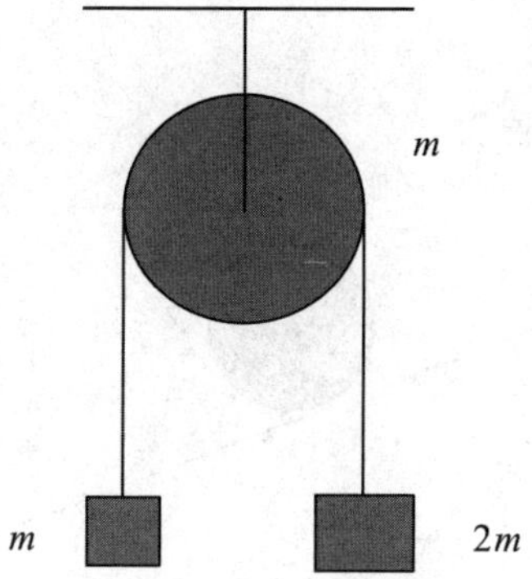

习题 6.4 示意图

(1) 两个物体的加速度；

(2) 定滑轮的角加速度；

(3) 当物体下落 h 时，物体的速度和定滑轮的角速度.

6.5 如图所示，定滑轮质量为 m，半径为 R，两个质量为 m_1 和 m_2 的物体通过一个不可伸长的轻质绳子连接后挂在定滑轮上，m_1 与水平地面之间没有摩擦力，绳子在定滑轮上不打滑. 开始时，定滑轮和物体静止，则求：

(1) 两个物体的加速度；

(2) 定滑轮的角加速度；

(3) 当物体下落 h 时，物体的速度和定滑轮的角速度(设此时 m_1 还在水平地面上).

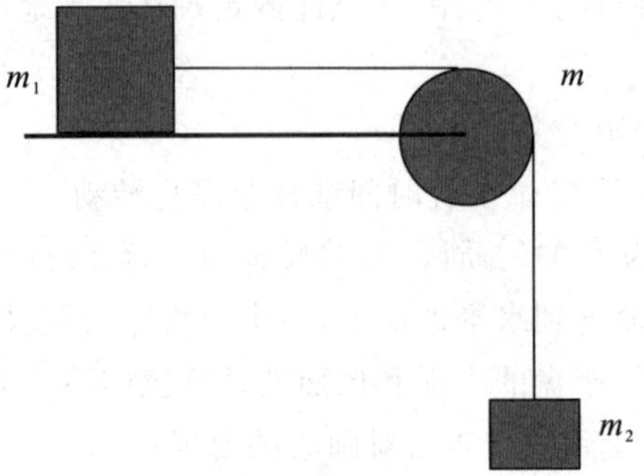

习题 6.5 示意图

6.6 如图所示，圆柱体质量为 m，半径为 R，将其放在倾斜角为 α 的固定斜面上，圆柱体在斜面上做纯滚动. 则当该圆柱体在斜面上从静止开始下滚长度为 l 时，求此时圆柱体：

(1) 质心的速度；

(2) 绕质心转动的角速度；

(3) 动能.

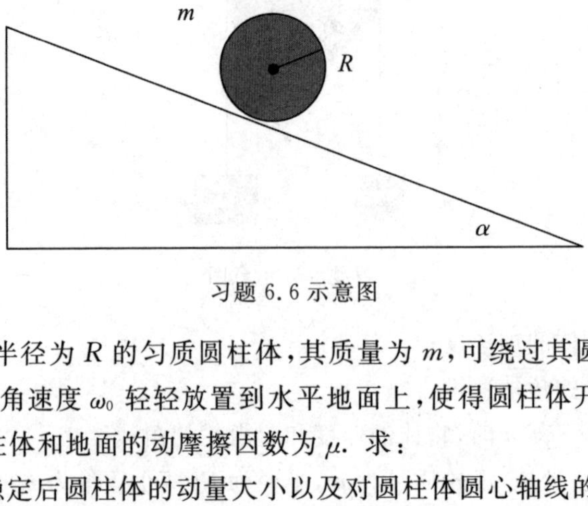

习题 6.6 示意图

6.7 一个半径为 R 的匀质圆柱体，其质量为 m，可绕过其圆心的竖直轴转动. 现将其以初角速度 ω_0 轻轻放置到水平地面上，使得圆柱体开始在水平地面上滚动. 设圆柱体和地面的动摩擦因数为 μ. 求：

(1) 运动稳定后圆柱体的动量大小以及对圆柱体圆心轴线的角动量大小；

(2) 从放下到稳定的过程中摩擦力所做的总功.

6.8 如图所示，一根长度为 $2l$ 的轻杆可绕光滑轴在竖直平面内转动，其上固定两个质量均为 M 的小球，两个小球分别在杆的中点和最低端. 开始时杆静止，一个质量为 m 的小球以水平速度射入中间小球并嵌在其中，然后和杆一起摆动. 求：

(1) 杆开始向上摆动的角速度为多少；

(2) 杆向上摆动的最大摆角为多少.

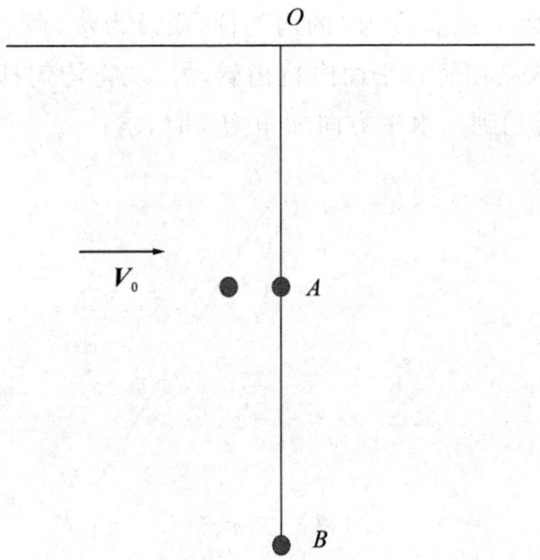

习题 6.8 示意图

6.9 如图所示，一根长度为 $2l$ 的轻杆，其上固定 3 个质量均为 m 的小球 A，B 和 C，其中两个小球 A 和 C 分别在杆的两端，小球 B 在杆的中点位置. 现将该系统放置在光滑的水平地面上，开始时杆静止，一个质量为 m 的小球 D 以水平速度 v_0 垂直于杆的方向与杆顶端的小球发生弹性碰撞. 求：

(1) 小球 D 反弹回来的速度；

(2) 轻杆系统质心运动速度；

(3) 轻杆系统绕质心运动的角速度.

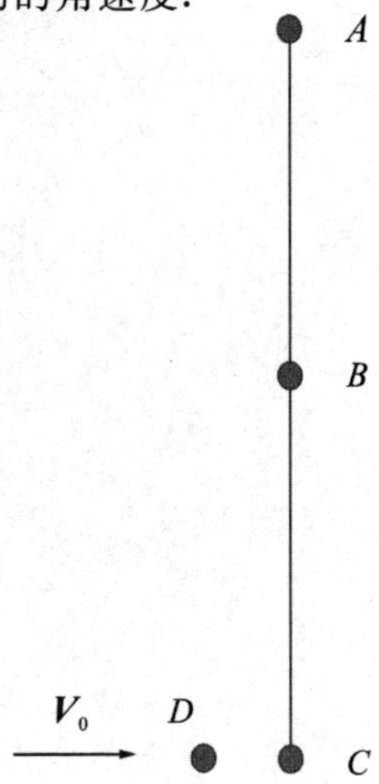

习题 6.9 示意图

6.10 如图所示，一根长度为 l 的均匀杆，质量为 m. 均匀杆的一端与一固定点 O 链接，它可绕该点在竖直平面内自由转动. 现将均匀杆从水平位置无初速度放下，当均匀杆转动到与水平方向夹角为 θ 时，求：

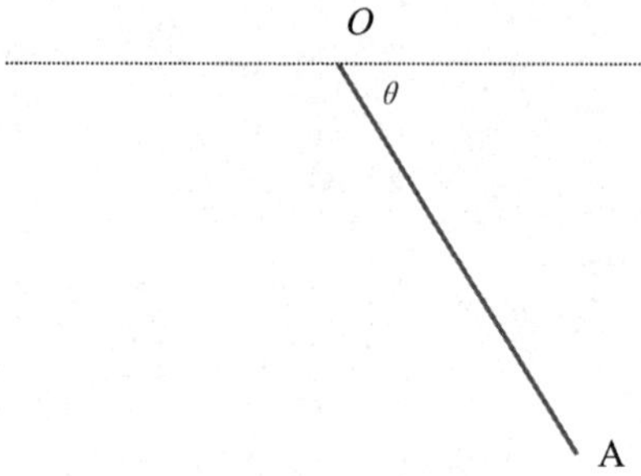

习题 6.10 示意图

(1) 均匀杆的角速度；

(2) 均匀杆一端受到固定点 O 的作用力.

第7章　振动和波

本章先介绍质点在特殊类型力作用下的简谐振动，再介绍质点系中各个质点协同做简谐振动，从而在空间中产生的波动. §7.1介绍简谐振动的描述方法、动力学和两个简谐振动的合成；§7.2介绍平面简谐波的描述方法和波动方程，§7.3介绍两列简谐波的干涉.

§7.1　振　动

质点在特殊类型的力作用下会在平衡点附近做往返的振动. 简谐振动是一种典型的振动，它在自然界中广泛存在. 简谐振动的描述方法和动力学方程的求解具有典型性.

视频7.1.1

7.1.1　简谐振动的运动学描述

1. 简谐振动现象

单摆在平衡点附近的小角度摆动和弹簧振子在平衡点附近的往返运动均属于典型的简谐振动，如图7.1.1所示. 当它们做简谐振动时，受到一个始终指向平衡点的合外力作用，当质点离开平衡点时，该力将质点拉回平衡点.

2. 简谐振动的图像和方程

简谐运动的图像可用沙摆获得，如图7.1.2所示. 当沙摆在做简谐振动时，匀速抽动沙摆下面的木板，沙子便在木板上形成一条曲线，该图像便是简谐振动的图像.

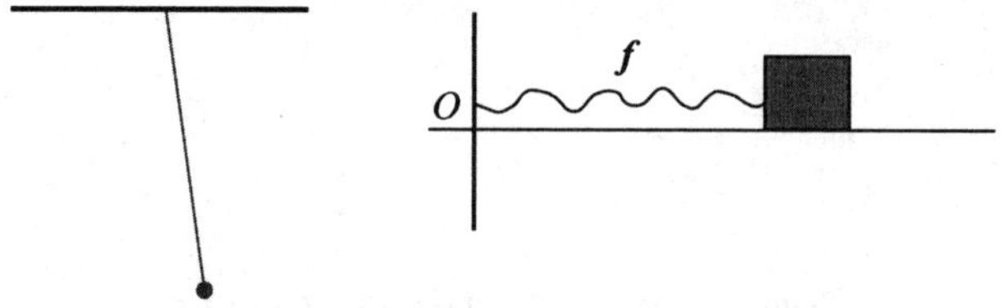

图 7.1.1　单摆和弹簧振子的示意

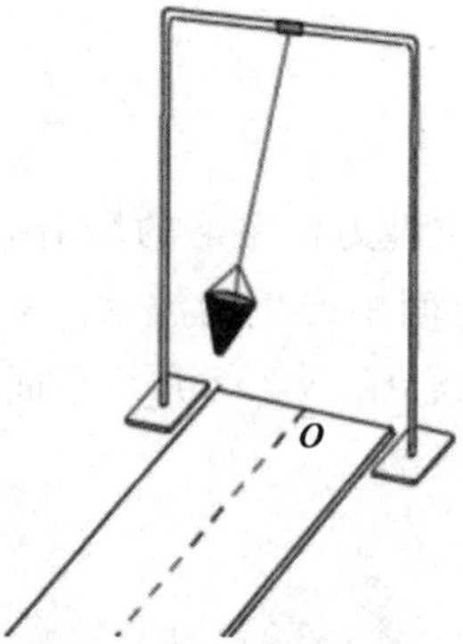

图 7.1.2　简谐振动图像的示意

简谐振动的图像为简谐函数,可在直角坐标系上画出,如图 7.1.3 所示. 简谐振动的振动方程可表达为余弦或正弦函数,即可表达为 $x = A\cos(\omega t + \varphi)$.

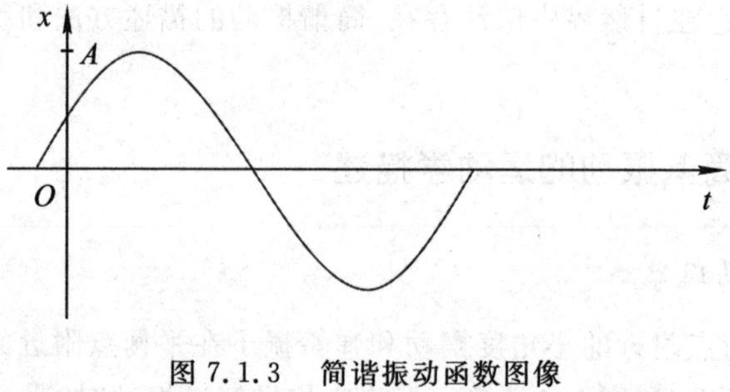

图 7.1.3　简谐振动函数图像

根据速度和加速度的定义,简谐振动的速度和加速度可表达为

$$v = \frac{\mathrm{d}x}{\mathrm{d}t} = \omega A\cos\left(\omega t + \varphi + \frac{\pi}{2}\right), \tag{7.1.1}$$

$$a = \frac{\mathrm{d}v}{\mathrm{d}t} = \omega^2 A\cos(\omega t + \varphi + \pi). \tag{7.1.2}$$

根据简谐振动的振动方程,描述简谐振动需要振幅、频率或周期、初始相位

等物理量，分别定义如下.

振幅：离开平衡位置的最大距离 A；

圆频率：2π 秒内所做的全振动次数；

周期：完成一次全振动所需的时间，满足 $\omega=\frac{2\pi}{T}$；

频率：单位时间内所做的全振动的次数，满足 $\nu=\frac{1}{T}$.

初始相位：开始时刻的相位，即 φ.

这些物理量均体现在简谐振动的振动方程中.

3. 简谐振动的描述方法

一般来说，简谐振动可根据振动方程在直角坐标系中的振动曲线来表示，即振动曲线方法. 同时，简谐振动也被认为是一个矢量在做圆周运动旋转时的投影，即旋转矢量法. 下面，我们分别就振动曲线法和旋转矢量法进行介绍.

振动曲线法：例如，已知振动方程 $x=0.02\cos\left(2\pi t-\frac{\pi}{2}\right)$，则可根据该方程在直角坐标系中描绘它的图像，如图 7.1.4 所示. 这种振动曲线法其实就是函数图像法.

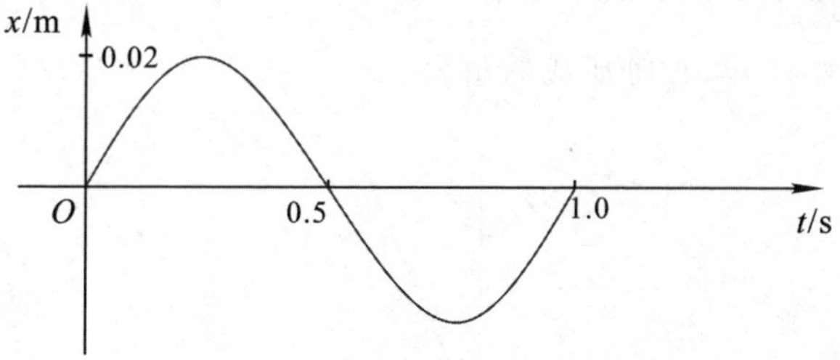

图 7.1.4　简谐振动的函数图像

旋转矢量法：例如，简谐振动的方程为 $x=A\cos(\omega t+\varphi)$，则可用绕着固定点 O 旋转的矢量 $\boldsymbol{A}$ 在 x 轴上的投影来表示，如图 7.1.5 所示. 矢量 $\boldsymbol{A}$ 以 ω 角速度绕过 O 点的水平轴旋转，在 t 时刻该矢量与坐标轴的夹角为 $\omega t+\varphi$. 根据几何投影关系，可知矢量 $\boldsymbol{A}$ 在坐标轴上的投影正好代表了质点的位置矢量 $\boldsymbol{x}$. 旋转矢量法实际上是将一维的代数方程转化为二维的几何矢量. 旋转矢量法虽然在维度上提高了，但是在处理两个振动的叠加等加减问题时，几何方法往往更加方便.

当然，振动曲线法和旋转矢量法各有优缺点. 在解决具体问题时，应该根据具体情况来选择解决方法. 下面我们通过例题来进一步熟悉旋转矢量法.

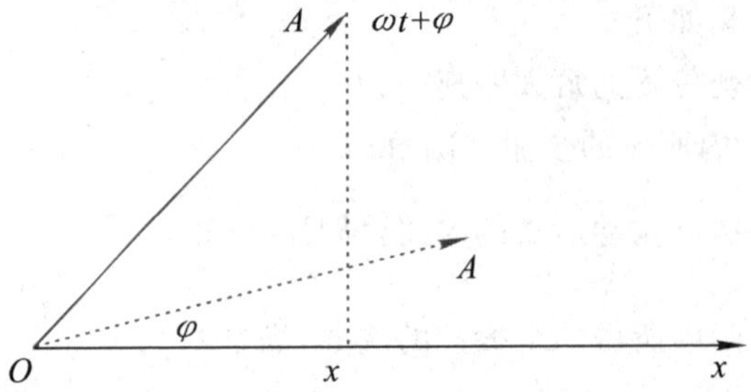

图 7.1.5　旋转矢量法

[例题 7.1.1]　已知弹簧振子的振动方程为 $x=A\cos\left(\omega t+\frac{\pi}{3}\right)$，请在振幅矢量图上标出与以下 6 个状态所对应的振幅矢量的位置.

(1) $x=0, v<0$；　　(2) $x=-\frac{A}{2}, v<0$；

(3) $x=-A$；　　(4) $x=-\frac{A}{2}, v>0$；

(5) $x=0, v>0$；　　(6) $x=\frac{A}{2}, v>0$.

解　根据旋转矢量的含义，我们可分别在图中画出这 6 个旋转矢量，如图 7.1.6 所示，其中(2)与 x 轴所成的角为 $\frac{2}{3}\pi$.

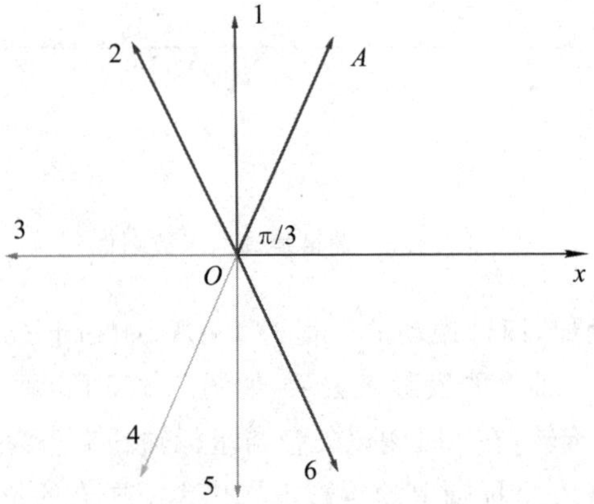

图 7.1.6　例题 7.1.1 示意

7.1.2 简谐振动的动力学方程

视频 7.1.2

简谐振动的动力学方程可以根据它的运动学方程推导获得. 根据简谐振动的振动方程,即 $x=A\cos(\omega t+\varphi)$,求导两次可得加速度公式:

$$a=-\omega^2 A\cos(\omega t+\varphi).$$

根据位置矢量和加速度的关系,可知简谐振动的位置矢量 $\boldsymbol{x}$ 须满足如下形式的方程:

$$\frac{\mathrm{d}^2 x}{\mathrm{d}t^2}+\omega^2 x=0. \tag{7.1.3}$$

公式(7.1.3)为简谐振动的微分方程.

我们通过两个实例来说明如何获得简谐振动的动力学方程. 第一个实例是质量为 m 的弹簧振子的动力学方程. 对于弹簧振子而言,它受到一个回复力 $f=-kx$,其中 k 为弹簧振子的弹性系数,x 为离开平衡位置的位移. 根据牛顿第二定律,有 $f=ma$,即满足方程:

$$-kx=m\frac{\mathrm{d}^2 x}{\mathrm{d}t^2}.$$

整理后 $\frac{\mathrm{d}^2 x}{\mathrm{d}t^2}+\frac{k}{m}x=0$,并且令 $\frac{k}{m}=\omega^2$.

因此,弹簧振子的动力学方程为 $\frac{\mathrm{d}^2 x}{\mathrm{d}t^2}+\omega^2 x=0$.

第二个实例为复摆,如图 7.1.7 所示. 一个刚性物体被固定在一点,并可绕该点在竖直平面内自由转动. 当摆动角度较小时,可认为该刚体做类似于单摆

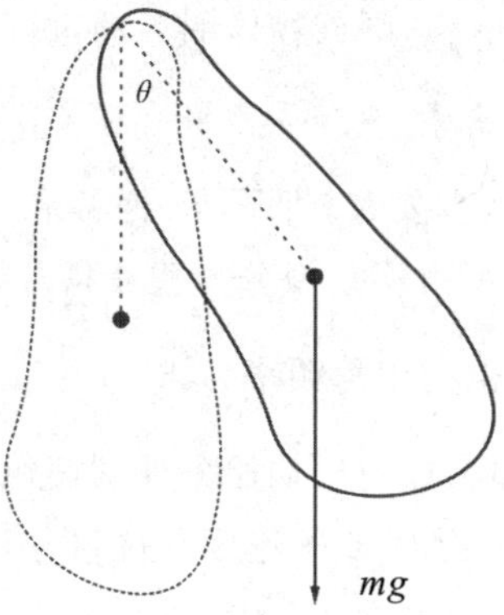

图 7.1.7 复摆示意

的简谐振动，称为复摆. 对于复摆，我们用定轴转动的转动定律进行求解. 复摆受到过固定点的水平轴的力矩只有重力矩. 在小角度近似情况下有公式，$M=-mgl\sin\theta\approx-mgl\theta$. 根据定轴转动的转动定律，有 $M=I\beta=I\dfrac{\mathrm{d}^2\theta}{\mathrm{d}t^2}$，其中 I 为转动惯量. 代入后，得 $-mgl\theta=I\dfrac{\mathrm{d}^2\theta}{\mathrm{d}t^2}$. 对该公式进行整理后，得动力学方程：$\dfrac{\mathrm{d}^2\theta}{\mathrm{d}t^2}+\dfrac{mgl}{I}\theta=0$.

令 $\dfrac{mgl}{I}=\omega^2$，则该动力学方程可转化为简谐振动的标准形式

$\dfrac{\mathrm{d}^2\theta}{\mathrm{d}t^2}+\omega^2\theta=0$，其中周期为 $T=\dfrac{2\pi}{\omega}=2\pi\sqrt{\dfrac{I}{mgl}}$.

7.1.3 简谐振动的规律

视频 7.1.3

1. 简谐振动的定义

前面我们介绍了简谐振动的运动学描写和动力学方程，这里给出简谐振动的基本定义. 一个物体做运动时，若描述运动物体状态的物理量 x 满足微分方程：

$$\frac{\mathrm{d}^2x}{\mathrm{d}t^2}+\omega^2x=0,$$

该物体所做的运动就是简谐振动.

这是从动力学出发的简谐振动的定义. 当然，我们也可以从运动学出发来定义简谐振动. 若描述物体运动状态的物理量 x 按余弦函数或正弦函数的规律随时间变化，即 $x=A\cos(\omega t+\varphi)$，则该物体的运动也可称为简谐振动.

2. 描述简谐振动的三要素

描述简谐振动有三个基本要素，即周期、振幅和初相位. 其中，周期 T 或者频率 ν 是体系的固有特性，可由振动微分方程获得. 频率和周期之间满足关系：$\nu=\dfrac{1}{T}$. 为了方便，我们有时也会用角频率 ω，即 $\omega=\dfrac{2\pi}{T}=2\pi\nu$. 振幅和初始相位根据体系的初始条件获得. 那么如何用初始条件求振幅和初相位呢？

假设简谐运动在初始时刻 $t=0$ 的速度和位移分别为 v_0 和 x_0，则 $t=0$ 时有

$$\begin{cases}x_0=A\cos\varphi\\ v_0=-A\omega\sin\varphi\end{cases}.$$

求解上面公式，可得

$$A=\sqrt{x_0^2+\frac{v_0^2}{\omega^2}}\ ,\tan\varphi=-\frac{v_0}{x_0\omega}. \tag{7.1.4}$$

下面，我们通过例题来了解如何求解简谐振动.

[**例题 7.1.2**] 一个劲度系数为 k 的弹簧下，挂一质量为 M 的托盘. 质量为 m 的物体由距盘底高处 h 自由下落，并与盘做完全非弹性碰撞而一起做简谐振动. 设两物体碰后瞬时为 $t=0$ 时刻，求两物体结合后一起做简谐振动的振动方程.

解 本题即求体系简谐振动的三要素. 取碰后 $m+M$ 整体振动的平衡位置为坐标原点，竖直向下为 x 轴正方向，则 $t=0$ 时，体系的初始位移为

$$x_0=-\left(\frac{M+m}{k}-\frac{M}{k}\right)g=-\frac{mg}{k}.$$

碰撞时动量守恒，则碰撞结束后，整体做简谐振动的初始速度为

$$v_0=\frac{m\sqrt{2gh}}{M+m}.$$

设简谐振动的运动学方程为 $x=A\cos(\omega t+\varphi)$，根据动力学分析，可得圆频率为

$$\omega=\sqrt{\frac{k}{m+M}}.$$

再根据运动学方程，获得速度表达式，可得

$$A=\sqrt{x_0^2+\frac{v_0^2}{\omega^2}}\ ,\ \tan\varphi=-\frac{v_0}{\omega x_0}.$$

将初始位置和初始速度代入公式，便可得最后结果.

其实，不仅仅物体的机械运动可能为简谐振动，在电磁运动过程中也会出现类似的简谐振动. 下面例子说明了这种情况.

[**例题 7.1.3**] 如图 7.1.8 所示，由电源ε、电容 C 和电感 L 组成的电路，先将开关 K 打向电源一侧，使电源给电容器充电，然后将开关 K 打向右侧接通回路，试问回路中电容器上的电量将如何变化?

解 根据电流定义，有 $i=\dfrac{\mathrm{d}q}{\mathrm{d}t}$.

又根据自感电动势的定义，有

$$\varepsilon_L=-L\,\frac{\mathrm{d}i}{\mathrm{d}t}=-L\,\frac{\mathrm{d}^2q}{\mathrm{d}t^2}.$$

在闭合回路中，有关系式 $u_C=\varepsilon_L$

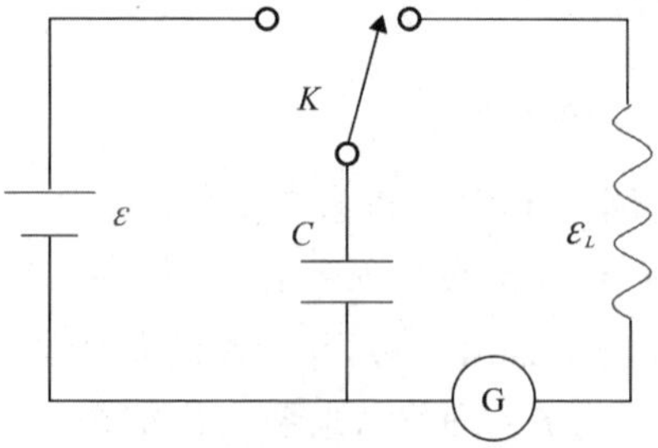

图 7.1.8　例题 7.1.3 示意

根据电容器的电容公式有 $u_C=\dfrac{q}{C}$. 代入上面的感应电动势公式后，得

$$\frac{d^2q}{dt^2}+\frac{1}{LC}q=0.$$

若令$\dfrac{1}{LC}=\omega^2$，则有

$$\frac{d^2q}{dt^2}+\omega^2q=0.$$

所以电容器上的电量是按简谐振动的规律变化的.

对上式求一阶导数，有 $\dfrac{d^2}{dt^2}\left(\dfrac{dq}{dt}\right)+\omega^2\dfrac{dq}{dt}=0$，即

$$\frac{d^2i}{dt^2}+\omega^2i=0.$$

上式表明回路中的电流也是按简谐振动的规律变化的.

7.1.4　简谐振动的合成

一般情况下，简谐振动的合成比较复杂，这里仅仅考虑两个同频率的简谐振动的合成，并只分同方向和相互垂直方向两种情况.

视频 7.1.4

1. 同方向同频率的简谐振动的合成

设一个质点同时参与在同一直线上的、两个独立的同频率简谐振动. 我们设该直线为 x 轴，则两个简谐振动的运动方程分别为

$$x_1=A_1\cos(\omega t+\varphi_1), x_2=A_2\cos(\omega t+\varphi_2).$$

在任意时刻，该质点的总振动仍然可表达为一个简谐振动的方式，即

$$x=x_1+x_2=A\cos(\omega t+\varphi).$$

A 和 φ 可用旋转矢量法进行处理. 图 7.1.9 用旋转矢量法展示了这两个简

谐振动的合成. 此时两个简谐振动的合成转换为两个同步旋转的、具有固定夹角的矢量的几何合成. 因为两个矢量同步旋转,它们之间的夹角保持不变,因此在图 7.1.9 中取初始时刻的位置.

合成后的矢量 **A** 以角速度 ω 沿逆时针旋转,如图 7.1.9 所示. 当 $t=0$ 时,它与 x 轴的夹角为 φ,则在任意时刻 t,矢量端点在 x 轴上的投影为 $x=A\cos(\omega t+\varphi)$. 合成的旋转矢量 **A** 的模代表合振动的振幅,合成旋转矢量 **A** 的转动角速度代表合振动圆频率. 根据图中的几何关系式,易得两个分矢量和合矢量之间的关系式.

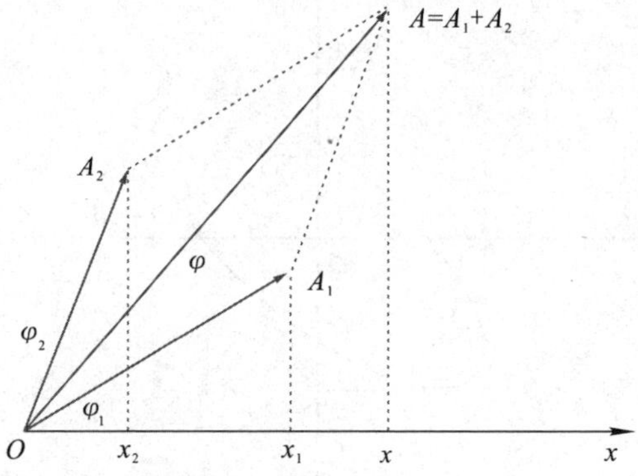

图 7.1.9　旋转矢量合成示意

其中,合振动的振幅为

$$A=\sqrt{A_1^2+A_2^2+2A_1A_2\cos(\varphi_2-\varphi_1)}. \tag{7.1.5}$$

合振动的初始相位满足关系式

$$\tan\varphi=\frac{A_1\sin\varphi_1+A_2\sin\varphi_2}{A_1\cos\varphi_1+A_2\cos\varphi_2}. \tag{7.1.6}$$

下面我们对合振动的振幅进行讨论.

两个分振动的相位差为 $\Delta\varphi=(\omega t+\varphi_2)-(\omega t+\varphi_1)=\varphi_2-\varphi_1$.

当 $\Delta\varphi=2k\pi$ 时,$k=0,\pm1,\pm2,\cdots$

则 $A=A_1+A_2$,合振动的振幅加强.

当 $\Delta\varphi=(2k+1)\pi$ 时,$k=0,\pm1,\pm2,\cdots$

则 $A=|A_2-A_1|$,合振动的振幅减弱.

2. 相互垂直方向的同频率简谐振动的合成

设一个质点同时参与两个方向互相垂直的、同频率的简谐振动,两个分振动的运动方程为

$$\begin{cases} x=A_x\cos(\omega t+\varphi_x) \\ y=A_y\cos(\omega t+\varphi_y) \end{cases}.$$

在上面方程中，消去时间 t 可得质点的轨迹方程为

$$\frac{x^2}{A_x^2}+\frac{y^2}{A_y^2}-2\frac{xy}{A_xA_y}\cos(\varphi_y-\varphi_x)=\sin^2(\varphi_y-\varphi_x). \tag{7.1.7}$$

该轨迹方程与两个分振动的初始条件相关，这里讨论几种典型的情况.

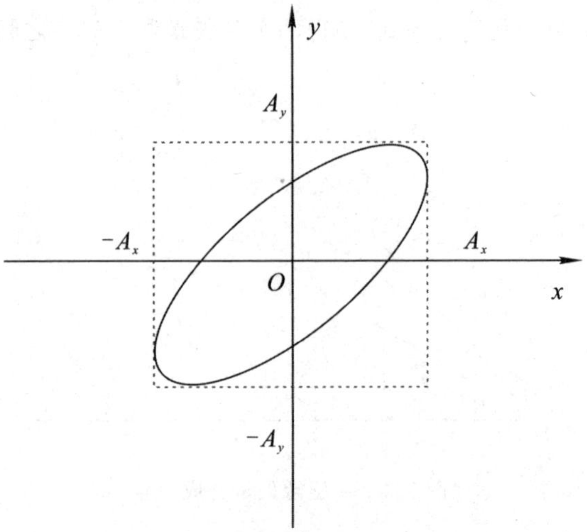

图 7.1.10　简谐振动合成轨迹示意

一般来说，这是一个椭圆方程，图像如图 7.1.10 所示. 图像具体形状由相位差 $\Delta\varphi=\varphi_y-\varphi_x$ 决定，下面选择几个特殊的相位差进行讨论.

第一种情况：

相位差 $\Delta\varphi=\varphi_y-\varphi_x=0$，则轨迹方程为$\dfrac{x}{A_x}-\dfrac{y}{A_y}=0$.

如图 7.1.11 所示，在任意时刻质点离开原点的距离为

$s=\sqrt{x^2+y^2}=\sqrt{A_x^2+A_y^2}\cos(\omega t+\varphi)$.

当相位差 $\Delta\varphi=\varphi_y-\varphi_x=\pi$，轨迹方程为$\dfrac{x}{A_x}+\dfrac{y}{A_y}=0$，如图 7.1.11 所示.

此时，椭圆方程退化为两个直线方程.

第二种情况：

当相位差 $\Delta\varphi=\varphi_y-\varphi_x=\dfrac{\pi}{2}$，轨迹方程为$\dfrac{x^2}{A_x^2}+\dfrac{y^2}{A_y^2}=1$，如图 7.1.12 所示.

当相位差 $\Delta\varphi=\varphi_y-\varphi_x=\dfrac{3\pi}{2}$，轨迹方程为$\dfrac{x^2}{A_x^2}+\dfrac{y^2}{A_y^2}=1$，如图 7.1.13 所示.

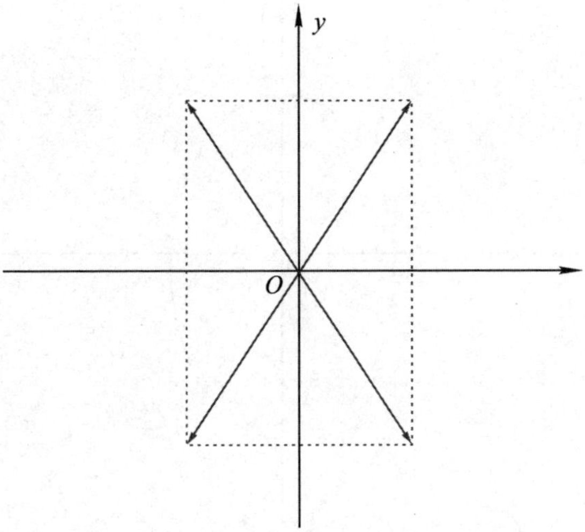

图 7.1.11　简谐振动合成直线轨迹示意

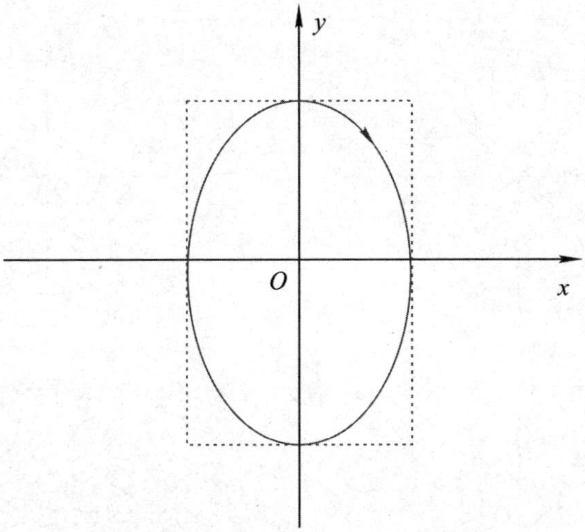

图 7.1.12　简谐振动合成顺时针正椭圆轨迹示意

上面两种情况虽然都是正椭圆，但是质点沿着椭圆运动的方向相反. 在一般情况下，即相位不是上述特殊值时质点的轨迹是椭圆，但椭圆的长轴和短轴不再与分振动的振动方向重合.

在简谐振动的合成中，如果两个相互垂直的分振动的频率也不相同，但频率之比为整数比，则合振动的轨迹是规则的稳定闭合曲线，称为李萨如图形. 图 7.1.14 展示了几种李萨如图形.

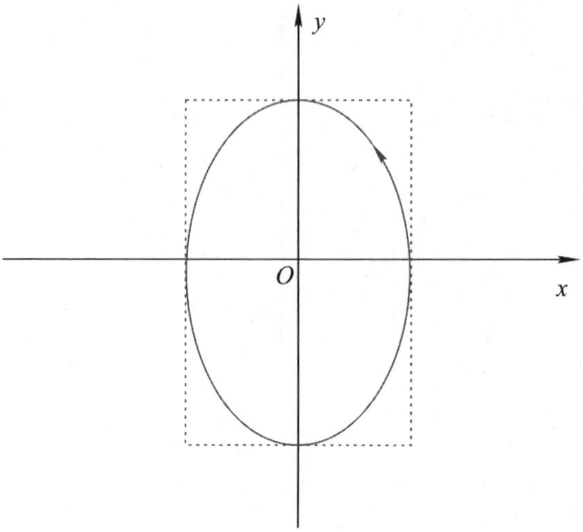

图 7.1.13　简谐振动合成逆时针椭圆轨迹示意

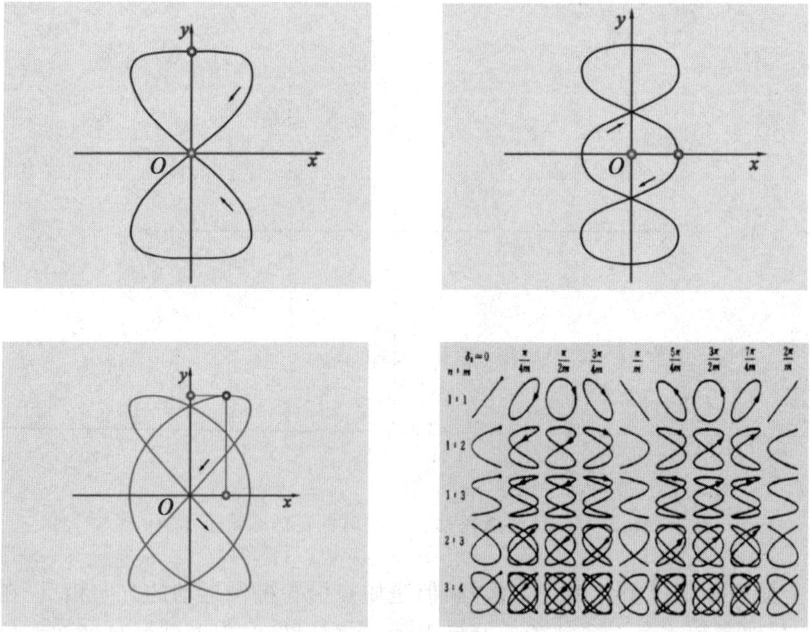

图 7.1.14　李萨如图像示意

下面,我们通过例题介绍两个简谐振动合成的求解.

[例题 7.1.4]　一个质点同时参与两个同方向、同频率的谐振动,它们的振

动方程分别为 $x_1=0.06\cos\left(2t+\frac{1}{6}\pi\right)\mathrm{m}$，$x_2=0.08\cos\left(2t-\frac{1}{3}\pi\right)\mathrm{m}$，试用旋转矢量求该质点的合振动方程.

解 根据分振动的方程，分别画出它们的旋转矢量图如图 7.1.15 所示.

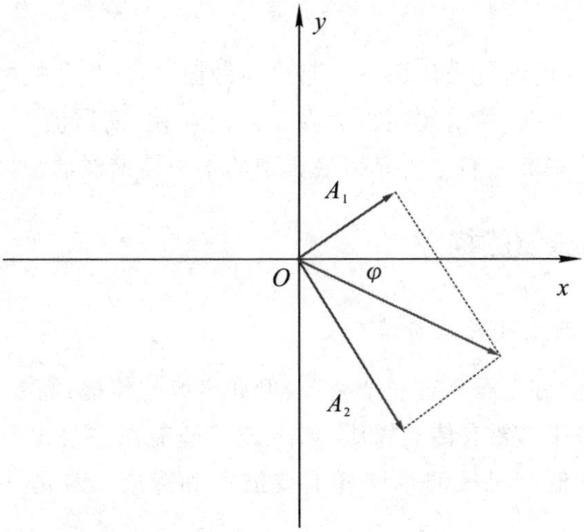

图 7.1.15 例题 7.1.4 示意

因为，$\mathbf{A}_1 \perp \mathbf{A}_2$.

所以，$A=\sqrt{A_1^2+A_2^2}=0.10\mathrm{m}$.

而 $\tan\varphi'=\frac{0.06}{0.08}=0.75$，其中 φ' 为合振动与分振动的夹角. 即

$$\varphi'\approx 0.6.$$

所以，$\varphi=\frac{\pi}{3}-\varphi'\approx 0.4$.

因此，合振动方程为 $x=0.10\cos(2t-0.4)\mathrm{m}$.

当然，本题也可以通过将两个振动方程直角相加，利用三角函数的相关知识，例如三角函数的和差化积获得合振动的数学表达式. 读者如果感兴趣的话，可以求解一下，并对比这两种方法的优劣.

§7.2 波

质点系在特殊的回复力作用下一起协同做振动，产生了机械波.本节描述典型的波动，即简谐波动.简谐波在自然界中广泛存在，简谐波对于复杂波动的认识是十分重要的，本节我们主要介绍最典型的平面简谐波的相关内容.

7.2.1 机械波的描述

视频 7.2.1

1.机械波的产生条件与分类

机械波的传播首先需要有一个波源，例如声波的传播，需要有一个声源. 同时，机械波的传播还需要有传播媒质，如声波传播需要空气媒质.在真空中声波是无法传播的，其他的机械波也同样需要波源和媒质. 因此，机械波产生的条件为

波源：做机械振动的物体.

媒质：传播机械振动的媒介.

在媒质中，参与机械振动的质量单元可视为质点. 机械波可以根据质点的振动方向和机械波的传播方向的相互关系进行分类. 一般情况下，机械波可分为横波和纵波，图 7.2.1 给出了实验室中一个纵波发生器的实物图.

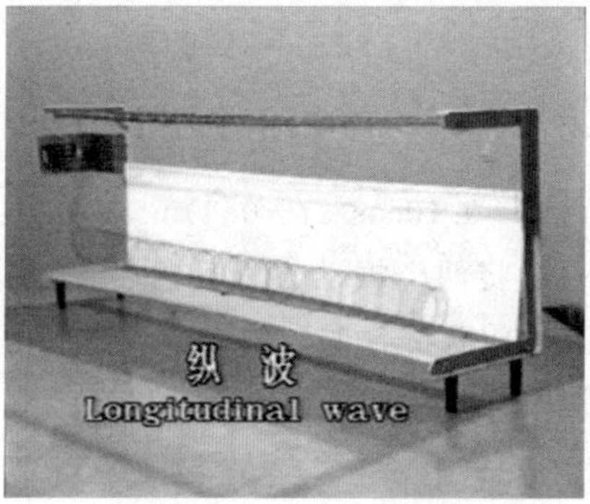

图 7.2.1 纵波发生器示意

横波：质点振动方向与波的传播方向相互垂直的波.

纵波：质点振动方向与波的传播方向相互平行的波.

2. 机械波的几何描述

参与机械波传播的各个质点在媒质中各自协同振动，我们可以通过在几何上描述这些质点的振动情况来认识机械波的情况. 对于一般情况，如图 7.2.2 所示，人们采用波前、波射线和波阵面等概念来描述机械波. 图 7.2.2 给出了一个平面波和球面波的例子. 在这里，波阵面是指振动完全一样的质点所在位置，波前是指最前面的一个波阵面，波射线是指波的传播方向.

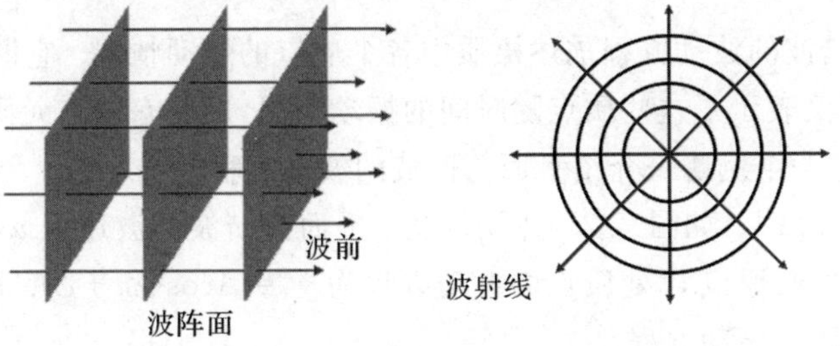

图 7.2.2　波阵面波射线波前示意

在实际应用中，平面简谐波是一种最典型的波动. 在平面简谐波中，波阵面是平面，且媒质中各质点均做同频率、同振幅的简谐运动. 本教程若没专门提及，所涉及的机械波均为平面简谐波.

3. 机械波的物理描述

如图 7.2.3 所示为一列平面简谐波的图像. 描述平面简谐波的主要物理量有波长、波速和周期三个物理量. 其中：

波长 λ：同一波射线上两个相邻的振动状态上相同的质点之间的距离.

波速 u：单位时间内某一振动状态传播的距离.

周期 T：波前进一个波长的距离所需要的时间.

$$u=\lambda\nu$$

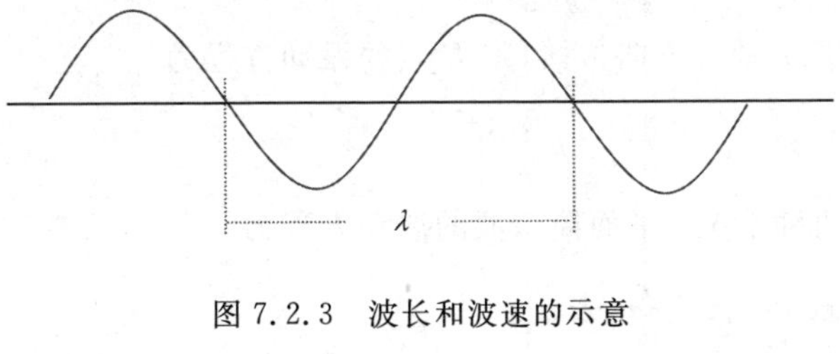

图 7.2.3　波长和波速的示意

这几个物理量之间满足一定的关系，例如对于波速，它表示波前向传播方向传播一个波长所用的时间，容易得到波速公式为 $u=\dfrac{\lambda}{T}$. 因为频率满足 $\nu=\dfrac{1}{T}$，所以波速也可表达为 $u=\lambda\nu$.

7.2.2 平面简谐波的波动方程

视频 7.2.2

1. 波动方程的推导

平面简谐波的波动方程描述媒质中各个质点的运动情况. 它既代表了质点的空间分布，又表示了这些质点随时间的振动情况，因此它以二元函数的形式出现. 我们通过一个例题来介绍平面简谐波的波动方程的推导.

［**例题 7.2.1**］ 如图 7.2.4 所示，设一平面简谐波的波速为 u，沿 x 轴方向传播，起始时刻，原点 O 处质点的振动方程为 $y_0=A\cos(\omega t+\varphi)$. 求距离原点 O 为 x 处质点 P 的振动方程.

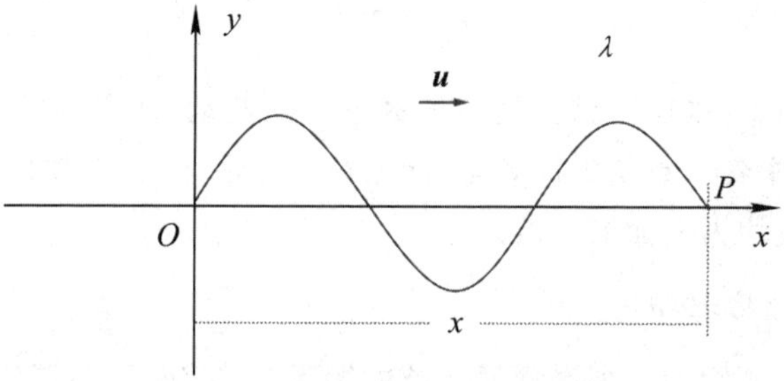

图 7.2.4 波动方程推导示意

解 振动状态从 O 点传播到 P 点所用时间为 x/u，即 P 点在时刻 t 的状态应等于 O 点在 $t-(x/u)$ 时刻的状态. 所以 P 点处质点的振动方程为

$$y=A\cos\left[\omega\left(t-\frac{x}{u}\right)+\varphi\right].$$

若平面波沿 x 轴负方向传播，则 P 点的振动方程为

$$y=A\cos\left[\omega\left(t+\frac{x}{u}\right)+\varphi\right].$$

综合以上两种情况，平面简谐波的波动方程为

$$y=A\cos\left[\omega\left(t\mp\frac{x}{u}\right)+\varphi\right]. \tag{7.2.1}$$

若波源处的质点振动的初始相位为零，即 $\varphi=0$，则波动方程可简化为

$$y=A\cos\omega\left(t\mp\frac{x}{u}\right). \tag{7.2.2}$$

因为 $\omega=\frac{2\pi}{T}=2\pi\nu, \lambda=uT$，所以

$$y=A\cos\left[2\pi\left(\frac{t}{T}\mp\frac{x}{\lambda}\right)+\varphi\right] \text{或 } \varphi=0 \text{ 时可简化为 } y=A\cos2\pi\left(\frac{t}{T}\mp\frac{x}{\lambda}\right), \tag{7.2.3}$$

$$y=A\cos\left[2\pi\left(\nu t\mp\frac{x}{\lambda}\right)+\varphi\right] \text{ 或 } \varphi=0 \text{ 时可简化为 } y=A\cos2\pi\left(\nu t\mp\frac{x}{\lambda}\right). \tag{7.2.4}$$

上面几种波动方程均描述了平面简谐波的波动情况，具体采用哪种形式的方程来描述波动，应根据问题本身的条件来决定.

2. 波动方程的意义

这里，我们采用标准的平面简谐波方程来说明波动方程的含义，波动方程如下：

$$y(x,t)=A\cos\omega\left(t\mp\frac{x}{u}\right).$$

我们分情况进行讨论.

(1)由波动方程可得到某个质点的振动方程——x 不变

如果 x 给定，根据波动方程，则 y 是 t 的函数. 这时波动方程转化为某个质点的振动方程，它表示距原点为 x 处的质点在不同时刻的位移，此时 $y-t$ 曲线为该质点的振动曲线，如图 7.2.5 所示. 显然，该振动方程与质点的选取，即 x 的选取直接相关.

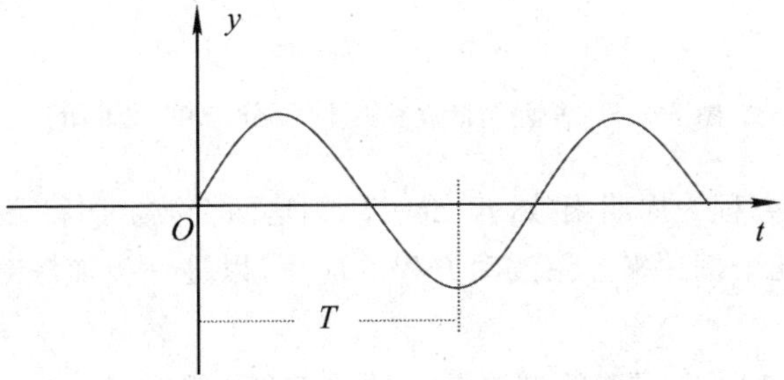

图 7.2.5　某个质点的振动方程示意

(2)由波动方程可得到某个时刻的波形图——t 不变

如果 t 给定，则 y 只是 x 的函数. 这时波动方程表示在给定时刻波射线上各

振动质点的位移,即给定时刻的波形图,如图 7.2.6 所示. 显然,波形图跟选取的时刻 t 直接相关,因此波形图是变化的. 它可由时刻 t 代入波动方程后,获得 y 和 x 的函数关系. 其中,x 代表了平面简谐波中的某个质点的平衡位置的 x 坐标,y 代表该时刻该质点偏离平衡位置的位移.

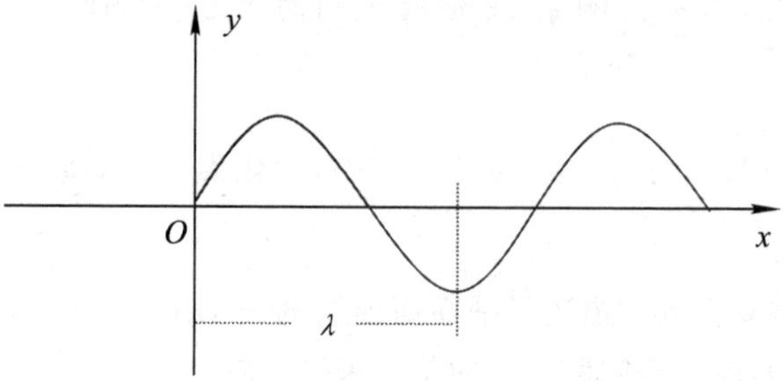

图 7.2.6　平面简谐波的某个时刻波形图

(3)由波动方程得到任意时刻的波形图

如果 x 和 t 都变化,则波动方程表示波射线上各振动质点在不同时刻的位移,即波形的传播,如图 7.2.7 所示. 该图给出了两个时刻,t_1 和 $t_1+\Delta t$ 时刻的波形图.

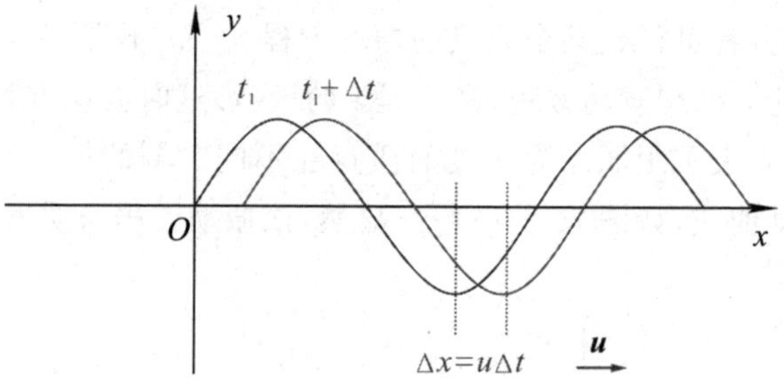

图 7.2.7　平面简谐波在两个不同时刻的波形图

因为,波动方程为周期函数,若 $\Delta t=T$,则这两个波形图将会重合.

我们通过几个例题来介绍波动方程的应用,以进一步加深对平面简谐波波动方程的理解.

[例题 7.2.2]　一平面简谐波沿 x 轴的正向传播,已知波动方程为 $y=0.02\cos\pi(25t-0.1x)$ m. 求:

(1) 波的振幅、波长、周期及波速;

(2) $x=5$ m 处的质点的运动方程;

(3)画出 $t=1\text{s}$ 时的波形图.

解 (1) 将波动方程改写成标准形式 $y=0.02\cos 2\pi\left(\frac{25}{2}t-\frac{0.1}{2}x\right)$.

对照平面简谐波的波动方程的标准方程 $y=A\cos 2\pi\left(\frac{t}{T}\mp\frac{x}{\lambda}\right)$.

比较两式,容易得:$A=0.02\text{m}$, $T=\frac{2}{25}=0.08(\text{s})$,

$$\lambda=\frac{2}{0.1}=20(\text{m}),\ u=\frac{\lambda}{T}=250\text{m}\cdot\text{s}^{-1}.$$

(2)根据本题的波动方程 $y=0.02\cos\pi(25t-0.1x)\text{m}$,将 $x=5\text{m}$ 代入,得该处质点的运动方程为

$$y=0.02\cos\pi(25t-0.5)\text{m}.$$

(3) 将 $t=1\text{s}$ 代入波动方程得该时刻的波形满足方程 $y=0.02\cos\pi(25-0.1x)\text{m}$,则该时刻的波动图像可根据方程给出,如图 7.2.8 所示.

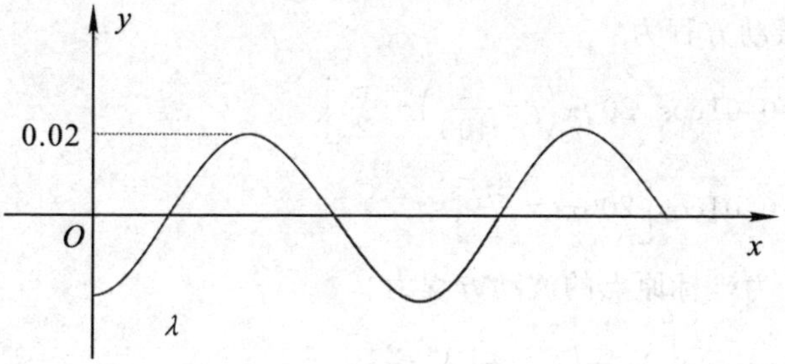

图 7.2.8 例题 7.2.2 波形示意

[例题 7.2.3] 如图 7.2.9 所示,一平面简谐波以 $400\ \text{m}\cdot\text{s}^{-1}$ 的波速在均匀媒质中沿 x 轴正向传播.已知波源在 O 点,波源的振动周期为 0.01s,振幅为 0.01m.设以波源振动经过平衡位置且向 y 轴正向运动作为计时起点.求:

(1)写出波动方程;

(2)B 和 A 两点之间的振动相位差;

(3)以 B 为坐标原点写出波动方程.

解 (1)根据题意设波源的振动方程为

$$y=0.01\cos\left[200\pi\left(t-\frac{x}{400}\right)+\varphi_0\right].$$

则根据本题条件,有

$$\begin{cases}y_0=0\\ v_0>0\end{cases},\text{即}\begin{cases}0.01\cos\varphi_0=0\\ -2\pi\sin\varphi_0>0\end{cases}.\ \text{因此,得}\ \varphi_0=-\frac{\pi}{2}.$$

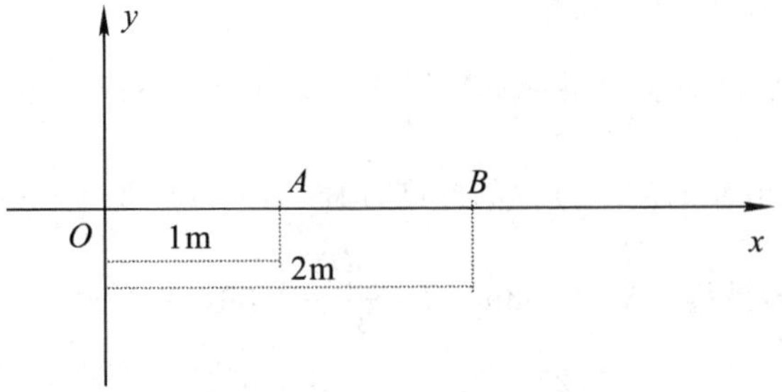

图 7.2.9　例题 7.2.3 示意

故　　$y=0.01\cos\left[200\pi(t-\frac{x}{400})-\frac{\pi}{2}\right].$

(2)B 和 A 两点之间的振动相位差为

$$\left[200\pi\left(t-\frac{2}{400}\right)-\frac{\pi}{2}\right]-\left[200\pi\left(t-\frac{1}{400}-\frac{\pi}{2}\right]=-\frac{\pi}{2}.$$

(3)B 点振动方程为

$$y_B=0.01\cos\left[200\pi\left(t-\frac{2}{400}\right)-\frac{\pi}{2}\right]$$

$$=0.01\cos\left[200\pi t-\frac{3\pi}{2}\right].$$

因此以 B 为坐标原点的波动方程为

$$y=0.01\cos\left[200\pi\left(t-\frac{x}{400}\right)-\frac{3\pi}{2}\right].$$

[例题 7.2.4]　有一沿 x 轴正向传播的平面简谐波，在 $t=0$ 时的波形如图 7.2.10 中实线所示.求：

(1)原点 O 的振动相位是多大？

(2)如果振幅为 A，圆频率为ω，波速为 u，请写出波动方程.

解　(1)设 O 点的振动方程为 $y=A\cos(\omega t+\varphi_0)$，

因为 $\begin{cases}y_0=0\\ v_0<0\end{cases}$，　即 $\begin{cases}A\cos\varphi_0=0\\ -A\omega\sin\varphi_0<0\end{cases}$.

所以原点 O 的振动相位为　$\varphi_0=\frac{\pi}{2}.$

(2)根据波动方程的含义，可写出本题的波动方程为

$$y=A\cos\left[\omega\left(t-\frac{x}{u}+\frac{\pi}{2}\right]\right.$$

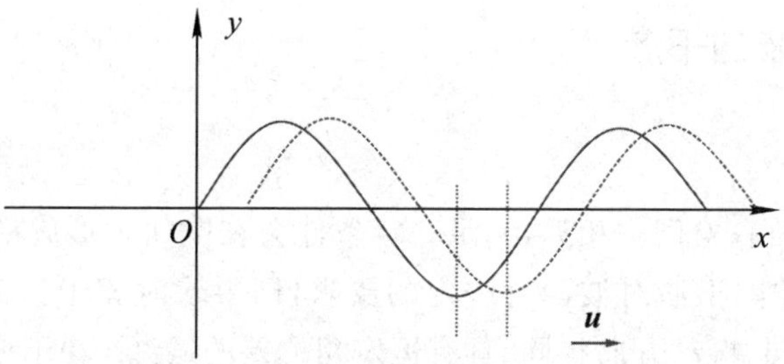

图 7.2.10　例题 7.2.4 示意

这些例子加深了我们对平面简谐波方程的理解. 平面简谐波实际上描述了媒质中各个质点的位移 y 随着时间 t 的变化,方程中的 x 坐标代表了各个质点的平衡位置. 因此,平面简谐波方程包含了简谐波动的全部信息.

§7.3　波的叠加和干涉

两列机械波在空间传播时会产生叠加作用,并且在一定条件下发生干涉. 本节介绍简谐波的叠加和简谐波的干涉.

视频 7.3.1

7.3.1　波的叠加

当两列波在空间中传播相遇时,媒质中的质点受到两列波的影响,同时参与这两列波相关的振动. 各个质点的振动合成导致了波的叠加. 波的叠加有如下两个原则:

a. 各振源所激起的波可在同一媒质中独立地传播,不改变各自的波长、频率和振动方向.

b. 在各个波相互交叠的区域,各质点的振动是各个波单独存在时在该点激起的振动的矢量和.

根据波的叠加原则,我们可以由质点的振动叠加出发来求解波的叠加. 此时涉及同一方向同频率的两个简谐振动的合成问题. 我们再次给出两个简谐振动的合振动的振幅表达式:

$$A=\sqrt{A_1^2+A_2^2+2A_1A_2\cos(\varphi_2-\varphi_1)}.$$

7.3.2 波的干涉

视频 7.3.2

1. 波的干涉

两列简谐波在空间中相遇，满足一定条件会在空间中形成稳定的干涉图样. 波的干涉对波源有一定的要求，即要求时相干波源. 相干波源是指两个频率相同、振动方向相同、具有恒定相位差的振源. 相干波是指由相干波源发出的波.

例如，设两相干波源 S_1 和 S_2，如图 7.3.1 所示，其振动方程为：$\begin{cases} y_{10}=A_1\cos(\omega t+\varphi_1) \\ y_{20}=A_2\cos(\omega t+\varphi_2) \end{cases}$.

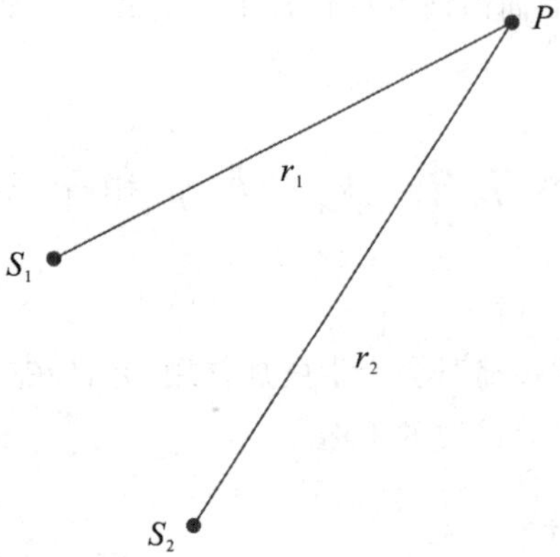

图 7.3.1 波的干涉示意

设两波无衰减地传播到 P 点相遇，则两波源在 P 点激发的振动方程分别为：

$$\begin{cases} y_1=A_1\cos(\left(\omega t+\varphi_1-\dfrac{2\pi r_1}{\lambda}\right) \\ y_2=A_2\cos\left(\omega t+\varphi_2-\dfrac{2\pi r_2}{\lambda}\right) \end{cases}.$$

P 点同时参与两列波所激发的振动，该点的合振动仍然为简谐振动，振动方程可表达为

$$y=y_1+y_2=A\cos(\omega t+\varphi).$$

那么根据两个同方向、同频率的简谐振动的合成，可得 P 点的合振动的振幅为

$$A=\sqrt{A_1^2+A_2^2+2A_1A_2\cos\Delta\varphi}.$$

显然，合振动的振幅取决于两列波在该点的相位差，即

$$\Delta\varphi=\left(\omega t+\varphi_2-\frac{2\pi r_2}{\lambda}\right)-\left(\omega t+\varphi_1-\frac{2\pi r_1}{\lambda}\right)$$

$$=\varphi_2-\varphi_1-2\pi\frac{r_2-r_1}{\lambda}.$$

这里，我们令波程差 $\delta=r_2-r_1$，相位差可改写为

$$\Delta\varphi=\varphi_2-\varphi_1-\frac{2\pi\delta}{\lambda}.$$

当两个波源的振动情况完全确定时，相位差取决于波程差. 下面，我们讨论满足什么条件下，媒质中的各个质点的合振动振幅会加强或减弱.

讨 论

当 $\Delta\varphi=\pm 2k\pi$，$k=0,1,2,3,\cdots$，此时 $A=A_1+A_2$，干涉相长.

当 $\Delta\varphi=\pm(2k+1)\pi$，$k=0,1,2,3,\cdots$，此时 $A=|A_1-A_2|$，干涉相消.

若两波源的初相位相同，即 $\varphi_1=\varphi_2$，则 $\Delta\varphi=-\dfrac{2\pi\delta}{\lambda}$，有

$\delta=\pm 2k\dfrac{\lambda}{2}$，$k=0,1,2,3,\cdots$，干涉相长.

$\delta=\pm(2k+1)\dfrac{\lambda}{2}$，$k=0,1,2,3,\cdots$，干涉相消.

我们通过例子来分析波的干涉问题.

2. 波的干涉问题求解

[例题 7.3.1] 如图 7.3.2 所示，设两相干波源 S_1 和 S_2，它们相距 $l=10\text{m}$，其中它们的波幅为 $A_1=A_2=0.02\text{m}$，频率均为 $\nu=5\text{Hz}$，波源的初始相位均为 $\varphi_{10}=\varphi_{20}=0$，波速均为 $u=10\text{m/s}$. 求：

(1)它们连线上振动加强的位置及其合振幅；

(2)延长线上合振动如何？

(3)能否改变 l 使延长线上合振动减弱？

(4)能否使延长线上合振动一边加强、一边减弱？

解 (1) 先求它们连线上振动加强的位置及其合振幅，如图 7.3.2 所示.

因为 $\varphi_{20}=\varphi_{10}$，$\lambda=\dfrac{u}{\nu}=\dfrac{10}{5}=2(\text{m})$

因此，振动加强要满足 $r_1-r_2=\pm k\lambda$，即

$$x-(l-x)=\pm k\lambda.$$

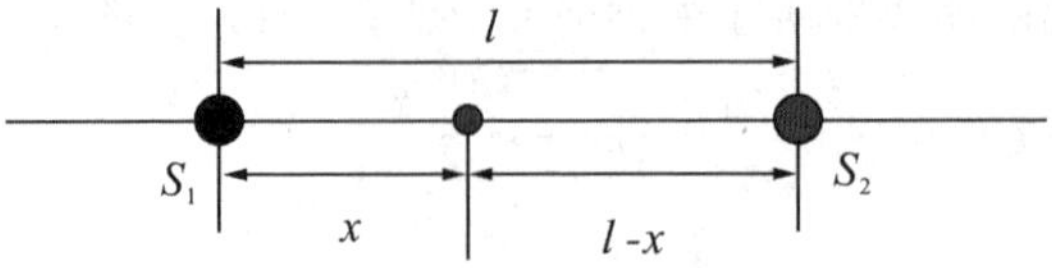

图 7.3.2　例题 7.3.1 示意

整理得 $x=\frac{l}{2}\pm k\frac{\lambda}{2}=5\pm k(\text{m})$.

x 取值在 $0\sim l$ 之间，即 $k=0,1,2,3,4,5$.

因此，当 $x=0,1,2,3,4,5,6,7,8,9,10$，振动加强，其合振幅为

$$A=2A_1=0.04\text{m}.$$

(2) 求延长线上的合振动，如图 7.3.3 所示.

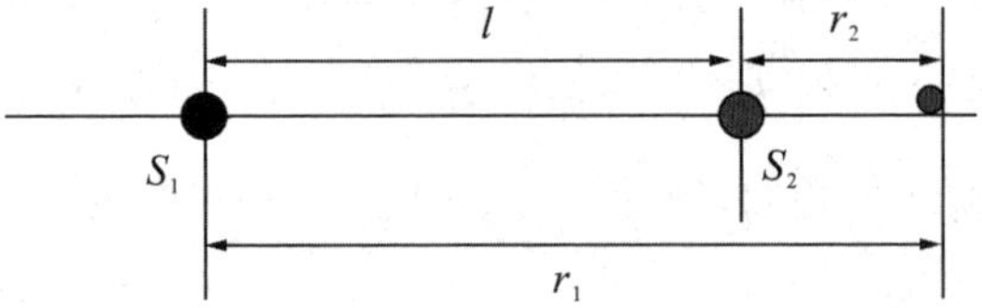

图 7.3.3　延长线上的波动叠加示意

因为，$r_1-r_2=l=10=5\lambda$，所以延长线上的质点的合振动加强.

(3)可以. 只要使得 $l=(2k+1)\frac{\lambda}{2}$，即波程差为半波长的奇数倍，则合振动始终减弱.

(4)这本题条件下，不能做到. 但是通过改变题目条件，可以做到这点. 这在无线电波定向辐射中很有用.

本章提要

本章介绍了简谐振动和波的基本概念、简谐振动和波动方程的求解应用.

(1)简谐振动方程

运动学方程为

$$x=A\cos(\omega t+\varphi).$$

振幅：离开平衡位置的最大距离 A；

圆频率：2π s 内所做的全振动次数；

周期：完成一次全振动所需的时间，满足 $\omega=\frac{2\pi}{T}$；

频率：单位时间内所做的全振动的次数，满足 $\nu=\frac{1}{T}$.

简谐振动可用旋转矢量法来描述.

动力学方程：

$$\frac{\mathrm{d}^2 x}{\mathrm{d}t^2}+\omega^2 x=0.$$

(2) 简谐振动合成

同方向同频率 $x_1=A_1\cos(\omega t+\varphi_1)$，$x_2=A_2\cos(\omega t+\varphi_2)$.

合成 $x=x_1+x_2=A\cos(\omega t+\varphi)$.

$A=\sqrt{A_1^2+A_2^2+2A_1A_2\cos(\varphi_2-\varphi_1)}$.

$\tan\varphi=\frac{A_1\sin\varphi_1+A_2\sin\varphi_2}{A_1\cos\varphi_1+A_2\cos\varphi_2}$.

两个方向互相垂直的同频率的简谐振动，两个分振动的运动方程为：

$$\begin{cases}x=A_x\cos(\omega t+\varphi_x)\\ y=A_y\cos(\omega t+\varphi_y)\end{cases}.$$

合振动轨迹方程为

$$\frac{x^2}{A_x^2}+\frac{y^2}{A_y^2}-2\frac{xy}{A_xA_y}\cos(\varphi_y-\varphi_x)=\sin^2(\varphi_y-\varphi_x).$$

(3) 描述波的基本物理量

波长 λ：同一波射线上两个相邻的振动状态相同的质点之间的距离.

波速 u：单位时间内某一振动状态传播的距离.

周期 T：波前进一个波长的距离所需要的时间.

波速公式为 $u=\frac{\lambda}{T}$，$u=\lambda\nu$.

(4) 波动方程

平面简谐波的波动方程为

$$y=A\cos\left[\omega\left(t\mp\frac{x}{u}\right)+\varphi\right].$$

若 $\varphi=0$，则波动方程简化为

$$y=A\cos\omega\left(t\mp\frac{x}{u}\right).$$

(5) 波的干涉

设两波无衰减地传播到 P 点相遇，则两波源在 P 点激发的振动方程分别为：

$$\begin{cases} y_1 = A_1\cos\left(\omega t + \varphi_1 - \dfrac{2\pi r_1}{\lambda}\right) \\ y_2 = A_2\cos\left(\omega t + \varphi_2 - \dfrac{2\pi r_2}{\lambda}\right) \end{cases}$$

当 $\Delta\varphi = \pm 2k\pi$，$k=0,1,2,3,\cdots$ ，此时 $A=A_1+A_2$，干涉相长.

当 $\Delta\varphi = \pm(2k+1)\pi$，$k=0,1,2,3,\cdots$，此时 $A=|A_1-A_2|$，干涉相消.

习 题

7.1 设简谐振动方程为 $x=A\sin\omega t$，求它的振幅、初相位和周期.

7.2 设有如下两个简谐振动，其方程分别为

$x_1=A\sin\left(\omega t+\frac{2}{3}\pi\right)$ 和 $x_2=A\sin\left(\omega t-\frac{2}{3}\pi\right)$. 求：

(1)这两个振动的余弦形式的振动方程；

(2)这两个振动的相位差.

7.3 两个简谐振动，方程为 $x_1=4\cos\left(2\pi t+\frac{3}{8}\pi\right)$ 和 $x_2=3\cos\left(2\pi t-\frac{1}{8}\pi\right)$，物理量单位均采用国际标准. 求这两个简谐振动的合振动方程.

7.4 一个质点同时参与两个方向的振动，振动方程分别为 $x=A_x\cos\omega t$ 和 $y=A_y\cos\omega t$，则求它们两个合振动的方程，并说明振动曲线类型.

7.5 一个质量为 m 的弹簧振子，弹簧的劲度系数为 k，该弹簧振子水平放置在光滑的水平地面上时和竖直悬挂在竖直平面内时，它们的振动周期分别为多少?

7.6 一个质量为 m 的弹簧振子，弹簧的劲度系数为 k，该弹簧放置在光滑的水平地面上做振幅为 A 的简谐振动. 当该振子运动到平衡位置时，有个质量为 m_0 的泥巴从静止状态粘贴到振子上，则求：

(1)振子的振动周期；

(2)振子的振幅.

7.7 一个质量为 m、长度为 l 的单摆，当它摆动到最大角度 θ_0 时，有个质量为 m_0 的泥巴从静止状态粘贴到摆球上. 求粘贴后单摆：

(1)振动周期；

(2)振幅.

7.8 有一列简谐横波，其波动方程为

$$y=8.0\cos4\pi\left(\frac{t}{0.02}-\frac{x}{5}\right).$$

其中物理量单位均为国际标准，求该简谐横波的振幅 A，角频率 ω，波速 u 和波长 λ.

7.9 有一列简谐横波沿着弦线从左边向右边传播，传播速度为 50 cm/s，传播时导致弦上某点做振幅为 3 cm、频率为 20 Hz 的简谐振动. 设该点为坐标原点，波的传播方向为 x 轴的正方向，并且开始时刻该质点处于平衡位置向上运动，则求：

(1)此波的波长；

(2)该质点的振动方程；

(3)弦波的波动方程；

(4)弦上 $x=2$ cm 处质点的振动方程.

7.10 有两列简谐横波，其波动方程为

$$y_1=8.0\cos4\pi\left(\frac{t}{0.02}-\frac{r_1}{5}\right),y_2=8.0\cos4\pi\left(\frac{t}{0.02}-\frac{r_2}{5}\right).$$

其中物理量单位均为国际标准，r_1 和 r_2 分别为质点到波源的距离，设两个波源之间的距离为 d. 求：

(1) 两列波的波速、频率和波幅；

(2) 空间中干涉条纹的分布.

附录一　数学预备知识

§0.1　矢量运算

描述物体的运动学和动力学状态需要采用定量的物理量. 通常,这些物理量可以是标量、矢量和张量. 例如,质量、时间、能量等物理量就属于标量,位移、速度、加速度、力等物理量属于矢量,转动惯量、应力等物理量属于张量. 实际上,标量、矢量和张量分别对应于零阶、一阶和二阶矩阵. 在数学上,矢量其实就是一阶矩阵,它在力学中有着广泛的应用.

0.1.1　矢量概念

在物理学上,矢量是指有大小和方向的物理量,例如力、速度、加速度等,在数学上矢量可用有大小和方向的有限线段来表示.

例如,图 0.1.1 所示有限线段可以表示为一个矢量 $\boldsymbol{A}$. 本教程中,矢量的印刷体采用加粗的斜体字表示,矢量的手写体用斜体字并在该矢量字母上加箭头表示. 图 0.1.1 给出了矢量的印刷体和手写体,即 $\boldsymbol{A}$ 和$\vec{A}$.

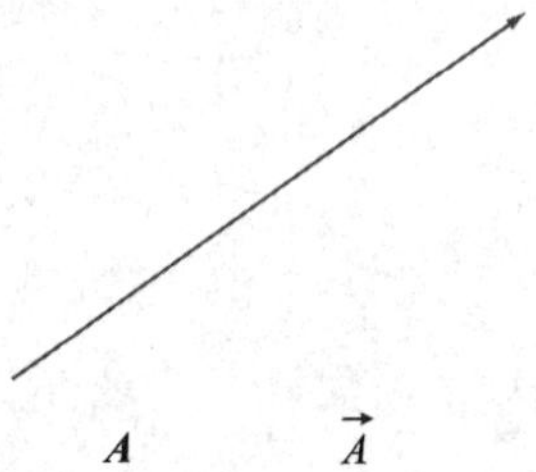

$\boldsymbol{A}$　　$\vec{A}$

图 0.1.1　矢量的表示方法

矢量可以在各种坐标系中进行分解，图 0.1.2 给出常用的直角坐标系表示法．对于一般情况，有

$$\boldsymbol{A}=A_x\boldsymbol{i}+A_y\boldsymbol{j}+A_z\boldsymbol{k}. \tag{0.1.1}$$

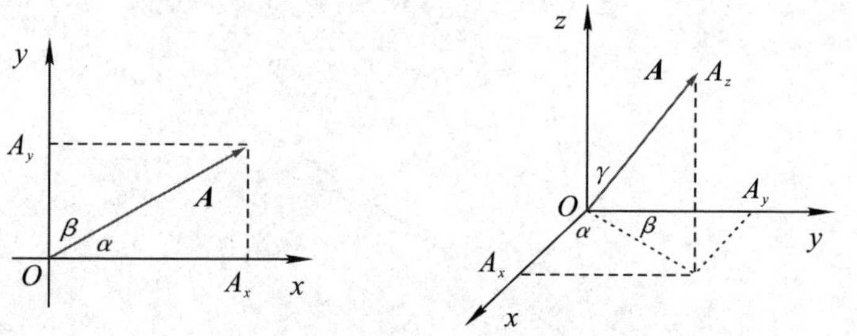

图 0.1.2　矢量在直角坐标系中的表示

其中，A_x，A_y 和 A_z 分别为三个坐标方向的分量大小，i，j 和 k 分别为 x，y，z 三个坐标轴方向的单位矢量，它们的模等于 1，即

$$|\boldsymbol{i}|=|\boldsymbol{j}|=|\boldsymbol{k}|=1.$$

矢量 **A** 的模可表达为

$$|\boldsymbol{A}|=\sqrt{A_x^2+A_y^2+A_z^2}. \tag{0.1.2}$$

矢量 **A** 与三个坐标轴所成角的余弦分别为

$$\begin{cases}\cos\alpha=\dfrac{A_x}{\sqrt{A_x^2+A_y^2+A_z^2}},\\ \cos\beta=\dfrac{A_y}{\sqrt{A_x^2+A_y^2+A_z^2}},\\ \cos\gamma=\dfrac{A_z}{\sqrt{A_x^2+A_y^2+A_z^2}}.\end{cases} \tag{0.1.3}$$

显然，$\cos^2\alpha+\cos^2\beta+\cos^2\gamma=1$．中学物理学习过的力和速度等矢量可在直角坐标系中表示，即

$$\boldsymbol{F}=F_x\boldsymbol{i}+F_y\boldsymbol{j}+F_z\boldsymbol{k},$$

$$\boldsymbol{v}=v_x\boldsymbol{i}+v_y\boldsymbol{j}+v_z\boldsymbol{k}.$$

此表示方法就是中学物理中的力和速度的正交分解方法．

0.1.2　矢量加减

矢量也可进行加减乘除运算．矢量的加减运算规则与标量加减运算规则不一样，它满足平行四边形法则．我们以力这个矢量为例来说明平行四边形法则．

图 0.1.3 给出了两个力 $\boldsymbol{F}_1$ 和 $\boldsymbol{F}_2$ 相加，$\boldsymbol{F}=\boldsymbol{F}_1+\boldsymbol{F}_2$，即二力合成.

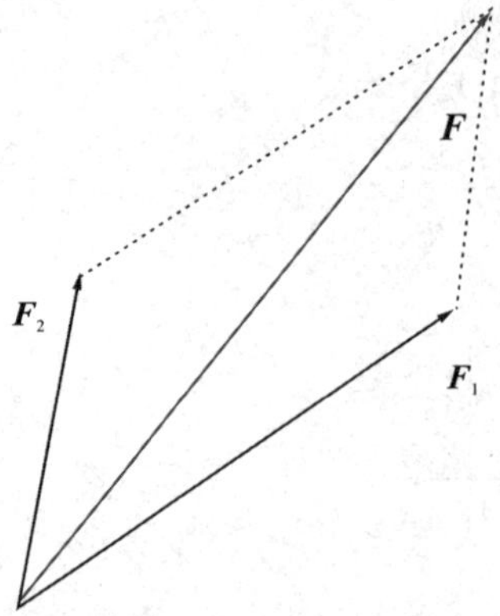

图 0.1.3　两个矢量相加满足平行四边形法则

在平行四边形法则中，平行四边形的两条边代表两个分力 $\boldsymbol{F}_1$ 和 $\boldsymbol{F}_2$，对角线代表合力 $\boldsymbol{F}$. 应用平行四边形法则求解矢量的合成需要通过几何作图. 我们通过一个例子来说明平行四边形法则的应用.

[例题 0.1.1]　矢量 $\boldsymbol{A}$ 可分解为两个分矢量 $\boldsymbol{A}_1$ 和 $\boldsymbol{A}_2$，若其中一个矢量 $\boldsymbol{A}_1$ 与矢量 $\boldsymbol{A}$ 所成的角为 α，其模为 A_1. 求另一个矢量 $\boldsymbol{A}_2$ 的模的最小值.

解　据题意作图，如图 0.1.4 所示. 根据平行四边形法则，矢量的合成或分解可简化为三个矢量首尾相连的三角形.

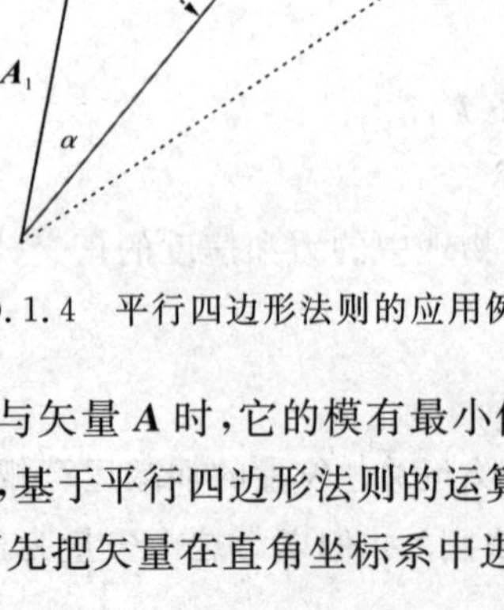

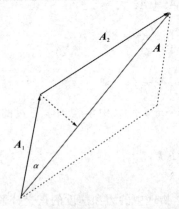

图 0.1.4　平行四边形法则的应用例子

显然，当矢量 $\boldsymbol{A}_2$ 垂直与矢量 $\boldsymbol{A}$ 时，它的模有最小值，即 $A_{2\min}=A_1\cos\alpha$.

对于矢量的加减运算，基于平行四边形法则的运算通过几何作图求解，这种方法比较形象. 当然，也可先把矢量在直角坐标系中进行分解，然后在直角坐标系中进行加减运算. 下面通过一个简单例子进行说明.

[**例题 0.1.2**] 请在直角坐标系中写出 $\boldsymbol{A}$ 和 $\boldsymbol{B}$ 两个矢量的相加结果.

解 在直角坐标系中,$\boldsymbol{A}$ 和 $\boldsymbol{B}$ 矢量可表示为

$$\boldsymbol{A}=A_x\boldsymbol{i}+A_y\boldsymbol{j}+A_z\boldsymbol{k},$$

$$\boldsymbol{B}=B_x\boldsymbol{i}+B_y\boldsymbol{j}+B_z\boldsymbol{k}.$$

它们满足交换律和结合律,可得:

$$\boldsymbol{A}+\boldsymbol{B}=(A_x+B_x)\boldsymbol{i}+(A_y+B_y)\boldsymbol{j}+(A_z+B_z)\boldsymbol{k}.$$

这种处理方法就是中学物理中的速度、力等矢量的正交分解法. 它先对矢量进行正交分解,然后再相加. 这种处理方法的好处是可以将矢量的加减简化为同方向的矢量的数值加减. 矢量加减既可用平行四边形法则,也可用直角坐标系分解法,这两种方法是等价的. 下面通过一个例子进行简单的证明.

[**例题 0.1.3**] 请证明两个矢量相加满足的平行四边形法则和直角坐标系法是等价的.

解 如图 0.1.5 所示,建立平面直角坐标系,采用直角坐标系法运算. 在直角坐标系中分别对两个矢量力 $\boldsymbol{F}_1$ 和 $\boldsymbol{F}_2$ 进行分解,有

$$\boldsymbol{F}_1=F_{1x}\boldsymbol{i}+F_{1y}\boldsymbol{j},\boldsymbol{F}_2=F_{2x}\boldsymbol{i}+F_{2y}\boldsymbol{j}.$$

分解后进行相加,因为在直角坐标系中同方向相加,得直角坐标系法的结果为

$$\boldsymbol{F}_1+\boldsymbol{F}_2=(F_{1x}+F_{2x})\boldsymbol{i}+(F_{1y}+F_{2y})\boldsymbol{j}.$$

另一方面,根据平行四边形法则,可得

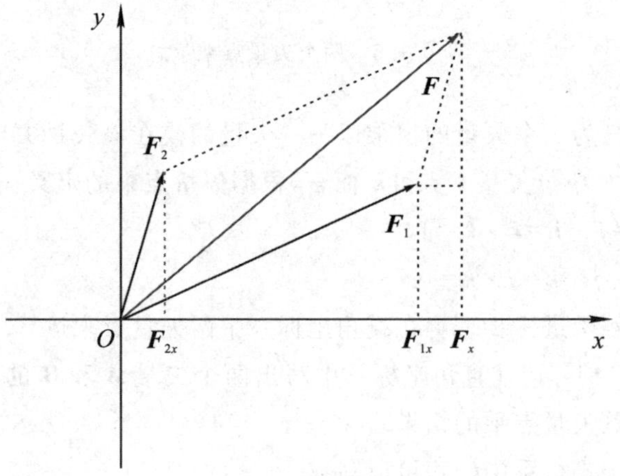

图 0.1.5 平行四边形法则和直角坐标系法的等价性

$\boldsymbol{F}=\boldsymbol{F}_1+\boldsymbol{F}_2=F_2\boldsymbol{i}+F_y\boldsymbol{j}$.

根据如图所示的几何关系，容易得到

$F_x=F_{1x}+F_{2x}$，$F_y=F_{1y}+F_{2y}$.

因此，这两种方法是等价的.

0.1.3 矢量乘积

矢量乘积通常有标积和矢量积，即点乘和叉乘. 下面分别对矢量的点乘和叉乘进行介绍.

1. 矢量点乘

两个矢量的点乘结果为一个标量，其大小为这两个矢量的模相乘，再乘以两个矢量所成角的余弦. 设两个矢量 $\boldsymbol{A}$ 和 $\boldsymbol{B}$，点乘结果为

$$\boldsymbol{A}\cdot\boldsymbol{B}=|\boldsymbol{A}|\,|\boldsymbol{B}|\cos\alpha, \tag{0.1.4}$$

其中 α 为 $\boldsymbol{A}$ 和 $\boldsymbol{B}$ 矢量所成的角，如图 0.1.6 所示.

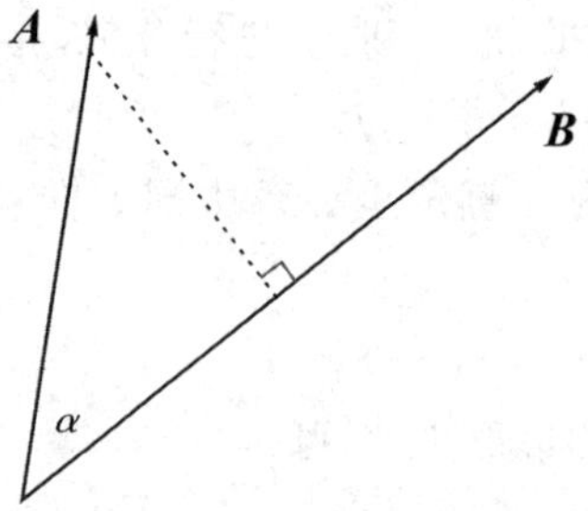

图 0.1.6 两个矢量点乘示意

点乘的含义为一个矢量的模乘以另一矢量的模在该矢量方向的投影. 在直角坐标系中，3 个单位矢量 $\boldsymbol{i}$，$\boldsymbol{j}$ 和 $\boldsymbol{k}$ 而言，根据矢量点乘的定义，有如下关系式：

$$\boldsymbol{i}\cdot\boldsymbol{i}=\boldsymbol{j}\cdot\boldsymbol{j}=\boldsymbol{k}\cdot\boldsymbol{k}=1,$$

$$\boldsymbol{i}\cdot\boldsymbol{j}=\boldsymbol{j}\cdot\boldsymbol{k}=\boldsymbol{i}\cdot\boldsymbol{k}=0.$$

下面通过例子进一步理解在直角坐标系中两矢量点乘运算.

[例题 0.1.4] 请在直角坐标系中写出两个矢量 $\boldsymbol{A}$ 和 $\boldsymbol{B}$ 的点乘. 请举例说明哪些物理量是矢量点乘的结果.

解 在直角坐标系中标积可以写成

$$\begin{aligned}\boldsymbol{A}\cdot\boldsymbol{B}&=(A_x\boldsymbol{i}+A_y\boldsymbol{j}+A_z\boldsymbol{k})\cdot(B_x\boldsymbol{i}+B_y\boldsymbol{j}+B_z\boldsymbol{k})\\&=A_xB_x+A_yB_y+A_zB_z.\end{aligned}$$

其中,单位矢量的点乘满足

$$\boldsymbol{i}\cdot\boldsymbol{i}=\boldsymbol{j}\cdot\boldsymbol{j}=\boldsymbol{k}\cdot\boldsymbol{k}=1,\quad \boldsymbol{i}\cdot\boldsymbol{j}=\boldsymbol{j}\cdot\boldsymbol{k}=\boldsymbol{i}\cdot\boldsymbol{k}=0.$$

功和功率等物理量可以表示为两个物理量的标积.

一个矢量 $\boldsymbol{A}$ 点乘一个单位矢量 $\boldsymbol{n}$,其结果为矢量 $\boldsymbol{A}$ 在单位矢量 $\boldsymbol{n}$ 方向上的分量,即

$$\boldsymbol{A}\cdot\boldsymbol{n}=A_n.$$

显然,有

$$\boldsymbol{A}\cdot\boldsymbol{i}=(A_x\boldsymbol{i}+A_y\boldsymbol{j}+A_z\boldsymbol{k})\cdot\boldsymbol{i}=A_x.$$

2. 矢量叉乘

两个矢量 $\boldsymbol{A}$ 和 $\boldsymbol{B}$ 的叉乘结果为一矢量,其大小为两矢量的模相乘,然后乘以两矢量所成角的正弦值,即大小为

$$|\boldsymbol{A}||\boldsymbol{B}|\sin\alpha. \tag{0.1.5}$$

式(0.1.5)为图 0.1.7 所示的 $\boldsymbol{A}$ 和 $\boldsymbol{B}$ 所构成的平行四边形的面积大小.

两矢量叉乘的方向满足右手螺旋法则,如图 0.1.7 所示. 在右手螺旋中,先将第二个矢量 $\boldsymbol{B}$ 平移,使得其尾部与第一个矢量 $\boldsymbol{A}$ 头部相连,然后四指沿着第一矢量 $\boldsymbol{A}$ 和第二个矢量 $\boldsymbol{B}$ 弯曲,大拇指的方向即为两矢量叉乘的方向. 因此,叉乘方向即为 $\boldsymbol{A}$ 和 $\boldsymbol{B}$ 两矢量构成平面的法向方向.

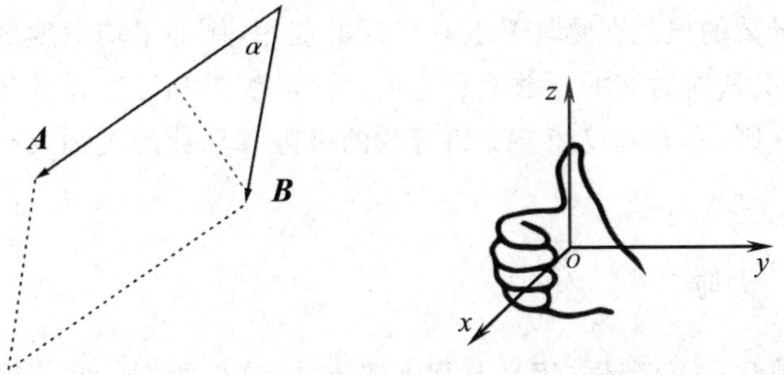

图 0.1.7 两矢量叉乘的大小和方向示意

对于直角坐标系的三个单位矢量 $\boldsymbol{i}$,$\boldsymbol{j}$ 和 $\boldsymbol{k}$ 而言,根据矢量叉乘的定义,有如下关系式:

$$\boldsymbol{i}\times\boldsymbol{i}=\boldsymbol{j}\times\boldsymbol{j}=\boldsymbol{k}\times\boldsymbol{k}=0,$$
$$\boldsymbol{i}\times\boldsymbol{j}=\boldsymbol{k},\ \boldsymbol{j}\times\boldsymbol{k}=\boldsymbol{i},\ \boldsymbol{k}\times\boldsymbol{i}=\boldsymbol{j}. \tag{0.1.6}$$

单位矢量满足右手螺旋法则的直角坐标系称为右手系.

[例题 0.1.5] 请在平面直角坐标系中写出 $\boldsymbol{A}$ 和 $\boldsymbol{B}$ 两个矢量的叉乘结果.

举例说明哪些物理量是两个矢量叉乘的结果.

解 在平面直角坐标系中，分别对两矢量 $\boldsymbol{A}$ 和 $\boldsymbol{B}$ 进行分解，再按叉乘运算规则运算，即

$$\begin{aligned}\boldsymbol{A}\times\boldsymbol{B}&=(A_x\boldsymbol{i}+A_y\boldsymbol{j}+A_z\boldsymbol{k})\times(B_x\boldsymbol{i}+B_y\boldsymbol{j}+B_z\boldsymbol{k})\\&=(A_yB_z-A_zB_y)\boldsymbol{i}-(A_xB_z-A_zB_x)\boldsymbol{j}+(A_xB_y-A_yB_x)\boldsymbol{k}.\end{aligned}$$

其中，$\boldsymbol{i}\times\boldsymbol{i}=\boldsymbol{j}\times\boldsymbol{j}=\boldsymbol{k}\times\boldsymbol{k}=0$，$\boldsymbol{i}\times\boldsymbol{j}=\boldsymbol{k}$，$\boldsymbol{j}\times\boldsymbol{k}=\boldsymbol{i}$，$\boldsymbol{k}\times\boldsymbol{i}=\boldsymbol{j}$.

该结果表明，在二维平面中，两矢量叉乘的方向为第三个坐标轴的方向. 在力学中，力矩、角动量等物理量为两个物理量的叉乘结果. 力矩为位置矢量叉乘力，角动量为位置矢量叉乘动量.

我们对两个矢量的运算的含义进行小结. 两个矢量相加涉及两个物理量的合成或分解，例如位置矢量、速度和力等物理量的分解和合成. 两个矢量的点乘和叉乘则涉及物理量的定义，例如做功是力和位移的点乘结果，洛伦兹力是速度和磁场感应强度的叉乘结果，等等.

§0.2 极限和导数

极限和导数的概念在物理学上有广泛的应用，例如平均速度的极限就是瞬时速度，位置矢量对时间的导数就是速度，等等. 极限和导数在数学上有严格的定义和求解规则. 本教程仅简要介绍函数的极限和导数的规则及其在力学中的应用.

0.2.1 极限

极限在数学上有严格的定义及其求解方法，这里我们仅介绍极限的简单概念、规律及其应用. 物理规律往往表现为物理量之间的函数关系，因此本节着重于函数的极限和导数的介绍.

函数极限：函数 $f(x)$在点 x_0 的邻域内有定义，如果存在常数 C，对于任意给定的正数 ε，无论它多小，总存在正数 δ 使得当 x 满足不等式 $0<|x-x_0|<\varepsilon$ 时，对应的函数值满足不等式 $|f(x)-C|<\varepsilon$，则常数 C 称之为函数 $f(x)$在 x 趋近于 x_0 的极限. 记作

$$\lim_{x\to x_0}f(x)=C.$$

对于函数的极限而言，自变量 x 在 x_0 处不一定要有定义，只需在其邻域有意义即可. 对于连续函数，有

$$\lim_{x\to x_0} f(x)=f(x_0).$$

[例题 0.2.1] 请说明一个变量 y 的差分 Δy 和微分 $\mathrm{d}y$ 的含义.

解 变量差分即为该变量的增量，为该变量的有限差别，记作

$$\Delta y=y(x)-y(x_0).$$

变量微分为该差分的极限，即

$$\mathrm{d}y=\lim_{x\to x_0}[y(x)-y(x_0)].$$

0.2.2 导数

1. 导数定义

如图 0.2.1 所示的任意函数图像，则函数 $f(x)$ 在区间 $[x_0, x_0+\Delta x]$ 的平均变化率为

$$\frac{\Delta y}{\Delta x}=\frac{f(x_0+\Delta x)-f(x_0)}{\Delta x}.$$

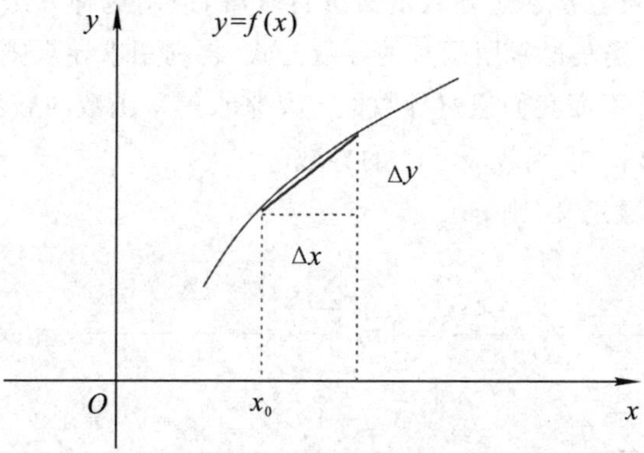

图 0.2.1 函数差分和平均斜率示意

此平均变化率就是函数图像在该定义域内的平均斜率，为了更精细地反映函数应变量随自变量的变化率，考虑对自变量取极限，即

当 $\Delta x\to 0$ 时，$\frac{\Delta y}{\Delta x}$存在极限，即 $\lim\limits_{\Delta x\to 0}\frac{\Delta y}{\Delta x}=\lim\limits_{\Delta x\to 0}\frac{f(x_0+\Delta x)-f(x_0)}{\Delta x}$，则 $f(x)$ 在 x_0 处可导，并称该极限为函数 $f(x)$ 在 x_0 处的导数. 记作

$$y'=f'(x_0)=\lim_{\Delta x\to 0}\frac{\Delta y}{\Delta x}=\frac{\mathrm{d}y}{\mathrm{d}x}.$$

该导数的含义为 $f(x)$ 在 x_0 处的瞬时变化率，即曲线在该处的斜率，如图 0.2.2 所示.

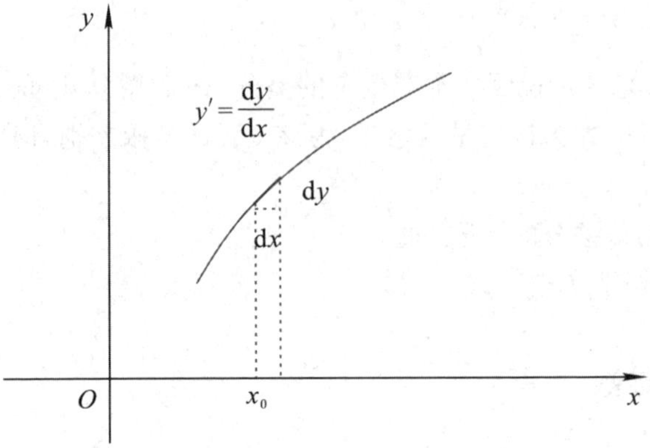

图 0.2.2　函数导数示意

由于 x_0 在定义域内是可变的，可用 x 来代替 x_0，则导数改写为

$$y'=f'(x)=\frac{\mathrm{d}y}{\mathrm{d}x}. \tag{0.2.1}$$

函数的导数可直接通过导数定义进行求解，但用这种方法直接求解导数并不方便. 通常，可先获得常用函数的导数公式，再利用求导规则来进行其他复合函数的导数求解. 下面我们通过导数的定义来求解幂函数的导数公式.

[例题 0.2.2]　求函数 $y=x^n$ 的导数.

解　根据导数定义，则

$$(x^n)'=\lim_{\Delta x\to 0}\frac{(x+\Delta x)^n-x^n}{\Delta x}=\lim_{\Delta x\to 0}\frac{\sum_{i=0}^{n}C_n^i x^{n-i}(\Delta x)^i-x^n}{\Delta x}=\lim_{\Delta x\to 0}\frac{\sum_{i=1}^{n}C_n^i x^{n-i}(\Delta x)^i}{\Delta x}$$

$$=\lim_{\Delta x\to 0}\sum_{i=1}^{n}C_n^i x^{n-i}(\Delta x)^{i-1}=C_n^1 x^{n-1}=nx^{n-1}.$$

导数求解应用十分广泛，特别是在运动学问题中，请看一个简单的例子.

[例题 0.2.3]　质点做单向的直线运动，其路程和时间关系式为 $s(t)=a+bt+ct^2$，则其速度大小随时间变化关系如何？取国际标准单位.

解　根据高中学习过的平均速度大小的定义，有 $\bar{v}=\frac{\Delta s}{\Delta t}$

当时间间隔取极限时，平均速度大小转变为瞬时速度大小，即

$$v=\lim_{\Delta t\to 0}\frac{\Delta s}{\Delta t}=\frac{\mathrm{d}s}{\mathrm{d}t}=s'.$$

根据多项式的求导公式有

$$v=\frac{\mathrm{d}s(t)}{\mathrm{d}t}=\frac{\mathrm{d}(a+bt+ct^2)}{\mathrm{d}t}=b+2ct.$$

为了方便应用，下面给出一些常用函数的导数公式.

2. 常用函数的导数公式

物理规律往往表达为物理量的函数关系，涉及一些常用的函数.这些函数包括幂函数、指数函数、对数函数和三角函数等.这里直接给出一些常用函数的导数公式.

$$(x^n)'=nx^{n-1}\quad(\mathrm{e}^x)'=\mathrm{e}^x$$
$$(\ln x)'=\frac{1}{x}\quad(\sin x)'=\cos x$$
$$(\cos x)'=-\sin x \tag{0.2.2}$$

3. 求导规则

若已知常用函数的导数公式，通过一些求导规则，可获得其他函数形式的导数表达式.下面给出一些常用的求导规则.

设 x 为函数 $u(x)$ 和 $v(x)$ 的自变量，C 为常数，有如下求导规则：

$$[Cu(x)]'=Cu'(x)$$
$$[u(x)+v(x)]'=u'(x)+v'(x)$$
$$[u(x)v(x)]'=u'(x)v(x)+u(x)v'(x)$$
$$f'[g(x)]_x=f'_g g'_x. \tag{0.2.3}$$

前面两个规则是显然的，函数乘积的求导规则可简单证明如下.

设在 x 点，有 $y=uv$，则在 $x+\Delta x$ 点有

$$y+\Delta y=(u+\Delta u)(v+\Delta v),$$

因此

$$\frac{\Delta y}{\Delta x}=\frac{(u+\Delta u)(v+\Delta v)-uv}{\Delta x}=\frac{u\Delta v+v\Delta u+\Delta u\Delta v}{\Delta x}.$$

当 $\Delta x\to 0$ 时，有

$$[u(x)v(x)]'=\lim_{\Delta x\to 0}\frac{\Delta y}{\Delta x}=u\lim_{\Delta x\to 0}\frac{\Delta v}{\Delta x}+v\lim_{\Delta x\to 0}\frac{\Delta u}{\Delta x}+\Delta v\lim_{\Delta x\to 0}\frac{\Delta u}{\Delta x}$$

舍去二阶无穷小，则得

$$[u(x)v(x)]'=u(x)v'(x)+u'(x)v(x).$$

复合函数的求导规则 $f'[g(x)]_x=f'_g g'_x$ 也经常会用到.函数 $f[g(x)]$ 有中间变量 $g(x)$，最终自变量为 x，求导规则为 $f'[g(x)]_x=f'_g g'_x$，公式中下标为

相应求导步骤中的自变量.该规则可简单证明如下：

$$f'[g(x)]_x=\frac{\mathrm{d}f}{\mathrm{d}x}=\frac{\mathrm{d}f}{\mathrm{d}x}\frac{\mathrm{d}g}{\mathrm{d}g}=\frac{\mathrm{d}f}{\mathrm{d}g}\frac{\mathrm{d}g}{\mathrm{d}x}=f'_g g'_x.$$

下面给出这些求导规则应用的一个例子.

[**例题 0.2.4**]　求函数 $f(x)=k\cos\omega x\,\mathrm{e}^{-\frac{x}{\tau}}$ 对自变量 x 的导数.

解　根据函数乘积的求导规则,有

$$f'(x)=k\cos\omega x(\mathrm{e}^{-\frac{x}{\tau}})'+(k\cos\omega x)'\mathrm{e}^{-\frac{x}{\tau}}.$$

再根据复合函数求导规则,得

$$(\mathrm{e}^{-\frac{x}{\tau}})'=-\frac{1}{\tau}\mathrm{e}^{-\frac{x}{\tau}},(k\cos\omega x)'=-k\omega\sin\omega x.$$

代入上面公式,得

$$f'(x)=-k\omega\sin\omega x\,\mathrm{e}^{-x/\tau}-\frac{k}{\tau}\cos\omega x\,\mathrm{e}^{-x/\tau}.$$

物理量往往为矢量函数,矢量函数的求导规则和标量函数求导规则类似.设 $\boldsymbol{A}(t)$ 和 $\boldsymbol{B}(t)$ 为矢量函数,即

$$\boldsymbol{A}(t)=A_x(t)\boldsymbol{i}+A_y(t)\boldsymbol{j}+A_z(t)\boldsymbol{k},$$

$$\boldsymbol{B}(t)=B_x(t)\boldsymbol{i}+B_y(t)\boldsymbol{j}+B_z(t)\boldsymbol{k}.$$

其求导规则与标量函数求导规则类似,满足如下的一些常用规则：

$$\frac{\mathrm{d}}{\mathrm{d}t}\boldsymbol{A}(t)=\frac{\mathrm{d}A_x(t)}{\mathrm{d}t}\boldsymbol{i}+\frac{\mathrm{d}A_y(t)}{\mathrm{d}t}\boldsymbol{j}+\frac{\mathrm{d}A_z(t)}{\mathrm{d}t}\boldsymbol{k}$$

$$\frac{\mathrm{d}}{\mathrm{d}t}(\boldsymbol{A}+\boldsymbol{B})=\frac{\mathrm{d}\boldsymbol{A}}{\mathrm{d}t}+\frac{\mathrm{d}\boldsymbol{B}}{\mathrm{d}t}$$

$$\frac{\mathrm{d}}{\mathrm{d}t}(\boldsymbol{A}\cdot\boldsymbol{B})=\frac{\mathrm{d}\boldsymbol{A}}{\mathrm{d}t}\cdot\boldsymbol{B}+\boldsymbol{A}\cdot\frac{\mathrm{d}\boldsymbol{B}}{\mathrm{d}t}$$

$$\frac{\mathrm{d}}{\mathrm{d}t}(\boldsymbol{A}\times\boldsymbol{B})=\frac{\mathrm{d}\boldsymbol{A}}{\mathrm{d}t}\times\boldsymbol{B}+\boldsymbol{A}\times\frac{\mathrm{d}\boldsymbol{B}}{\mathrm{d}t}.\tag{0.2.4}$$

下面例子为矢量函数的求导规则的应用.

[**例题 0.2.5**]　矢量函数 $\boldsymbol{A}(t)$ 的模为常数,证明该矢量函数与它的导数相互垂直.

解　证明两个矢量垂直即证明它们的点乘为零,因为

$$2\boldsymbol{A}(t)\cdot\frac{\mathrm{d}\boldsymbol{A}(t)}{\mathrm{d}t}=\boldsymbol{A}(t)\cdot\frac{\mathrm{d}\boldsymbol{A}(t)}{\mathrm{d}t}+\frac{\mathrm{d}\boldsymbol{A}(t)}{\mathrm{d}t}\cdot\boldsymbol{A}(t)$$

根据函数乘积的求导规则,有

$$\boldsymbol{A}(t)\cdot\frac{\mathrm{d}\boldsymbol{A}(t)}{\mathrm{d}t}+\frac{d\boldsymbol{A}(t)}{\mathrm{d}t}\cdot\boldsymbol{A}(t)=\frac{\mathrm{d}[\boldsymbol{A}(t)\cdot\boldsymbol{A}(t)]}{\mathrm{d}t}=\frac{\mathrm{d}}{\mathrm{d}t}|\boldsymbol{A}(t)|^2.$$

因为$|\boldsymbol{A}(t)|^2$为常数,所以

$\frac{\mathrm{d}}{\mathrm{d}t}|\boldsymbol{A}(t)|^2 = 0$,因此$\boldsymbol{A}(t)\cdot\frac{\mathrm{d}A(t)}{\mathrm{d}t} = 0$,得证.

这里需要强调的是,微分的规则和求导规则是类似的,例如:

$\mathrm{d}[Cu(x)] = C\mathrm{d}u(x)$

$\mathrm{d}[u(x)v(x)] = u(x)\mathrm{d}v(x) + \mathrm{d}u(x)v(x)$

$\mathrm{d}\boldsymbol{A}(t) = A_x(t)\boldsymbol{i} + \mathrm{d}A_y(t)\boldsymbol{j} + \mathrm{d}A_z(t)\boldsymbol{k}$

$\mathrm{d}(\boldsymbol{A}\cdot\boldsymbol{B}) = \mathrm{d}\boldsymbol{A}\cdot\boldsymbol{B} + \boldsymbol{A}\cdot\mathrm{d}\boldsymbol{B}$.

相当于在求导公式的两边均乘以 $\mathrm{d}t$.

§0.3　不定积分和定积分

函数导数的概念是该函数对自变量的变化率,而函数的积分则是函数对自变量的累积效应.函数积分可分为不定积分和定积分,两者之间存在关联.本节简要介绍不定积分和定积分的基本概念和公式,以及它们的简单应用.

0.3.1　不定积分

1.不定积分概念

在介绍不定积分之前,先介绍一个函数的原函数.

函数的原函数　设 $f(x)$ 是定义在某一区间的函数,若存在函数 $F(x)$,使得在这个区间上的每一点都有$\frac{\mathrm{d}}{\mathrm{d}x}F(x) = f(x)$,则称 $F(x)$ 为函数 $f(x)$ 的原函数.

显然,求函数的原函数是求该函数的导数的逆运算.现通过一个简单例子加以说明.

[例题 0.3.1]　分别求下面函数 $f(x) = x^2$ 和 $\boldsymbol{v}(t) = v_0\boldsymbol{i} + at\boldsymbol{j}$ 的原函数.

解　函数 $f(x) = x^2$ 的原函数为 $F(x) = \frac{1}{3}x^3 + C$,

函数 $\boldsymbol{v}(t) = v_0\boldsymbol{i} + at\boldsymbol{j}$ 的原函数为 $\boldsymbol{F}(x) = v_0t\boldsymbol{i} + \frac{1}{2}at^2\boldsymbol{j} + \boldsymbol{C}$.

其中,C 和 $\boldsymbol{C}$ 为常标量和常矢量.

有了原函数的概念后，我们就能很方便地给出函数的不定积分.

不定积分　$f(x)$ 是定义在某一区间的函数，该函数 $f(x)$ 所有的原函数称为 $f(x)$ 的不定积分，记作$\int f(x)\mathrm{d}x$. 用 $F(x)$ 表示 $f(x)$ 的一个原函数，则 $f(x)$ 的不定积分可表示为

$$\int f(x)\mathrm{d}x = F(x) + C. \tag{0.3.1}$$

其中，$f(x)$ 为被积函数，$f(x)\mathrm{d}x$ 为被积式，$\int$ 为积分符号，C 为积分常量. 积分常数的存在表明 $F(x)$ 只是 $f(x)$ 的其中一个原函数，其他原函数与 $F(x)$ 相差一个常数. 很明显，因为常数的导数为零. 下面通过一个例子来介绍不定积分的求解.

[**例题 0.3.2**]　求不定积分$\int x^n \mathrm{d}x$.

解　根据不定积分的概念，因为 $F(x)' = (\frac{1}{n+1}x^{n+1})' = x^n$，所以

$$\int x^n \mathrm{d}x = \frac{1}{n+1}x^{n+1} + C.$$

2. 不定积分公式和规则

在已经导数运算规则的情况下，不定积分和求导互为逆运算，容易给出不定积分的性质和运算规则.

不定积分的性质

$$(\int f(x)\mathrm{d}x)' = f(x)$$

$$\int F'(x)\mathrm{d}x = F(x) + C$$

不定积分运算规则

$$\int kf(x)\mathrm{d}x = k\int f(x)\mathrm{d}x + C$$

$$\int [f(x) \pm g(x)]\mathrm{d}x = \int f(x)dx \pm \int g(x)\mathrm{d}x + C$$

常用函数的不定积分公式

$$\int x^n \mathrm{d}x = \frac{1}{n+1}x^{n+1} + C$$

$$\int \frac{1}{x}\mathrm{d}x = \ln x + C$$

$$\int e^x dx = e^x + C$$

$$\int \sin x dx = -\cos x + C$$

$$\int \cos x dx = \sin x + C \tag{0.3.2}$$

不定积分的变量代换法

若能找到一个变量代换 $u=u(x)$，使得$\int f(x)dx=\int g(u)du$，则只要能方便地计算$\int g(u)du=F(u)+C$，便可得$\int f(x)dx=F[u(x)]+C$

我们通过一个例子来说明如何应用这些规则和公式来求解函数的不定积分.

[例题 0.3.3] 求不定积分$\int\left[5(3x+1)^3+\frac{1}{\sqrt{4x+2}}\right]dx$.

解 根据运算规则，有

$$\begin{aligned}\int\left[5(3x+1)^3+\frac{1}{\sqrt{4x+2}}\right]dx &= 5\int(3x+1)^3dx+\int\frac{dx}{\sqrt{4x+2}}\\ &= \frac{5}{3}\int(3x+1)^3d(3x+1)+\frac{1}{4}\int\frac{d(4x+2)}{\sqrt{4x+2}}\\ &= \frac{5}{12}(3x+1)^4+\frac{2}{4}\sqrt{4x+2}+C.\end{aligned}$$

0.3.2 定积分

1. 定积分概念

介绍定积分概念可先从介绍函数的曲边梯形的面积入手. 如图 0.3.1 所示，函数 $f(x)$ 在区间$[a,b]$构成一个曲边梯形，为求解该曲边梯形，将其分割为 n 个小曲边梯形，每个小曲边梯形的底边为 $\Delta x=\frac{b-a}{n}$，设 $\xi_i\in[x,x+\Delta x]$为第 i 个小曲边梯形的自变量，则曲边梯形的面积可近似表达为

$$I_n\approx\sum_{i=1}^{n}f(\xi_i)\Delta x.$$

当分割的曲边小梯形无穷多时，即 $\Delta x\to 0$，则曲边梯形面积将被准确描述，此时

$$I=\lim_{n\to\infty}I_n=\lim_{n\to\infty}\sum_{i=1}^{n}f(\xi_i)\Delta x,$$

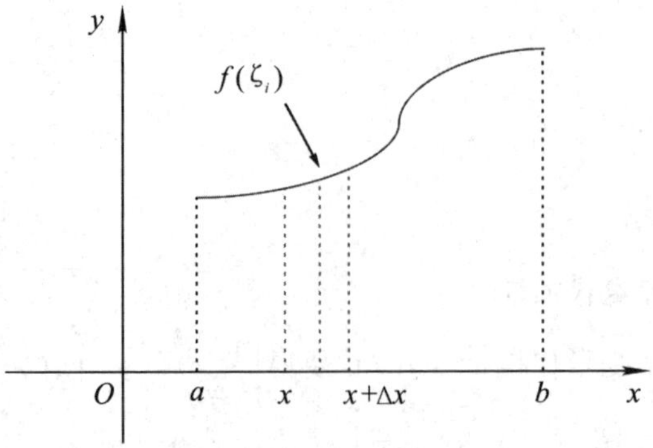

图 0.3.1　函数的曲边梯形面积求解

则称求和式 I_n 的极限为函数 $f(x)$ 在区间 $[a,b]$ 的定积分，记作 $\int_a^b f(x)\mathrm{d}x$. 即 $\int_a^b f(x)\mathrm{d}x = \lim\limits_{n\to\infty}\sum\limits_{i=1}^{n} f(\xi_i)\Delta x$.

其中，$f(x)$ 称为被积函数，$f(x)\mathrm{d}x$ 为被积式，$\int_a^b$ 为定积分符号，a，b 为积分下限和上限.

根据定积分的定义，显然定积分有如下一些性质：

$$\int_a^b f(x)\mathrm{d}x = -\int_b^a f(x)\mathrm{d}x$$

$$\int_a^b kf(x)\mathrm{d}x = k\int_a^b f(x)\mathrm{d}x$$

$$\int_a^b [f(x) \pm g(x)]\mathrm{d}x = \int_a^b f(x)\mathrm{d}x \pm \int_a^b g(x)\mathrm{d}x$$

$$\int_a^b f(x)\mathrm{d}x = \int_a^c f(x)\mathrm{d}x + \int_c^b f(x)\mathrm{d}x \tag{0.3.3}$$

2. 牛顿 - 莱布尼兹公式

原则上，求函数的定积分可通过定积分的定义进行求解，但这种做法在应用时并不方便. 根据前面知识，我们知道函数的不定积分求解可根据现有公式进行运算，因此若能找出定积分和不定积分的关系，便可通过不定积分公式来方便地求解函数的定积分.

定积分和不定积分的关系称为牛顿 - 莱布尼兹公式，即

$$\int_a^b f(x)\mathrm{d}x = F(b) - F(a). \tag{0.3.4}$$

其中，$F(x)$ 为 $f(x)$ 在定义域区间 $[a,b]$ 上的一个原函数，即 $\frac{\mathrm{d}}{\mathrm{d}x}F(x) = f(x)$ 或 $\int f(x)\mathrm{d}x = F(x) + C$. 牛顿 - 莱布尼兹公式在高等数学中均有证明，为了加深该公式的理解，这里给出简单的证明过程.

证明　我们先构造表达一个曲边梯形的函数

$$I(x) = \int_a^x f(x)\mathrm{d}x$$

该曲边梯形的面积是 x 的函数，如图 0.3.2 所示. 因为

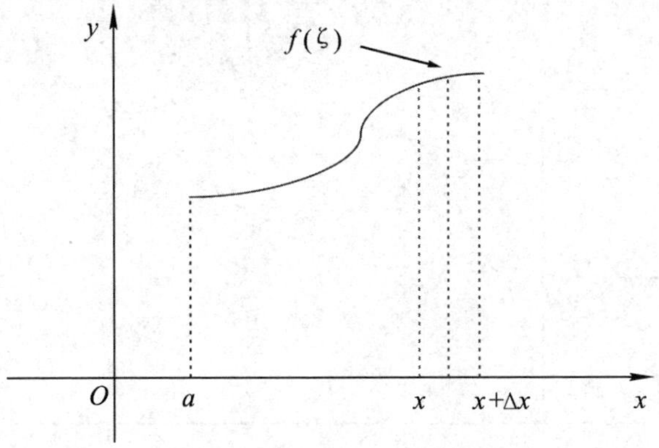

图 0.3.2　牛顿 - 莱布尼茨公式证明示意

$$\begin{aligned}\Delta I(x) &= I(x+\Delta x) - I(x)\\ &= \int_a^{x+\Delta\Delta x} f(x)\mathrm{d}x - \int_a^x f(x)\mathrm{d}x\\ &= \int_x^{x+\Delta x} f(x)\mathrm{d}x\end{aligned}$$

如图 0.3.2 所示，在 $[x, x+\Delta x]$ 小区间内总可以找到一个自变量 ξ，使得 $\Delta I = f(\xi)\Delta x$，则 $I(x)$ 的导数为

$$I'(x) = \lim_{\Delta x\to 0}\frac{\Delta I}{\Delta x} = \lim_{\Delta x\to 0}\frac{f(\xi_i)\Delta x}{\Delta x} = \lim_{\Delta x\to 0} f(\xi_i).$$

在 $\Delta x \to 0$ 时，$\xi \to x$，得

$$I'(x) = f(x).$$

根据不定积分的概念，函数 $I(x)$ 是 $f(x)$ 的其中一个原函数，即

$$F(x) = I(x) + C_0 = \int_a^x f(x)\mathrm{d}x + C_0.$$

其中，C_0 为常数，说明其他原函数与原函数 $I(x)$ 相差一个常数.

当 $x=a$ 时，$F(a)=I(a)+C_0=\int_a^a f(x)\mathrm{d}x+C_0=C_0$，得 $F(a)=C_0$.

当 $x=b$ 时，$\int_a^b f(x)\mathrm{d}x=F(b)-C_0=F(b)-F(a)$，公式得证.

下面通过一个例子来熟悉定积分的求解.

[例题 0.3.4] 求曲线 $y=x^2+2$，$x=0$，$x=2$ 和 x 坐标轴包围成的曲边梯形的面积.

解 该曲边梯形如图 0.3.3 所示. 本题即求曲边梯形 $ABCO$ 的面积，易知

$$S=\int_0^2(x^2+2)\mathrm{d}x=\left(\frac{1}{3}x^3+2x\right)\Big|_0^2=\frac{20}{3}.$$

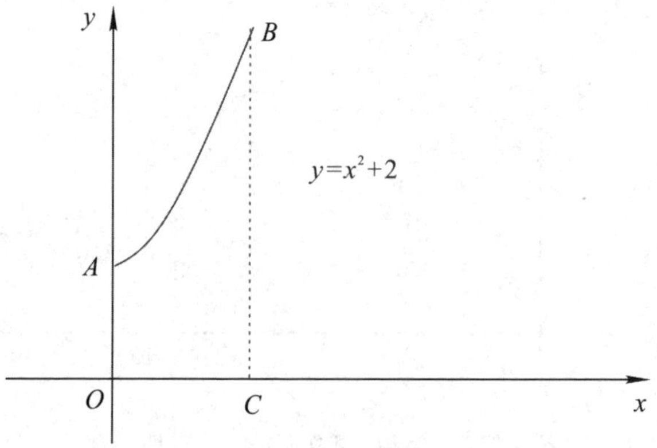

图 0.3.3 函数的曲边梯形面积例子

当上面函数的应变量和自变量为具体的物理量时，那么其定积分所对应的面积具有相应的物理含义. 例如，中学物理涉及的速度时间图像，速度曲线对应的梯形面积对应为位移大小. 定积分的运算在物理学中应用十分广泛，可以说正是数学工具的改进加深了人们对物理概念的理解.

习 题

0.1 已知矢量 $\boldsymbol{A}=3\boldsymbol{i}+4\boldsymbol{j}+5\boldsymbol{k}$，求：

(1)矢量 $\boldsymbol{A}$ 的模 $|\boldsymbol{A}|$；

(2)矢量 $\boldsymbol{A}$ 与直角坐标系三个单位矢量方向的方向余弦.

0.2 已知矢量 $\boldsymbol{A}=7\boldsymbol{i}+8\boldsymbol{j}+3\boldsymbol{k}$，$\boldsymbol{B}=5\boldsymbol{i}+6\boldsymbol{j}$，求：

(1) $\boldsymbol{A}+\boldsymbol{B}$；

(2) $\boldsymbol{A}-\boldsymbol{B}$.

0.3 已知矢量 $\boldsymbol{A}=3\boldsymbol{i}+4\boldsymbol{j}-\boldsymbol{k}$，$\boldsymbol{B}=\boldsymbol{i}+5\boldsymbol{j}+a\boldsymbol{k}$，其中 a 为一常数，则这两个矢量的点乘结果为多少？a 为何值时，两矢量相互垂直？

0.4 矢量 $\boldsymbol{A}=8\boldsymbol{i}+12\boldsymbol{j}$，$\boldsymbol{B}=3\boldsymbol{i}+4\boldsymbol{j}$，在平面直角坐标系中构成平行四边形的两条边，该平行四边形的另外两条边与矢量 $\boldsymbol{A}$ 和 $\boldsymbol{B}$ 平行. 求该平行四边形的面积.

0.5 矢量 $\boldsymbol{A}=8\boldsymbol{i}+12\boldsymbol{j}$，$\boldsymbol{B}=3\boldsymbol{i}+4\boldsymbol{j}$，$\boldsymbol{C}=2\boldsymbol{i}+5\boldsymbol{j}$，求：

(1) $(\boldsymbol{A}\times\boldsymbol{B})\cdot\boldsymbol{C}$；

(2) $\boldsymbol{A}\cdot(\boldsymbol{B}\times\boldsymbol{C})$；

(2) $(\boldsymbol{A}+\boldsymbol{B})\times(\boldsymbol{A}-\boldsymbol{B})$.

0.6 已知三个矢量 $\boldsymbol{A}$，$\boldsymbol{B}$ 和 $\boldsymbol{C}$，请用两种方法证明等式 $(\boldsymbol{A}\times\boldsymbol{B})\cdot\boldsymbol{C}=\boldsymbol{A}\cdot(\boldsymbol{B}\times\boldsymbol{C})$ 成立.

0.7 求如下函数 $f(x)$ 对自变量 x 的导数：

(1) $f(x)=3x^4+5x^2+1$；

(2) $f(x)=\sin x+5x^3$；

(3) $f(x)=\cos x+\ln x$；

(4) $f(x)=5\mathrm{e}^x+3$.

0.8 求如下函数 $f(x)$ 对自变量 x 的导数，公式中 A，B 和 ω 为非零的常数.

(1) $f(x)=\dfrac{1}{5x^3+2x^2+1}$；

(2) $f(x)=A\sin\omega x+B\cos\omega x$；

(3) $f(x)=A\mathrm{e}^{\cos x}+\ln(Ax)$；

(4) $f(x)=A\mathrm{e}^{\omega x}+B$.

0.9 求如下函数 $f(t)$ 对自变量 t 的导数，公式中 A，B，α 和 ω 为非零的常数.

(1) $f(t)=A\mathrm{e}^{\alpha t}\sin\omega t$；

(2) $f(t)=A\mathrm{e}^{\sin\omega t}+B\ln(\alpha t)$.

0.10 求如下矢量函数 $\boldsymbol{r}(t)$ 对自变量 t 的导数，公式中 A，B 和 ω 为非零的常数，$\boldsymbol{i}$ 和 $\boldsymbol{j}$ 为直角坐标系中的 x 和 y 方向的单位矢量.

(1) $\boldsymbol{r}(t)=A\sin\omega t\boldsymbol{i}+B\cos\omega t\boldsymbol{j}$；

(2) $\boldsymbol{r}(t)=A\mathrm{e}^{\omega t}\boldsymbol{i}$；

(3) $\boldsymbol{r}(t)=At^2\boldsymbol{i}+Bt\boldsymbol{j}$.

0.11 已知矢量函数 $\boldsymbol{r}(t)$，公式中 A、B 和 ω 为非零的常数，$\boldsymbol{i}$ 和 $\boldsymbol{j}$ 为直角坐

标系中的 x 和 y 方向的单位矢量，请化简下面的微分表达式：

(1) $\mathrm{d}(A\sin\omega t\boldsymbol{i})$；

(2) $\mathrm{d}(A\mathrm{e}^{\frac{t}{a}})$；

(3) $\mathrm{d}(At^3\boldsymbol{i}+B\boldsymbol{j})$.

0.12 已知矢量函数 $\boldsymbol{A}=5\mathrm{e}^{-t}\boldsymbol{i}-(2t^3+t)\boldsymbol{j}+\boldsymbol{k}$，$\boldsymbol{B}=2t^2\boldsymbol{i}+4t\boldsymbol{j}$，求导数 $\dfrac{\mathrm{d}}{\mathrm{d}t}(\boldsymbol{A}\cdot\boldsymbol{B})$.

0.13 求下列不定积分，其中 a,b,c 为非零常数.

(1) $\int\sin ax\,\mathrm{d}x$；

(2) $\int\cos ax\,\mathrm{d}x$；

(3) $\int(ax^2+bx+c)\,\mathrm{d}x$；

(4) $\int\dfrac{1}{ax+b}\,\mathrm{d}x$；

(5) $\int a\mathrm{e}^{bx+c}\,\mathrm{d}x$.

0.14 求下列定积分，其中 a,b,c 为非零常数.

(1) $\int_0^c(ax^2+bx)\,\mathrm{d}x$；

(2) $\int_0^c a\mathrm{e}^{bx}\,\mathrm{d}x$；

(3) $\int_a^b(c\sin t+1)\,\mathrm{d}t$.

0.15 计算抛物线 $y=x^2$ 从 $x=0$ 到 $x=1$ 的一段曲线与 x 轴所夹的面积.

附录二　习题参考答案

第 1 章　质点运动学

1.1　(1)第 4 秒内的位移和平均速度 $\Delta \boldsymbol{i}=-22\boldsymbol{i}(\mathrm{m})$，$\bar{\boldsymbol{v}}=-22\boldsymbol{i}(\mathrm{m/s})$.

(2)第 4 秒内的路程 $s=22(\mathrm{m})$.

1.2　(1)第 2 秒内的平均速度 $\bar{\boldsymbol{v}}=37\boldsymbol{i}(\mathrm{m/s})$.

(2)第 2 秒末的速度和加速度 $\boldsymbol{v}(2)=62\boldsymbol{i}\ \mathrm{m/s}$，$\boldsymbol{a}(2)=60\boldsymbol{i}\ \mathrm{m/s^2}$.

(3)第 2 秒内的平均加速度 $\bar{\boldsymbol{a}}=45\boldsymbol{i}(\mathrm{m/s^2})$.

1.3　(1)运动轨迹为半条抛物线，即 $y=x^2, x>0$.

(2)速度和加速度随时间变化的关系式 $\boldsymbol{v}(t)=2\boldsymbol{i}+8t\boldsymbol{j}\ (\mathrm{m/s})$，$\boldsymbol{a}(t)=8\boldsymbol{j}\ (\mathrm{m/s^2})$.

1.4　(1)质点的速度随时间的变化关系式，$\boldsymbol{v}(t)=a\omega\cos\omega t\boldsymbol{i}-b\omega\sin\omega t\boldsymbol{j}+c\boldsymbol{k}\ (\mathrm{m/s})$.

(2)质点的加速度随时间的变化关系式 $\boldsymbol{a}(t)=-a\omega^2\sin\omega t\boldsymbol{i}-b\omega^2\cos\omega t\boldsymbol{j}\ (\mathrm{m/s^2})$.

1.5　(1)质点的速度随时间的变化关系式，$\boldsymbol{v}(t)=3\boldsymbol{i}+8t\boldsymbol{j}\ (\mathrm{m/s})$.

(2)质点的加速度随时间的变化关系式 $\boldsymbol{a}(t)=8\boldsymbol{j}\ (\mathrm{m/s^2})$.

1.6　(1)质点到达 x 轴的时间，$t=2\ \mathrm{s}$.

(2)到达 x 轴时的位置 $\boldsymbol{r}(2)=\dfrac{40}{3}\boldsymbol{i}\ \mathrm{m}$.

1.7　证明略.

1.8　(1)速度与时间的关系式 $v(t)=\dfrac{v_0}{1+v_0kt}$.

(2)位移与时间的关系式 $x(t)=\dfrac{1}{k}\ln(1+v_0kt)$.

1.9 落地时速度与水平方向的夹角 θ 满足 $\tan\theta=\frac{v_y}{v_x}=\frac{\sqrt{2hg}}{v_0}$.

1.10 最高点连成的曲线的方程 $\frac{x^2}{h^2}+\frac{\left(y-\frac{h}{2}\right)^2}{\left(\frac{h}{2}\right)^2}=1$,其中 $h=\frac{v_0^2}{2g}$.

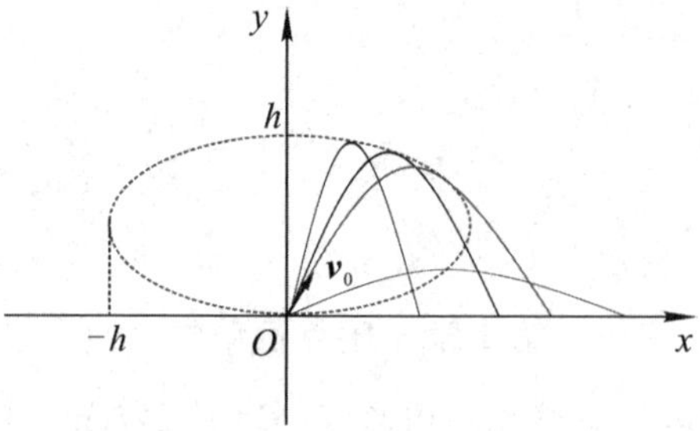

习题 1.10 示意图

1.11 物体在斜面上的射程 $R=\frac{v_0^2}{g\cos^2\theta}[\sin(2\alpha-\theta)-\sin\theta]$.

1.12 切向加速度和法向加速度分别为 $a_t=2b, a_n=\frac{(a+2bt)^2}{R}$.

1.13 质点在 y 的最大值的切向加速度和法向加速度 $a_t=0, a_n=R\omega^2$.

1.14 质点的速度和加速度分别为 $\boldsymbol{v}=a\boldsymbol{e}_r+a\omega t\boldsymbol{e}_\theta, \boldsymbol{a}=-a\omega^2 t\boldsymbol{e}_r+2a\omega\boldsymbol{e}_\theta$.

1.15 质点的速度为 $\boldsymbol{v}=2\boldsymbol{e}_r-\frac{2t}{\sqrt{2t-t^2}}\boldsymbol{e}_\theta$.

1.16 (1)当物体落到地面时,它与直升机的水平距离为 $x'=v'\sqrt{\frac{2h}{g}}$.

(2)物体刚要落地时,其速度矢量与水平地面的夹角 $\tan\alpha=\frac{\sqrt{2gh}}{v'-v_0}$.

第 2 章 牛顿运动定律和动量

2.1 (1)速度随时间变化关系 $\boldsymbol{v}(t)=5\boldsymbol{i}+(10+0.8t)\boldsymbol{j}$(m/s).

(2)位置矢量随时间变化关系 $\boldsymbol{r}(t)=(2+5t)\boldsymbol{i}+(4+10t+0.4t^2)\boldsymbol{j}$(m).

2.2 (1)速度随时间变化关系 $\boldsymbol{v}(t)=\boldsymbol{v}_0 e^{-\frac{k}{m}t}$.

(2)位置矢量随时间变化关系 $\boldsymbol{r}(t)=\boldsymbol{r}_0+\frac{m\boldsymbol{v}_0}{k}(1-e^{-\frac{k}{m}t})$.

2.3 经过 0.5 s 后,质点在初始位置上方 $s=0.064$ m的地方

2.4 (1)运动员入水时的速度和他从起跳到入水所用的时间 $t=\sqrt{\frac{2h}{g}}$.

(2)跳水运动员在水中垂直下沉的运动微分方程 $-bv^2=m\frac{\mathrm{d}v}{\mathrm{d}t}$.

(3)运动员在水面下的速度作为入水时间的函数 $v(t)=\frac{\sqrt{2gh}}{1+\frac{b}{m}v_0t}$.

(4)运动员在水面下的速度作为水面下深度的函数 $v(x)=\sqrt{2gh}\,\mathrm{e}^{-\frac{b}{m}x}$.

2.5 提示:根据加速度定义写出加速度,再根据牛顿第二定律获得合外力,写成 $\boldsymbol{F}=-m\omega^2\boldsymbol{r}$ 即可证明.

2.6 (1)提示:证明 $\boldsymbol{r}\times\boldsymbol{v}=\boldsymbol{h}$ 为常矢量,粒子在垂直于 $\boldsymbol{h}$ 的初始平面内运动.

(2)粒子的运动学方程 $x=a\cos\omega t$, $y=\frac{v_0}{\omega}\cos\left(\omega t-\frac{\pi}{2}\right)$.

(3)轨迹方程为 $\frac{x^2}{a^2}+\frac{y^2}{\left(\frac{v_0}{\omega}\right)^2}=1$,周期为 $T=\frac{2\pi}{\omega}=2\pi\sqrt{\frac{m}{k}}$.

2.7 该物体在空中飞行的速度与时间的关系式为

$v_x=v_{x0}\mathrm{e}^{-\frac{k}{m}t}$, $v_y=\left(v_0\sin\alpha+\frac{mg}{k}\right)\mathrm{e}^{-\frac{k}{m}t}-\frac{mg}{k}$.

2.8 从它开始离开圆盘的那一点算起,小物体越过的水平距离为 $x=\sqrt{2\mu Rh}$.

2.9 距离固定端为 x 处的细杆内部张力为 $f=\frac{m\omega^2}{2l}(l^2-x^2)$.

2.10 钢丝曲线方程为 $y=\frac{\omega^2}{2g}x^2$.

2.11 质点系的质心位置为 $\boldsymbol{r}_c=\left(\frac{a}{2},\frac{a}{2},\frac{a}{2}\right)$.

2.12 提示:质点动量定理选取接触地面的一小段绳子作为分析对象;质点系动量定理和质心运动定律均采用整个绳子为分析对象. 三种方法得拉力的大小均为 $F=\frac{x}{l}mg+\frac{v_0^2}{l}m$.

2.13 乙同学以速度 $\frac{mv_0}{M+m}$ 才能跳上平板车.

2.14 下滑过程中楔形木块在水平地面上滑动的距离为 $S=\frac{mh\cos\theta}{M+m}$.

第3章　动能和势能

3.1　当运动时间为 t 时，力在这段时间内的做功为 $A=\frac{k^2}{8m}t^4$.

3.2　物体从距离原点为 a 的地方移动到距原点为 b 的地方时，力 F 做的功为

$A=\frac{1}{4}k(b^4-a^4)$.

3.3　该段过程中物体克服摩擦力所做的功为 $A=\frac{\cos\alpha}{\sin\alpha}\mu mgh$.

3.4　在开始运动的时间 t 内，该力对质点做的功为 $A=av_0t+\frac{a^2}{2m}t^2+\frac{b^2t^4}{8m}$.

3.5　(1)质点受到的保守力为 $F(x)=2ABx-3Ax^2$；

(2)体系的平衡点位置分别为 $x_1=0$ 和 $x_2=\frac{2}{3}B$.

3.6　物体从出发点开始运动长度为 l 时，该物体的速度为 $v=\sqrt{\frac{2F_2l+kl^2}{m}}$.

3.7　质点滑到球面的角度为 $\cos\alpha=\frac{2}{3}$. α 为质点和球心连线与竖直方向所成的角.

3.8　(1)木块对子弹作用力的功为 $A_1=-\frac{1}{2}mv_0^2\frac{M^2+2mM}{(M+m)^2}$.

(2)子弹对木块作用力的功为 $A_2=\frac{1}{2}mv_0^2\frac{mM}{(M+m)^2}$.

(3)子弹和木块组成的体系机械能损失为 $\Delta E=-\frac{1}{2}mv_0^2\frac{M}{M+m}$.

3.9　(1) 两个物体和子弹的速度均为 $V=\frac{m_0v_0}{m_0+m_1+m_2}$.

(2)两个物体和子弹组成的体系机械能损失为

$$\Delta E=-\frac{1}{2}m_0v_0^2\frac{m_1+m_2}{m_0+m_1+m_2}.$$

3.10　(1)电子的动能为 $\frac{1}{2}m_0v^2=\frac{1}{8\pi\varepsilon_0}\frac{e^2}{r_0}$.

(2)若规定无穷远为零势能点，电子的电势能为 $\varepsilon=-\frac{1}{4\pi\varepsilon_0}\frac{e^2}{r_0}$.

(3)若将电子电离，则至少需要能量为 $\varepsilon_\infty=\frac{1}{8\pi\varepsilon_0}\frac{e^2}{r_0}$.

3.11 碰撞后 A 速度的改变方向：$\cos\alpha=\dfrac{(m_A-m_B)v_A^2+(m_A+m_B)v_A'^2}{2m_Av_Av_A'}$.

碰撞后 B 的速率：$v_B=\sqrt{\dfrac{m_A}{m_B}(v_A^2-v_A'^2)}$.

3.12 碰撞后三个钢球的速度分别为 A 和 B 球速度大小均为 $V=\dfrac{2\sqrt{3}}{5}v_0$，方向与它们连线的中垂线方向成 30°角，$C$ 球速度为 $v=-\dfrac{1}{5}v_0$，方向与它的初速度相反.

第 4 章 角动量

4.1 该质点受到的力对坐标原点的力矩大小为 18 m·N，方向为 z 轴正方向.

4.2 质点相对于坐标原点的角动量为 $\boldsymbol{L}=(mx_0v_y-my_0v_x)\boldsymbol{k}$.

4.3 (1)对坐标原点的角动量为 $\boldsymbol{L}=mr_0^2\omega\boldsymbol{k}$.

(2)对坐标原点的力矩为 $\boldsymbol{M}=\boldsymbol{r}\times\boldsymbol{F}=\boldsymbol{r}\times(-m\omega^2\boldsymbol{r})=0$.

4.4 要使仪器包恰好掠擦行星表面着陆，发射角 α 应满足

$\sin\alpha=\sqrt{\dfrac{R^2}{l^2}+\dfrac{2GMR^2}{v_0^2l^2}\left(\dfrac{1}{R}-\dfrac{1}{l}\right)}$.

4.5 (1)质点进入圆轨道做圆周运动的速率为 $v=\dfrac{v_0a}{l}$.

(2)质点在进入圆轨道时的能量损失为 $\Delta T=\dfrac{1}{2}mv_0^2\left(1-\dfrac{a^2}{l^2}\right)$.

4.6 圆环的角速度随时间变化关系式. 当 $t\leqslant\dfrac{\omega_0R}{\mu g}$时，$\omega=\omega_0-\dfrac{\mu g}{R}t$，当 $t\geqslant\dfrac{\omega_0R}{\mu g}$时，$\omega=0$.

4.7 两球的初速度大小为 $v_0=\sqrt{\dfrac{k}{m}}(l-l_0)$.

4.8 (1)他们抓住绳子前后相对于绳子中点的角动量相同，均为$\dfrac{a}{2}mv_0$.

(2)他们每人都用力拉自己一边的绳子，当他们之间的距离为$\dfrac{1}{2}a$ 时，各自的速率均为 $v=2v_0$.

(3)每个运动员在减小他们之间的距离时所做的功均为 $A=\dfrac{3}{2}mv_0^2$.

(4)如果两个运动员之间相距为$\frac{1}{2}a$时，绳子正好断了，此时绳子张力为

$T=\frac{mv^2}{r}=\frac{16mv_0^2}{a}$.

4.9 该初始角速度$\omega_0=\frac{2}{l}\sqrt{\frac{(m_1-m_2)gh}{m_1+m_2}}$时，方可使右端小孩着地.

4.10 碰撞后小球的运动速度$v'_3=2v_3\left[\frac{m_1+m_2}{m_3\sin^2\alpha}+1\right]^{-1}-v_3$，

系统的角速度为$\omega=\frac{2v_3}{a}\left[\frac{m_1+m_2}{m_3\sin\alpha}+\sin\alpha\right]^{-1}$.

第5章　万有引力

5.1 质点C受到质点A和B的万有引力大小为$f_C=f_{CB}+f_{CA}=G\frac{mm_0}{l_0^2}+G\frac{mm_0}{(l+l_0)^2}$，方向在$AC$连线上，指向A点.

5.2 质点C受到质点A和B的万有引力大小为$f_C=2f_{CB}\sin\alpha=G\frac{mm_0}{l_0^2}\frac{\sqrt{4l_0^2-l^2}}{l_0}$，方向在$AB$中垂线上，指向$AB$连线中点.

5.3 质点C受到均匀细杆AB的万有引力大小为$f_C=\frac{Gm_0m}{l}\left(\frac{1}{l_0}-\frac{1}{l+l_0}\right)=\frac{Gm_0m}{l_0(l+l_0)}$，方向在$AB$方向，指向$AB$.

5.4 质点C受到均匀细杆AB的万有引力大小为$f_C=2G\frac{m_0m}{\pi R^2}$，方向为$y$轴方向，指向坐标原点.

5.5 它们之间受到的万有引力和静电力之比为$\frac{f_1}{f_2}=4\pi\varepsilon_0G\frac{m_em_p}{e^2}$.

5.6 (1)该轨道运动的周期为$T=2\pi l\sqrt{\frac{l}{G(m_1+m_2)}}$.

(2)它们的动能比值为$\frac{T_1}{T_2}=\frac{m_2}{m_1}$.

5.7 $F=-mh^2u^2\left(\frac{d^2u}{d\theta^2}+u\right)=-8b^2mh^2u^5=-\frac{8b^2mh^2}{r^5}$

5.8 物体能上升的高度为$h=R\cos\alpha$.

5.9 (1)飞船新轨道的近火星点为 $h_1=\frac{H-\alpha R}{1+\alpha}$,远火星点为 $h_2=\frac{H+\alpha R}{1-\alpha}$.

(2)设飞船原来的运行速度大小为 v_0,则新轨道的运行周期为 $T=\frac{2\pi(R+H)}{(1-\alpha^2)^{3/2}v_0}$.

5.10 (1)该行星上的逃逸速度为 $v=\sqrt{2}v_0$.

(2)物体的上抛速度为 $v=v_0$.

第6章 刚体力学

6.1 该圆盘的角速度随时间变化的关系式为 $\omega=\frac{\mu g}{R}t^2$.

6.2 (1)外力 F 的力矩大小为 $M=\frac{1}{2}\mu mgl$,方向在转动轴上.

(2) 现撤去外力 F,细棒停止转动时间为 $t=\frac{2l\omega_0}{3\mu g}$.

6.3 (1)该圆盘底面受到的摩擦力对圆心的力矩为 $M=\frac{2}{3}\mu mgR$.

(2)该圆盘的角速度随时间变化的关系式为 $\omega=\omega_0-\frac{4\mu g}{3R}t$,当 $t\leqslant\frac{3R\omega_0}{4\mu g}$;$\omega=0$,当 $t\geqslant\frac{3R\omega_0}{4\mu g}$.

6.4 (1)两个物体的加速度均为 $a=\frac{2}{7}g$.

(2)定滑轮的角加速度为 $\alpha=\frac{2}{7}\frac{g}{R}$.

(3)当物体下落时,物体的速度和定滑轮的角速度分别为 $v=\sqrt{\frac{4}{7}gh}$,$\omega=\frac{1}{R}\sqrt{\frac{4}{7}gh}$.

6.5 (1)两个物体的加速度均为 $a=\frac{2m_2}{2m_1+2m_2+m}g$.

(2)定滑轮的角加速度为 $\alpha=\frac{2m_2}{2m_1+2m_2+m}\frac{g}{R}$.

(3)当物体下落 h 时,物体的速度为 $v=\sqrt{\frac{4m_2gh}{2m_2+2m_1+m}}$ 和定滑轮的角速度为 $\omega=\frac{1}{R}\sqrt{\frac{4m_2gh}{2m_2+2m_1+m}}$.

6.6 (1)质心的速度为 $v=\frac{2}{3}\sqrt{3gl\sin\alpha}$.

(2)绕质心转动的角速度为 $\omega=\frac{2}{3R}\sqrt{3gl\sin\alpha}$.

(3)动能为 $T=mgl\sin\alpha$.

6.7 (1)运动稳定后圆柱体的动量大小为 $P=mv_c=\frac{1}{3}m\omega_0 R$,圆柱体对圆心轴线的角动量大小为 $L=I_c\omega=\frac{1}{6}mR^2\omega_0$.

(2)从放下到稳定的过程中摩擦力所做的总功为 $W_f=-\frac{1}{6}mR^2\omega_0^2$

6.8 (1)杆开始向上摆动的角速度为 $\omega=\frac{m}{5M+m}\frac{v_0}{l}$.

(2)杆向上摆动的最大摆角为 $\cos\theta=1-\frac{m^2v_0^2}{(6M+2m)(5M+m)gl}$.

6.9 (1)小球 D 反弹回来的速度为 $v=-\frac{1}{11}v_0$(规定 D 小球原运动方向为正).

(2)轻杆系统质心运动速度为 $v_c=\frac{4}{11}v_0$(规定 D 小球原运动方向为正).

(3)轻杆系统绕质心运动的角速度为 $\omega=\frac{6}{11}\frac{v_0}{l}$(规定垂直纸面朝外为正).

6.10 (1)均匀杆的角速度为 $\omega=\sqrt{\frac{3g\sin\theta}{l}}$.

(2)均匀杆一端受到固定点 O 的作用力分解为沿着杆方向的分力,大小为 $F_n=\frac{5}{2}mg\sin\theta$ 和垂直杆方向的分力大小为 $F_\tau=\frac{1}{4}mg\cos\theta$.

第 7 章　振动和波

7.1 振幅为 A,初相位为 $\frac{3}{2}\pi$,周期为 $\frac{2\pi}{\omega}$.

7.2 (1)余弦形式的振动方程为 $x_1=A\cos\left(\omega t+\frac{\pi}{6}\right)$,$x_2=A\cos\left(\omega t-\frac{7\pi}{6}\right)$.

(2)这两个振动的相位差 $\varphi_2-\varphi_1=\left(\omega t-\frac{7\pi}{6}\right)-\left(\omega t+\frac{\pi}{6}\right)=-\frac{4\pi}{3}$.

7.3 合振动方程为 $x=5\cos(2\pi t+\alpha-\frac{1}{8}\pi)$.

7.4 合振动方程为 $\boldsymbol{r}=(A_x\boldsymbol{i}+A_y\boldsymbol{j})\cos\omega t$,为简谐振动.

7.5 水平放置和竖直放置两种情况下的周期均为 $T=2\pi\sqrt{\dfrac{m}{k}}$.

7.6 (1)振子的振动周期为 $T=2\pi\sqrt{\dfrac{m+m_0}{k}}$.

(2)振子的振幅为 $A'=\sqrt{\dfrac{m}{m+m_0}}A$.

7.7 (1)振动周期为 $T=2\pi\sqrt{\dfrac{l}{g}}$.

(2)振幅为 θ_0.

7.8 该简谐横波的振幅 $A=8.0$ cm,角频率 $\omega=200\pi$ /s,波速 $u=250$ m/s 和波长 $\lambda=2.5$ m.

7.9 (1)此波的波长为 $\lambda=\dfrac{u}{\nu}=2.5$ cm.

(2)该质点的振动方程为 $y=3\cos\left(40\pi t-\dfrac{\pi}{2}\right)$ cm,式中物理量取国际标准单位.

(3)弦波的波动方程为 $y=3\cos\left[40\pi t-80\pi x-\dfrac{\pi}{2}\right]$ cm,式中物理量取国际标准单位.

(4)弦上 $x=2$ cm 处质点的振动方程为 $y=3\cos(40\pi t-1.1\pi)$ cm,式中物理量取国际标准单位.

7.10 (1) 两列波的波速、频率和波幅均相同,均为

$u_1=u_2=\dfrac{5}{4\pi}$ m/s,$\nu_1=\nu_2=\dfrac{\omega}{2\pi}=100$ /s,$A_1=A_2=8.0$ m.

(2) 空间中干涉条纹的分布. $r_2-r_1=\pm 2k\dfrac{\lambda}{2}$, $k=0,1,2,3,\cdots$,干涉相长.

$r_2-r_1=\pm(2k+1)\dfrac{\lambda}{2}$, $k=0,1,2,3,\cdots$,干涉相消.

这里 $\lambda=uT=\dfrac{u}{\nu}=\dfrac{5}{4\pi}$ cm.

第零章 数学预备知识

0.1 (1)矢量 $\boldsymbol{A}$ 的模 $|\boldsymbol{A}|=5\sqrt{2}$.

(2)矢量 $\boldsymbol{A}$ 与直角坐标系三个单位矢量方向的方向余弦分别为 $\cos\alpha=\dfrac{3}{10}\sqrt{2}$,

$\cos\beta=\frac{2}{5}\sqrt{2}$, $\cos\gamma=\frac{\sqrt{2}}{2}$.

0.2 (1)$\boldsymbol{A}+\boldsymbol{B}=12\boldsymbol{i}+14\boldsymbol{j}+3\boldsymbol{k}$.

(2)$\boldsymbol{A}-\boldsymbol{B}=2\boldsymbol{i}+2\boldsymbol{j}+3\boldsymbol{k}$.

0.3 $\boldsymbol{A}\cdot\boldsymbol{B}=23-a$, $a=23$.

0.4 $S=|-4\boldsymbol{k}|=4$.

0.5 (1)$(\boldsymbol{A}\times\boldsymbol{B})\cdot\boldsymbol{C}=0$.

(2)$\boldsymbol{A}\cdot(\boldsymbol{B}\times\boldsymbol{C})=0$.

(2) $(\boldsymbol{A}+\boldsymbol{B})\times(\boldsymbol{A}-\boldsymbol{B})=8\boldsymbol{k}$.

0.6 略

0.7 (1)$f'(x)=(3x^4+5x^2+1)'=12x^3+10x$.

(2)$f'(x)=(\sin x+5x^3)'=\cos x+15x^2$.

(3)$f'(x)=(\cos x+\ln x)'=-\sin x+\frac{1}{x}$.

(4)$f'(x)=(5\mathrm{e}^x+3)'=5\mathrm{e}^x$.

0.8 (1)$f'(x)=\left(\frac{1}{5x^3+2x^2+1}\right)'=-\frac{15x^2+4x}{(5x^3+2x^2+1)^2}$.

(2)$f'(x)=(A\sin\omega x+B\cos\omega x)'=A\omega\cos\omega x-B\omega\sin\omega x$.

(3)$f'(x)=-A\mathrm{e}^{\cos x}\sin x+\frac{1}{x}$.

(4)$f'(x)=A\omega\mathrm{e}^{\omega x}$.

0.9 (1)$f'(t)=(A\mathrm{e}^{\alpha t}\sin\omega t)'=A\alpha\mathrm{e}^{\alpha t}\sin\omega t+A\omega\mathrm{e}^{\alpha t}\cos\omega t$.

(2)$f'(t)=A\omega\mathrm{e}^{\sin\omega t}\cos\omega t+\frac{B}{t}$.

0.10 (1)$\boldsymbol{r}'(t)=A\omega\cos\omega t\boldsymbol{i}-B\omega\sin\omega t\boldsymbol{j}$.

(2)$\boldsymbol{r}'(t)=A\omega\mathrm{e}^{\omega t}\boldsymbol{i}$.

(3)$\boldsymbol{r}'(t)=2At\boldsymbol{i}+B\boldsymbol{j}$.

0.11 (1)$\mathrm{d}(A\sin\omega t\boldsymbol{i})=A\omega\cos\omega t\boldsymbol{i}\,\mathrm{d}t$.

(2)$\mathrm{d}(A\mathrm{e}^{\frac{t}{\alpha}})=\frac{A}{\alpha}\mathrm{e}^{\frac{t}{\alpha}}\mathrm{d}t$.

(3)$\mathrm{d}(At^3\boldsymbol{i}+B\boldsymbol{j})=3At^2\boldsymbol{i}\mathrm{d}t$.

0.12 $\frac{\mathrm{d}}{\mathrm{d}t}(\boldsymbol{A}\cdot\boldsymbol{B})=-10t^2\mathrm{e}^{-t}+20t\mathrm{e}^{-t}-32t^3-8t$.

0.13 (1)$\int\sin ax\,\mathrm{d}x=-\frac{1}{a}\cos ax+C$.

(2) $\int \cos ax\,\mathrm{d}x = \frac{1}{a}\sin ax + C$.

(3) $\int (ax^2 + bx + c)\,\mathrm{d}x = \frac{1}{3}ax^3 + \frac{1}{2}bx^2 + cx + C$.

(4) $\int \frac{1}{ax+b}\,\mathrm{d}x = \frac{1}{a}\ln(ax+b) + C$.

(5) $\int a\mathrm{e}^{bx+c}\,\mathrm{d}x = \frac{a}{b}\mathrm{e}^{bx+c} + C$.

0.14 (1) $\int_0^c (ax^2 + bx)\,\mathrm{d}x = \frac{1}{3}ac^3 + \frac{1}{2}bc^2$.

(2) $\int_0^c a\mathrm{e}^{bx}\,\mathrm{d}x = \frac{a}{b}(\mathrm{e}^{bc} - 1)$.

(3) $\int_a^b (c\sin t + 1)\,\mathrm{d}t = c\cos a - c\cos b + b - a$.

0.15 抛物线 $y = x^2$ 从 $x = 0$ 到 $x = 1$ 的一段曲线与 x 轴所夹的面积为 $S = \int_0^1 x^2\,\mathrm{d}x = \frac{1}{3}$.